Ebenfalls von Paul Herscu, N.D.:
Die Homöopathische Behandlung der Kinder.
Konstitutionstypen in der Kinderheilkunde

Paul Herscu, N.D.

STRAMONIUM

Mit einer Einführung in die Analyse unter Verwendung von Zyklen und Segmenten

Stramonium

Mit einer Einführung in die Analyse unter Verwendung von Zyklen und Segmenten

von Paul Herscu, N.D.

Aus dem Amerikanischen übersetzt von Veronika Theis

- KK -

Kai Kröger Verlag für homöopathische Literatur

Groß Wittensee

Titel der amerikanischen Originalausgabe:
Stramonium. With an Introduction to Analysis using Cycles and Segments

Dieses Buch wurde für homöopathisch arbeitende Ärzte und Heilpraktiker als ein Übungs- und Nachschlagewerk geschrieben. Es ersetzt nicht eine klare Diagnosestellung und/oder die Behandlung durch einen qualifizierten homöopathischen Therapeuten.
Informationen über die New England School of Homeopathy sind auf Seite 267 zu finden.

Umschlagsfoto von Steven Sloman
Steven Sloman Fine Arts, New York, New York

Dieses Buch wurde auf chlorfrei gebleichtem Papier gedruckt.

1. Auflage 1997

ISBN 3-9801945-7-4

Druck: WDA, 24 235 Brodersdorf
Bindung: J.P. Møller, DK-6100 Haderslev

Dieses Buch ist zu beziehen bei:

Kai Kröger Verlag für homöopathische Literatur
Rendsburger Straße 27
D-24361 Groß Wittensee

Telefon 0431/56 59 50 od. 04356/14 73
Telefax 0431/56 45 70

Allen Kindern , die an tiefsitzenden Krankheiten leiden,
sowie den Menschen, die sich geduldig und liebevoll um sie
kümmern, ist dieses Buch gewidmet.

Es ist auch all denen gewidmet, die als Homöopathen
praktizieren.
Möge uns allen das Glück zuteil werden,
daß wir den richtigen Patienten zur rechten Zeit sehen,
daß wir mit klarem Blick gesegnet sind
und gelegentlich
mit göttlicher Inspiration.

INHALT

Danksagungen

Ein neues Buch kommt auf den Markt. Der Name des Autors auf dem Umschlag sagt, „Das habe ich geschrieben.“ In Wirklichkeit aber sind so viele Menschen an der Entstehung eines Buches beteiligt. Unten sind die Namen vieler Menschen aufgeführt, ohne die es ***Stramonium*** nicht gäbe. Ihnen allen möchte ich meine Anerkennung und meinen Dank für ihre Beiträge aussprechen. Ich weiß, daß der größte Lohn für sie, wie für mich, die Heilerfolge sein werden, zu denen dieses Buch zum Wohle leidender Menschen beitragen kann.

Mein besonderer Dank gilt Amy Rothenberg, meiner Frau und Partnerin, mit der ich gemeinsam praktiziere und die dreißig Stramonium-Fälle zur Bestätigung meines eigenen Materials und Beobachtungen beigesteuert hat. Über die Fallbeiträge hinaus hat mir Amy sehr bei der Verfeinerung der Konzepte geholfen, die in diesem Buch vorgestellt sind. Doch wichtiger noch ist die unendliche Liebe, die sie mir und unseren Kinder geschenkt hat, und die es überhaupt erst ermöglicht hat, daß dieses Buch geboren werden konnte.

Peggy Chipkin, Durr Elmore, Vassilis Ghegas, Alan Greenberg, George Guess, Nancy Herrick, Robert Israel, Paul Mittman, Randall Neustaedter, Nicholas Nossaman, Jeremy Sherr, Jonathan Shore, Ilene Spector und Michael Thompson haben mir großzügigerweise achtundvierzig der Fälle geschickt, die in diesem Buch mitberücksichtigt wurden.

Micki Elia hat das Originalmanuskript getippt.

Elizabeth Powers, Iain Marrs und Lauri Grossman haben Teile des Textes redigiert.

Es war eine große Freude, mit Jeenet Lawton, als Hauptlektorin, zusammenzuarbeiten. Sie hat wertvolle Einsichten in die Schreibkunst beigesteuert und als Homöopathin ständig Hinweise darauf geliefert, wie Homöopathiestudenten den Text auffassen würden und mich somit zu klareren Darstellungen meiner Ideen gedrängt.

Steven Slomans homöopathisches Verständnis von dem Arzneimittel hat zu seiner künstlerischen Interpretation geführt, die den Umschlag dieses Buches ziert.

S. Rosco Rossoff hat den umfangreichen Index erstellt.

David Caputo hat das schöne Layout entworfen und ausgeführt.

Alice Duncan hat die Endfassung des Textes Korrektur gelesen.

Durr Elmore und Frank Gruber haben enorm viel moralische Unterstützung zu meiner Arbeit beigesteuert und ebenfalls die Endfassung Korrektur gelesen.

Mary Ann Dietschler hat meine Bemühungen sowie das Wachstum der New England School of Homeopathy in den letzten vier Jahren tatkräftig unterstützt.

Abraham und Clara Herscu, meine Eltern, haben mich immer in Liebe und Gedanken unterstützt.

Vorwort

Ich bin sehr glücklich darüber, daß Paul Herscu *Stramonium* ein Buch gewidmet hat, um die Wahrnehmung für dieses Arzneimittel zu schärfen. Je länger man sich mit dem Studium der Homöopathie befaßt, umso mehr stellt man fest, daß jedes Arzneimittel vielerlei Facetten besitzt. Das Material in den alten Arzneimittellehren ist zwar sehr gut, doch es stellt das Arzneimittel nur aus einem bestimmten Blickwinkel dar, und zwar gewöhnlich mit Betonung auf dem extrem pathologischen Bild. In dem alten Material von *Stramonium* lesen wir von Wildheit, Gewalttätigkeit und Wahnvorstellungen. Wenn wir nur anhand solcher Symptome verschreiben würden, müßten wir warten, bis die *Stramonium*-Patienten sehr schwer krank sind, bevor wir ihnen helfen können.

Leider wird erst jetzt Material veröffentlicht, das diese älteren Bücher ersetzen kann, u.a. meine *Materia Medica Viva.* Wegen des Informationsmangels, vielfach werden nur die extremen Formen der Arzneimittel gelernt, sind viele Homöopathen nicht in der Lage, die relativ gesunden und damit weniger schwerwiegenden Krankheitsstadien zu erkennen. In den Arzneimittellehren ist *Stramonium* beispielsweise als sehr gewalttätig und mit starken neurologischen Symptomen beschrieben. Bei vielen Patienten trifft jedoch diese extreme Beschreibung nicht zu. Dr. Herscus Buch liefert einen umfassenden Beitrag zur Entdeckung der feineren Nuancen der Symptome, die das gesamte Spektrum von *Stramonium* abdecken.

Eine meiner besten Erfahrungen zur Illustration dieses Aspektes ist der Fall einer Frau in England, die an einem Lymphom litt. Zu ihren Symptomen gehörten unter anderem Unterleibsschmerzen, schleimige Stühle mit Wechsel zwischen Obstipation und Diarrhö. Sie aß gern Süßigkeiten und Gemüse und mochte kein Fleisch. Sie war furchtsam, schüchtern, sensibel, sanft, sentimental, litt an mangelndem Selbstbewußtsein und war sehr ordentlich. Sie hatte Angst vor Nadeln und vor dem Alleinsein und hatte eine schreckliche Enttäuschung in einer Liebesbeziehung erlebt. An hochgelegenen Orten wurde ihr schwindelig.

Viele der Seminarteilnehmer sahen eine starke Indikation für *Pulsatilla* und wollten das Mittel verordnen. Im Vitholkas Experten System dea Computer-Repertorisationsprogramms jedoch kam immer wieder der Hinweis auf *Stramonium*. Ich gab *Stramonium*, und es wirkte wunderbar; die Patientin wurde geheilt, erlebte bald darauf eine harmonische Schwangerschaft und brachte ein gesundes Baby zur Welt. In diesem Zusammenhang konnten die Seminarteilnehmer *Stramonium* nicht sehen, weil sie nicht mit der extremen Form des Arzneimittelbildes konfrontiert wurden. Das vorliegende Buch wird es erleichtern, *Stramonium* zu erkennen, wenn sich der Patient nicht in dem extremen Stadium befindet.

Der oben erwähnte Fall illustriert ferner einen der Hauptaspekte dieses Buches. Das Verständnis von *Stramonium* in Beziehung zu anderen Arzneimitteln kann uns in unserer Praxis dabei helfen, zur richtigen Zeit das notwendige Arzneimittel zu geben.

George Vithoulkas

Kommentare des Autors

Die Einführung ist oft der Teil des Buches, den man überspringt, eine zähe Führung durch das Gehirn des Autors, bei der er alle die Dinge erwähnt, von denen er meint, daß sie aus dem Buch nicht klar hervorgehen.

Ich lade Sie also jetzt dazu ein, TEIL EINS zu überspringen, wenn es Sie dazu drängt, zur Arzneimittellehre von *Stramonium* zu gelangen. *Aber kommen Sie doch bitte später zurück.* Sie werden *Stramonium* sehen wie niemals zuvor. Nicht nur *Stramonium* wird hier unter dem Mikroskop betrachtet, sondern die ganze Art und Weise, wie wir uns Arzneimittel ansehen.

Zwei Gruppen von Personen haben meine Art der Behandlung von Patienten, des Studiums von Arzneimitteln und der Verschreibung geprägt:

Erstens die mehreren tausend Kinder, die ich persönlich in meiner Praxis gesehen habe, ebenso wie diejenigen, über die ich von Kollegen gehört habe und die das beigesteuert haben, was in dem Arzneimittelbild für diesen Kindertyp fehlte. Es gibt heutzutage viele Kinder, auf die die Polychreste einfach nicht passen. Aber unsere Informationen aus den alten Arzneimittellehren über die Arzneimittel für emotionale bzw. Gemütsstörungen sind häufig irreführend oder unvollständig, ganz besonders was Kinder betrifft. Es sind also die Kinder selbst, die mir gezeigt haben, was in den Arzneimittellehren fehlt.

Die zweite Gruppe sind die etwa fünfzehnhundert Homöopathen in den Vereinigten Staaten und Europa, denen ich zugehört und die ich unterrichtet habe. Sie haben mir gezeigt, was im Unterricht fehlt, und sie haben mir geholfen, die Informationen in eine zugängliche und verständliche Form zu übertragen.

So hat sich eins aus dem andern ergeben. Dies ist das zweite Buch, das aus meinen persönlichen Erfahrungen als Student, Arzt und Lehrer entstanden ist.

Ich denke mit großer Spannung daran, wie die Dinge früher waren, wie sie sich verändert haben und was wir als Nächstes tun müssen. Ich denke darüber nach, wie Arzneimittel wirken, nicht nur über Leitsymptome oder Gemütssymptome. Und ich glaube, daß es eine einfachere, schnellere, effektivere Methode geben muß, um die Anamnese zu erstellen und uns die Kenntnisse und das Verständnis von Arzneimitteln anzueignen.

Dieses Buch ist vor allem ein Schuß in die Zukunft. Die Ideen, die in TEIL EINS vorgestellt sind, erheben keineswegs den Anspruch auf Vollständigkeit, sondern sollen zum Dialog und zur weiteren Erforschung anregen sowie das Arzneimittelbild von *Stramonium* in einen größeren Zusammenhang stellen. TEIL ZWEI enthält das Arzneimittelbild von *Stramonium*. Im Unterschied zu anderen Arzneimittellehren bemüht sich diese darum, die Symptome mit den Hauptideen (Zyklussegmenten) zu verbinden, zu denen sie gehören.

Hin und wieder begegnet mir ein Satz oder Abschnitt in der Literatur oder ein Gedicht, das in mir etwas von dem Gefühl eines bestimmten Arzneimittels auslöst. In diesen Seiten verstreut finden Sie eine Auswahl, die in mir eine kinästhetische Empfindung von *Stramonium* ausgelöst haben. Ich hoffe, daß sie den Leser in eine ähnliche Stimmung versetzen, wie man sie bei der Anamnese eines *Stramonium*-Falles empfindet.

Der Einfachheit halber habe ich das Arzneimittel im maskulinen Genus beschrieben (in der Übersetzung häufig durch Neutrum ersetzt). Ein Grund dafür ist auch, daß die Mehrzahl der Kinder, die in diesem Buch beschrieben sind, zufällig Jungen sind. Wenn ein bestimmter Aspekt stärker auf Mädchen bezogen ist, so wird dies im Einzelnen erwähnt.

***

Die Homöopathie wächst so rasch, daß wir uns bemühen müssen, Schritt zu halten. Ich lade Sie ein zu einer Reise, die vor über zweihundert Jahren begonnen hat und heute noch ebenso aufregend und neu ist wie damals.

Teil Eins

Neue Ideen brauchen eine neue Sprache

Zyklen

Vor etwa zweihundert Jahren hat ein großes Abenteuer begonnen. Ein brillanter und kreativer Arzt wagte es, die institutionalisierte Medizin in Frage zu stellen. Sein Motto lautete: *Sei vernünftig, und habe Mut!* Samuel Hahnemann sah sich mit bestimmten Praktiken in der Medizin konfrontiert, die ihm nicht einleuchten wollten, und er fing an, nach der *Ursache* für die Heilwirkung einzelner Drogen zu forschen. Dabei gelang ihm schließlich ein Riesenschritt bei der Entdeckung der Beziehung zwischen Drogen und Krankheiten.

Meines Erachtens war Samuel Hahnemann für die Medizin das, was Sir Isaac Newton für die Physik bedeutete. Beide zeigten uns eine neue Denkrichtung und die dazu passenden neuen Gesetze auf. Beide entwikkelten ihre neuen Erkenntnisse aus der Verarbeitung alter Theorien, Beobachtungen und Erfahrungswerte heraus, und beide entdeckten universale Konzepte, die Aspekte der Natur erklärten. Die Modelle und Regeln Newtons haben unser Verständnis dafür, wie Dinge funktionieren, geschärft — Dinge, die wir im täglichen Leben beobachten können, wie etwa das Gesetz der Schwerkraft und die Bewegung der Planeten. Auf ähnliche Weise haben Hahnemanns Erkenntnisse die Ursachen für alltägliche Dinge aufgedeckt und erklären, warum Menschen krank werden und warum bestimmte Symptome auftreten.

Unter Anwendung der Newtonschen Theorien war es möglich, Phänomene genau vorherzubestimmen, die andernfalls in den nachfolgenden zweihundert Jahren nicht entdeckt oder verstanden worden wären. Ähnlich haben Hahnemanns Theorien von Miasmen und Krankheiten den Weg für die Entdeckung von Keimen, Bakterien und Viren geebnet.

Die Theorien beider Männer beruhen auf bestimmten Voraussetzungen, die diese Theorien zusammenhalten und es ihnen erlauben, überhaupt zu existieren. Newton behauptete, daß Raum und Zeit Kontinuen und Konstanten seien und daß wir uns durch etwas bewegen, das *Äther* heißt. Hahnemann behauptete, daß Symptome das Werkzeug sein *müsse*, anhand dessen sich die passende Arznei für den Patienten finden ließe, und dies sei allgemeingültig für die Vergangenheit, Gegenwart und Zukunft.

Die universalen Konzepte dieser großen Männer haben uns geholfen, Dinge, die wir im täglichen Leben beobachten, besser zu verstehen. Beide Theorien jedoch haben bestimmte brennende Fragen unbeantwortet gelassen. Newtons Theorie von den Konstanten wurde durch die elektromagnetischen Experimente des späten neunzehnten Jahrhundert und die Beobachtungen der Lichtgeschwindigkeit in Frage gestellt. Hahnemanns Theorie, die Verschreibung eines Arzneimittels auf die Symptom zu gründen, hat uns gute Dienste geleistet, aber auch einige Probleme und Kontroversen aufgeworfen. Das Problem, das mir am meisten zu schaffen macht, ist die etwas zufällige Art der Entscheidung, auf welche Symptome eine Verordnung begründet wird und die Verwirrung, die dabei entsteht.

Ein neues Modell

Wir benutzen gedankliche Modelle, um an ihnen zu erklären, wie Phänomene funktionieren. Das Modell ist nicht die Realität, es ist nur eine Art zu beschreiben, wie wir die Realität, basierend auf der Gesamtheit unserer Beobachtungen und Erfahrungen, sehen. Wenn wir unserem Verständnis neue Informationen hinzufügen, müssen wir unsere Modelle oft verfeinern, damit sie die neue Sicht von der Realität reflektieren.

Heutzutage brauchen wir in der Homöopathie ein neues Modell, ein Modell, das die neuen Erkenntnisse reflektiert, ein Modell, das in der Lage ist,

- alle alten Phänomene zu erklären
- alle neuen Phänomene zu berücksichtigen und zu erklären
- zukünftige Phänomene möglichst präzise vorherzusagen

Dieses Modell muß uns helfen, sowohl die Gesamtheit des Patienten als auch die Gesamtheit des Arzneimittel zu verstehen, sowie eine Entscheidungshilfe bieten, welche Analysemethode bei dem einzelnen Patienten angebracht ist.

Wenn wir mit dem Studium der Homöopathie beginnen, lernen wir, daß wir die Gesamtheit der ganzen Person und die Gesamtheit des Arzneimittels aufeinander abzustimmen haben. Dies ist die ‚Parteilinie'. Später in der Praxis jedoch beginnen wir zu entdecken, daß dies nicht so einfach ist. Anfangs versuchen wir, *alle* Symptome zu verwenden, was uns aber in große Verwirrung stürzt und auf Irrwege führt. Verwirrt kratzen wir uns am Kopf und verlegen uns versuchsweise darauf, nur einen Teil des Gesamtfalles zu verwenden. Dies zwingt uns zu der Entscheidung, *welchen* Teil wir nehmen sollen. Welche Symptome werden zum Erfolg führen? Welche werden am Ziel vorbeigehen? Unter welchen Kriterien sollen wir die Auswahl treffen? An dieser Stelle greifen viele Homöopathen auf Paragraph 153 im *Organon* zurück und versuchen es mit „...die auffallenderen, sonderlichen, ungewöhnlichen und eigenheitlichen (charakteristischen) Zeichen und Symptome des Krankheitsfalles, besonders und fast einzig fest in's Auge zu fassen...". Indem wir diese Auswahl treffen, wählen wir den Mittelweg. Wir richten unsere Aufmerksamkeit nicht mehr auf den ganzen Patienten, sondern auf einen Teilaspekt (was Stuart Close die logische Gesamtheit nennt).

Indem wir uns darauf verlagern, nur einen Teil des Gesamtfalles zu analysieren, gleiten wir unbemerkt in eine Grauzone ab. Doch wie bei allen Grauzonen gibt es Schwierigkeiten, mit denen man konfrontiert wird. Wenn Dinge nicht schwarzweiß sind, wenn es Raum für Interpretationen und Auswahlmöglichkeiten gibt, dann gibt es auch Raum für Fehlkalkulationen. Ein Homöopath wird eine Gruppe von Symptomen auswählen, ein anderer eine andere Gruppe. Um unsere Auswahl zu begründen, versuchen wir, Argumente für dieses Gemütssymptom oder jenes Leitsymptom oder ein bestimmtes körperliches Symptome zu finden. Doch völlig überzeugt sind wir nicht. Wir holpern und stolpern vor uns hin und fragen uns, ob es uns jemals gelingen wird, den totalen Durchblick zu bekommen.

Dann klopft uns jemand tröstend auf den Rücken und sagt: „Mit zunehmender Erfahrung wird es leichter, die richtige Symptomengruppe zu finden." Auch wenn an dieser Aussage etwas Wahres dran ist, so ist es doch eine Art umgekehrter Logik. Wie hilfreich kann es überhaupt sein, jemandem zu sagen, daß es mit der Zeit einfacher wird, durch die Grauzonen zu manövrieren, daß es mit zunehmendem Verständnis der Homöopathie und mit zunehmender Erfahrung leichter wird, und daß damit die Wahrscheinlichkeit steigt, daß man die korrekte Symptomenauswahl trifft? Das ist es, was beginnende Homöopathen allzu oft zu hören bekommen.

Doch Moment mal! Wie steht es mit Patienten, die in der Zwischenzeit nicht geheilt werden? Nicht nur sie sind benachteiligt, sondern auch die Homöopathie-Anfänger verlieren einiges von ihrer ursprünglichen Begeisterung und empfinden Angst, Frustration und Unsicherheit anstelle der begeisterten Aufregung und Freude, die sie eigentlich erleben sollten.

Bedeutet dies, daß nur wenige Auserwählte die Kunst der Homöopathie meistern können? Ganz und gar nicht. Es bedeutet einfach, daß wir die Erkenntnisse hinter den Lehrmodellen neu überdenken müssen und neue Modelle, neue Methoden finden müssen, mit deren Hilfe die ersten Schritte des Anfängers kleiner, feiner und erfolgreicher werden. Zugegebenermaßen repräsentiert dieses Buch meine Methode, und meiner Meinung nach ist es eine gesunde Methode, aber es ist keineswegs die einzige. Ich glaube, daß es zahlreiche Antworten zu den Problemen gibt, und wir alle müssen danach suchen. Wir alle sehen die Welt mit unterschiedlichen Augen, und indem wir aus diesen Unterschieden das beste machen, könnten wir alle viele neue Arten finden Probleme zu betrachten und Lösungen zu finden. Wie heißt es doch so schön, hätte nur Benny Goodman allein gespielt, so hätte es die Ära des Swing nie gegeben. Um eine Bewegung, eine Wissenschaft zu schaffen, müssen wir alle unseren Beitrag leisten.

Es spielt keine Rolle, welche Lösungen der Einzelne persönlich wählt. Was eine Rolle spielt, ist, daß wir unermüdlich weitersuchen und immer bessere Lösungen finden, Lösungen, welche die Grenzen der gegenwärtigen Modelle überwinden, die uns bessere Möglichkeiten bieten, erfolgreicher zu verschreiben und mehr Leiden ein Ende zu setzen.

Vielleicht ist dies ein guter Zeitpunkt, meinen Lesern einige der Ideen, die mir bei der Lösung dieses Problems geholfen haben, mitzuteilen.

Das dramatische Schauspiel der Lebenskraft

Ich habe darüber nachgedacht, wie wir mit einem Körper und einer Seele und unserer Lebenskraft in die Welt kommen. Sie belebt uns, und in gewissem Sinne *sind* wir sie. Aber die Gesundheit der Lebenskraft ist bei verschiedenen Personen unterschiedlich. Vom Augenblick der Empfängnis an ist sie verschiedenen genetischen wie auch umweltbedingten Faktoren unterworfen. Irgendwann tritt eine Belastung ein, ein Streßfaktor, für den die Person anfällig ist, und die Lebenskraft ist überfordert und aus dem Gleichgewicht geworfen. So beginnt Krankheit.

Krankheit ist eine Einheit. Es gibt in einer bestimmten Person eine Krankheit zu einem Zeitpunkt. Sie beginnt an einem einzelnen Ort (gewöhnlich dem schwächsten Punkt des Person), aber sie zeigt sich auf vielerlei Art im ganzen Wesen des Menschen, indem sie sich durch vielerlei Anzeichen manifestiert, die wir Indikationen oder Symptome nennen. Unsere Aufgabe besteht darin, die eine Krankheit in dieser einen Person ausfindig zu machen. Die Aufgabe der Lebenskraft ist es, uns dabei zu helfen, sie zu finden, indem sie Zeichen und Symptome produziert, die uns das Muster der Krankheit zeigen.

Wie stellt die Lebenskraft das an? Am Anfang der „Verstimmung" *bemüht* sie sich, um sich an die Belastung anzupassen und damit das Gleichgewicht wiederherzustellen. Diese Anstrengung ist das, was Symptome produziert, die auf die Störung hinweisen und signalisieren, was unstimmig ist. Eine andere Art der Darstellung ist, daß die Lebenskraft, die durch den Streßfaktor aus dem Gleichgewicht geworfen ist, nicht genug Kraft hat, den Organismus zu heilen. Sie ist geschwächt, ihre Bemühungen schlagen fehl. Diese erfolglosen Anstrengungen machen die chronische Krankheit mit vielfarbiger Illustration aus. Die Symptome sind somit nicht die Störung selbst, sondern zeigen in irgendeiner Form die Störung, indem sie diese widerspiegeln oder verkörpern.

Wie können wir am besten die Botschaft sehen und begreifen, die uns die Lebenskraft unter soviel Anstrengung zu zeigen versucht? Sie enthüllt uns die gesamte Pathologie des Patienten, wenn wir sie doch bloß sehen könnten. Ihre Botschaft steckt in jedem einzelnen Symptom des Patienten. Das ist das Geniale der Lebenskraft. Sie erfüllt eine großartige Aufgabe. Mit Dutzenden, ja vielleicht Hunderten von Beispielen will uns die Lebenskraft sagen: „Das ist es. Dies ist die Krankheit." Warum können wir sie dann nicht sehen? Welch große Hilfe wäre es, wenn wir mit einem einzigen Begriff alle Symptome beschreiben könnten, die ein Arzneimittel erzeugen oder heilen kann.

Aber eine nagende Frage kommt uns in die Quere. *Wenn es nur eine einzige Krankheit gibt, wie passen dann* ***alle*** *Symptome zusammen?* Nicht nur die *meisten* Symptome, nicht nur diejenigen, die wir ausgesucht haben, sondern *alle* Symptome, die geistig-emotionale Verfassung, die Schlafposition, die Nahrungsmittelverlangen und Abneigungen, die gewöhnlichen ebenso wie die charakteristischen Symptome.

Bisher waren wir gezwungen, uns auf die Mehrzahl der Symptome zu konzentrieren und die übrigen außer Acht zu lassen. Wir haben verschiedene mechanische Verständnismodelle gelernt und durch Ausprobieren mit der Zeit immer größere Erfolge erzielt. Aber hier kommt das Nagen wieder: Warum nicht *jedes* Symptom? Wenn die Krankheit das ganze Wesen durchdringt, dann müßte doch jedes einzelne Symptom, von den unwichtigen zu den wichtigen, auf irgendeine Art *diese Krankheit widerspiegeln.* Was können wir also tun? Wir müssen nicht nur die Symptome der Krankheit verstehen und das passende Arzneimittel dafür finden, sondern — und das ist wichtiger — die *Art* des Krankseins. Wie können wir das erreichen?

Eine andere Stimme

T.S. Eliot sagt in seinen *Vier Quartetten*:„...die Worte des kommenden Jahres warten auf eine andere Stimme." Ich bin betroffen von der Tatsache, daß unser Berufsstand, der sich auf eine so stark ausgeprägte vitalistische Philosophie begründet, in der praktischen Anwendung oft sehr mechanisch ist. Wenn wir also hoffen, eine praktischere, effektivere geradlinigere Form der Anamnese und Repertorisierung zu finden, müssen wir für das, was wir zu sagen haben, neue Worte und Ausdrucksformen finden.

Eine Reihe von Homöopathen, u.a. ich selbst, arbeiten seit einiger Zeit an der Entwicklung einer universalen Methode zum Studium und der Praxis der Homöopathie. Wenn wir eine gemeinsame Sprache sprechen, könnte diese Methode als Muster dienen, innerhalb dessen klassische Homöopathen ihre unterschiedlichen Lehrmethoden, Verschreibungsarten und Schreibweisen ausdrücken können. Auf diese Art können sie einander ergänzen und damit die Homöopathie verfeinern und vorantreiben. In der Folge finden Sie meinen ersten Beitrag zu dieser Verbindung von Wissen und Erkenntnissen.

Ich habe eine Methode erarbeitet, die es uns meines Erachtens ermöglicht, leicht und treffend ein Arzneimittel zu verschreiben. Sie besteht unter anderem darin, für jedes Arzneimittel einen Satz zu finden, zu der *jedes Symptom* dieses Arzneimittel paßt, zu *jedem Patienten*, dem wir dieses Arzneimittel erfolgreich verordnet haben, zu *jeder Arzneimittellehre*, die wir gelesen haben, *jeder Vorlesung*, die wir gehört, *jedem Fall* dieses Arzneimittel, den wir persönlich oder als Papierfall studiert haben. Es muß eine präzise Umschreibung sein, die nicht nur alles beinhaltet, was dieses Arzneimittel ausmacht, sondern *auch seinen dynamischen Aspekt*, die Übergänge von einem Krankheitsstadium in das nächste. Für *Stramonium* könnte ein solcher Satz lauten: **Getrieben von Verwirrung, Ängsten und Verletzlichkeit ist *Stramonium* gefangen in einem anhaltenden und heftigen Kampf zwischen dem Unbewußten und dem Bewußtsein, zwischen Dunkelheit und Licht, zwi-**

schen Zuwendung zum Bereich des Todes und der Sehnsucht nach der Existenz im Lebensbereich. Nach sorgfältiger Überprüfung sollte jede Information über *Stramonium* in dieses Bild passen. Doch mehr davon in dem Abschnitt über den *Stramonium-Zyklus.*

Wenn wir anfangen können, jedes Arzneimittel in der Materia Medica auf diese Weise zu verstehen, dann müssen wir uns weniger mit auswendig gelernten Fakten überhäufen, denn diese Art des Lernens führt zum Verständnis. Warum sollen wir uns mit Auswendiglernen abgeben, wenn wir verstehen können?

Würde diese umfassendere Art der Betrachtung von Arzneimitteln und Patienten dem widersprechen, was Hahnemann uns gelehrt hat? Nicht im geringsten. Es steht im Einklang mit dem, was Hahnemann vorgezeichnet hat — ein Bild von der Lebenskraft, die ein Schauspiel gibt (um den Patienten bei Gesundheit zu halten). Die Lebenskraft *strengt sich an*, die Handlung auszurufen. Die Symptome sind die Hauptdarsteller, nicht bloß Statisten, die zufällig über die Bühne laufen und willkürlich Unruhe stiften. Sie bewegen sich anhand eines Skripts in logischer Abfolge. Es ist dieses logische Muster, das Homöopathen aller Zeiten zu erfassen suchen.

Ich glaube, es ist dieses Muster, das Hahnemann meinte, als er von der *Gesamtheit der Symptome* gesprochen hat. Mit Gesamtheit meinte er nicht einfach die Gesamtzahl der Symptome, sondern das *Gesamtmuster* der Krankheit. Das ist die wahre Gesamtheit. Ich sehe das Muster nicht einfach als geistig oder emotional oder körperlich an. Es ist ein Muster, das sich entfaltet. Es beginnt und endet nicht an einem bestimmten Punkt.

Worin besteht diese Entfaltung oder Bewegung?

- Die Lebenskraft wird durch einen Streßfaktor aus dem Gleichge wicht geworfen.
- Zur Korrektur und um das Gleichgewicht wiederherzustellen *strengt sie sich an*.
- Die Anstrengung zeigt sich in Krankheitszeichen und Symptomen.

- Diese Symptome werden stärker, je mehr die Lebenskraft kompen siert, bis schließlich die Grenze überschritten wird.
- Das Überschreiten muß korrigiert werden, um ein gewisses Gleich gewicht aufrechtzuerhalten.
- Mit der Zeit bringt dies den Patienten dahin zurück, wo er ange fangen hat, und der Kreis schließt sich.

Auf diese Weise wiederholt sich der Zyklus in zunehmend stärkerem Maße. Es ist, als ob man in einen Zug steigt, um direkt an ein bestimmtes Ziel zu gelangen. Aber stattdessen fährt der Zug eine Schleife, hält unterwegs an verschiedenen Stellen an und kommt schließlich dahin zurück, wo man die Reise begonnen hat. Diese Schleife bzw. Zyklus ist die Krankheit, und sie wiederholt sich ständig aufs Neue. Wir werden dies später im *Stramonium-Zyklus* sehen.

Wie läßt sich der Zyklus je durchbrechen? Eine Verschiebung in dem zugrundeliegenden Gleichgewicht ist nötig, damit der Patient wieder zur Gesundheit zurückfindet. Aber Veränderung fällt schwer, es ist viel einfacher, in den eingefahrenen Gleisen des Zyklus immer weiter zu rollen. Wenn man über das eigene Leben nachdenkt, wird man sich vielleicht Zeiten in Erinnerung rufen, in denen man sich etwas ‚festgefahren' gefühlt hat. Man hat sich abgemüht, um sich daraus zu befreien, doch je mehr man versucht hat, das Muster oder die Gewohnheit zu durchbrechen, um so tiefer ist man in den Graben geraten.

Die fließende Abfolge der chronischen Krankheit ist genauso. Zuerst bildet sie ein bestimmtes Muster aus, und dann erneuert sie sich, indem sie immer wieder in dieselbe Furche fällt und dabei in einer abwärts gerichteten Spirale immer tiefer sinkt. Der Verfall zeigt sich auf geistiger, emotionaler und körperlicher Ebene auf unterschiedliche Weise. Dieses Muster, dieser Zyklus von Ereignissen wird (in irgendeiner Form) überall erkennbar sein — in allen Symptomen des Patienten, in allen Symptomen, die in der Materia Medica für dieses Arzneimittel aufgeführt sind, und in allen Symptomen, die in der Arzneimittelprüfung erzeugt wurden.

Wenn wir Krankheit auf diese Weise betrachten können, werden wir besser in der Lage sein, die Hauptelemente oder -ideen zu identifizieren und herauszuarbeiten, die ich die **fundamentalen Segmente** in jedem Arzneimittel nenne. Dies ermöglicht uns, die Abfolge der Ereignisse nachzuspielen, die das Muster zeigen das nicht nur zu allem paßt, was über dieses Arzneimittel bekannt ist, sondern zu allem, was wir über jeden Patienten wissen, der dieses Arzneimittel jemals gebraucht hat. Es wird uns sogar die Freiheit geben, vorhersagen zu können, in welche Richtung sich die Krankheit weiterentwickeln wird.

Die fundamentalen Segmente innerhalb des Zyklus

Alles, was Sie in ihrem Patienten ansehen, zeigt ein und denselben Balanceakt der Lebenskraft. Glauben Sie daran. Halten Sie danach Ausschau!

Ich bin zutiefst überzeugt davon, daß jedes einzelne Symptom, das eine Person ausdrückt, ein Beispiel für eines der fundamentalen Segmente ist, die in dem Krankheitszyklus dieser Person arbeiten. Dazu gehören auch unsere stark ausgeprägten Symptome, die Gemütssymptome, die Schlafsymptome, alles. Jedes einzelne ist ein *Beispiel.* Dies erläutert, warum wir in Schwierigkeiten geraten, wenn wir die Leitsymptome wörtlich nehmen. Das heißt, wir meinen, die Person *müsse* eine Verlangen nach Süßigkeiten haben, damit *Stramonium* paßt. Aber Süßigkeiten sind nur ein Beispiel für die Sehnsucht nach Geborgenheit in diesem isolierten und einsamen Menschen. Mit anderen Worten, ein Symptom steht nicht allein da. Es hat irgendeine Art von Beziehung zu anderen Symptomen. Und so wird sich dieses Verlangen nach Geborgenheit oder Trost, das eines der fundamentalen Segmente des Arzneimittel ist, immer wieder an vielerlei Orten und auf vielerlei Art durch verschiedene Symptome zeigen. Manche dieser Symptome lassen sich in Rubriken finden, andere nicht. Das spielt keine Rolle. Das Segment ist wichtig, die Idee. Das Segment ist etwas, was absolut zu dem Arzneimittel gehört.

Der Zyklus selbst ist ein Fluß von Ereignissen, die aus einer Reihe von fundamentalen Segmenten zusammengesetzt sind. Jedes dieser Segmente läßt sich durch einen Begriff oder einen Kernsatz beschreiben, wie etwa *Sehnsucht nach Geborgenheit* oder *heftige Überreaktionen*. In dem Modell für den Zyklus werden Sie sehen, daß jedes Segment durch einen Pfeil mit dem nächsten Segment verbunden ist, was die unmittelbare Wirkung darstellt, die zu dem folgenden Segment führt. Auf gewisse Weise wird die Person in das nächste Segment gedrängt. Jedes Segment fließt über in das nächste, bis sich der Kreis wieder schließt. *Der Zyklus ist die Krankheit.* Man kann an jedem Punkt einspringen, mit jedem beliebigen Segment beginnen. Das Muster ist ein Kontinuum.

Eine andere Art der Betrachtung: Stellen Sie sich für einen Moment einen Kreis von Steinen um ein Blumenbeet vor. Neben jeden Stein ist eine andere Gruppe von Blumen gepflanzt. Jede ist ein Teil des ganzen Musters. Wenn man von einem Stein zum nächsten tritt, kommt man irgendwann wieder bei den ersten Blumen an. Im Zyklus eines Arzneimittels sind diese Blumengruppen die fundamentalen Segmente des Zyklus.

Lassen Sie mich diese Metapher noch etwas erweitern: Unterschiedliche Blumen sind gepflanzt, sie blühen und welken zu unterschiedlichen Zeiten, und es kann sein, daß andere Blumen an derselben Stelle aufblühen, wenn die ersten abgestorben sind. Ähnlich verhält es sich mit der Krankheit, sie stagniert nicht, sondern ist in ständigem Fluß, ständiger Bewegung und Veränderung begriffen — doch nur innerhalb bestimmter Parameter. Eines ist sicher — jeder Aspekt, der in einer Materia Medica auftaucht, muß auf irgendeine Weise in eine dieser Ideengruppen oder fundamentalen Segmente passen, die das Gesamtmuster des Arzneimittels ausmachen. Aus diesem Grund nenne ich es ein **fundamentales Segment** — *fundamental*, weil es intrinsisch und essentiell ist; *Segment*, weil es einen Abschnitt des Gesamtzyklus darstellt.

In jedem Arzneimittel werden Sie bestimmte Segmente sehen, die universal erscheinen, wie etwa Schwäche. Zuerst mag dies verwirrend erscheinen. Wie kann man unter Dutzenden von Arzneimittel unterscheiden, wenn sie alle bestimmte Segmente gemeinsam haben? Das ist ganz einfach. *Die Einzigartigkeit eines Arzneimittels wird darin zum Ausdruck kommen, wie dieses Element oder Segment (in diesem Falle:*

Schwäche) dargestellt wird. Außerdem wird jedes Arzneimittel mindestens ein Segment haben, das einzigartig ist.

Nicht jedes Symptom des Arzneimittels ist einzigartig, und wir können es nicht als solches behandeln, denn die Lebenskraft ist nicht in Teile gespalten. Sie strengt sich an als Einheit, sie reagiert als Einheit, und sie muß als Einheit betrachtet werden. Dieser Aspekt wurde mir klar, als mir vor acht Jahren eine schwangere Frau in der Praxis erzählte, daß sie jedesmal vaginale Blutungen bekam, wenn sie sich das Gesicht wusch. Nun gibt es keine Rubrik mit der Bezeichnung ‚drohender Abort durch Waschen des Gesichtes'. Aber es gibt eine Rubrik, in der es heißt, daß Waschen des Gesichtes Nasenbluten erzeugen kann. So dachte ich: „Wenn Waschen eine Blutung an einer Stelle auslösen kann, warum nicht an beliebiger Stelle? Der Ort des Geschehens ist gegenüber der Blutung und der Modalität sekundär." Das gewählte Arzneimittel, *Arnica montana*, brachte die Blutung zum Stillstand, und das Kind wurde gesund geboren. Dasselbe Prinzip wurde bei Säuglingen angewandt, die nach der Geburt einen epileptischen Anfall haben, wenn sie gebadet werden und bei denen sich später herausstellt, daß sie eine Gehirnblutung hatten.

So ist es manchmal möglich, ja sogar nützlich, ein Symptom zu generalisieren. Bönninghausen war der erste, der diesen Aspekt klar ausgedrückt hat. Es ist Aufgabe des Homöopathen, diese Art der Verallgemeinerung anzustellen und alle Symptome in sinnvolle Segmente oder Einheiten zu Gruppen zusammenzufassen. Die meisten Arzneimittel lassen sich in Zyklen von vier bis sechs fundamentalen Segmenten darstellen. Jedes dieser Segmente läßt sich in kleinere Abschnitte unterteilen, was dem Arzneimittel mehr Farbe verleiht. In dem hier vorgestellten *Stramonium*-Zyklus beispielsweise habe ich mich entschlossen, Hyperaktivität dem Segment der heftigen Überreaktion unterzuordnen.

Wenn man die Ideengruppen, die zu einem Arzneimittel gehören, einmal verstanden hat, ist man leicht in der Lage, andere Symptome vorherzusagen, die zu dem einen oder anderen Segment passen könnten. Und man wird auch mit einiger Sicherheit voraussagen können, in welchen Rubriken das Arzneimittel zu finden ist. Sie können sehen, wie ein solches neues Werkzeug von unschätzbarem Wert bei der Überprüfung Ihrer Erkenntnisse sein wird, die sich vorher nie überprüfen ließen.

Welche Symptome gehören in welches Segment?

Der schwerste Teil ist es am Anfang herauszufinden, welche Rubriken sich in Gruppen zusammenfassen lassen, um die einzelnen Segmente im Zyklus zu bilden. Manche der Segmente werden einfacher zu bearbeiten sein als andere. Nehmen Sie beispielsweise drei verschiedene Symptome: *Bauchkrämpfe, Wadenkrämpfe, Zucken in den Zehen.* Obgleich sie an unterschiedlichen Stellen auftreten, ähneln die Symptome einander durch die *Idee der Verkrampfung*. So ist es einfach zu sehen, daß Verkrampfung eines der fundamentalen Segmente dieses Patienten sein wird.

Natürlich nehmen unterschiedlichen Homöopathen Dinge unterschiedlich wahr. Manche halten nach Ähnlichkeiten Ausschau, manche nach Unterschieden. Manche werden *Verkrampfung* und *Zuckungen* als ähnlich ansehen, manche als unterschiedlich. Manche werden in *Verkrampfung* und *Eigensinn* eine Analogie sehen. Dies ist weniger offensichtlich. Wie steht es mit *Verkrampfung* und *Zuckungen* und *Obstipation*? Was haben sie gemeinsam? Kontraktion! Wie steht es mit *Obstipation, Verkampfung* und *Eigensinn*? Sie *halten alle an etwas fest.* Auch wenn all diese Symptome dieselbe Idee repräsentieren, werden manche Leute es sehen und andere nicht.

Früher oder später begegnet Ihnen ein Patient, der *empfindlich gegen Licht, Berührung* und *Lärm* ist, und Sie werden sehen, daß die Gemeinsamkeit dieser Symptome die Empfindlichkeit ist. Weniger offensichtlich, aber auch ähnlich, wären *Geräuschempfindlichkeit, Abneigung gegen Berührung* und *Furcht vor Einbrechern.* All diese sind ähnlich? Ja, denn sie alle repräsentieren die *Furcht vor Invasion, einem gewaltsamen Eindringen*. Es ist beinahe unheimlich, wieviel man mit dieser Art der Beurteilung vorhersagen kann. *Man kann nicht nur vorhersagen, welche Symptome man bei dem Patienten finden wird, sondern sogar, welche Symptome in der Materia Medica vorkommen.*

Einige der fundamentalen Segmente oder Gruppierungen werden abstrakter sein als andere. Diese sind anfangs schwieriger zu erfassen. Was haben beispielsweise die folgenden Symptome gemeinsam: *Verlangen, gerieben zu werden; Verlangen, getröstet zu werden; Verlangen getragen zu werden?* Bedürfnis nach bzw. Mangel an *Geborgenheit*! Das war einfach. Doch wie steht es mit *Verlangen nach Milch, Süßigkeiten, Kuchen, Eiskrem und Obst?* Alles sind ‚*Geborgenheitsgelüste*', die Art von Nahrungsmitteln, nach denen wir ein Bedürfnis haben, wenn wir Geborgenheit und Zärtlichkeit brauchen, oder wenn eine Verlassenheitsthematik vorliegt. Also haben Sie einen Patienten, der Besserung durch Trost erfährt, aber wenn Sie in der Rubrik nachschlagen, ist das Arzneimittel, das ihrer Meinung nach indiziert ist, nicht darin verzeichnet. Alle Homöopathen stehen irgendwann einmal vor diesem Problem — man findet gute Rubriken, aber sie enthalten nicht das richtige Arzneimittel. Was kann man dann tun? Sehen Sie sich die Nahrungsmittelverlangen des Patienten an — eines ist Verlangen nach Süßigkeiten, ein Signal für Sehnsucht nach Geborgenheit. Sie nehmen dieses Symptom, weil sie darin dasselbe Segment erkennen, das sich durchzieht, dieselbe Emotion, dieselbe Sehnsucht nach Geborgenheit. Und hier kommen die Vorhersagen ins Spiel. Ich bin sicher, daß Sie in dem Patienten viele andere Symptome finden werden, die dieselbe Idee repräsentieren. Dieselbe Idee muß überall vorhanden sein, weil es ein fundamentales Segment ist.

Ein weiteres Frustrationserlebnis kann eintreten, wenn man ein großartiges Symptome hat, das selten und charakteristisch ist, aber es gibt keine Rubrik dafür. Wie oft ist Ihnen das schon passiert? Oder Sie finden die Rubrik für dieses sonderliche Symptom, aber leider ist das Arzneimittel, das Sie suchen, nicht darin verzeichnet (wie bei dem Beispiel mit Geborgenheit oben). Was kann man dann tun? Der Zyklus der Segmente ist eine Methode, mit der sich einige dieser häufig auftretenden Probleme lösen lassen.

Der Fluß des Zyklus

Wenn wir erst die Beziehungen einer Reihe von Symptome sehen wie *Verlangen nach Trost, Gelüste auf Süßigkeiten, Schmerzen gebessert durch Berührung* und *Ohrenschmerzen gelindert, wenn man getragen wird,* dann haben wir ein fundamentales Segment im Zyklus des Patienten verstanden. Als nächstes müssen wir herausfinden, welche Ereignisse dies ausgelöst haben. Wie ist dieses *Bedürfnis nach Geborgenheit* entstanden? Und was hält es aufrecht? Nachdem wir verstanden haben, wo es herkommt, ist die nächste Frage: Wohin führt es den Patienten? Zu welchem nächsten Schritt drängt es ihn? Die Antwort auf diese Frage wird uns direkt in das nächste Segment führen. Vielleicht führt dieses Bedürfnis nach Geborgenheit dazu, daß man über das Ziel hinausschießt, zu exzessiven Verhaltensweisen, Ausbrüchen oder irgendeiner Form von Überreaktion. Wenn dies der Fall ist, werden ähnliche Ideen in den körperlichen Symptome auftauchen, die zu dieser Gruppe gehören. Wenn die Exzesse (bei diesem Patienten) dann zu *Erschöpfung* führen, sind wir bereits in einem weiteren Segment angelangt. Und so geht es von einer Idee zur nächsten, bis sich der Kreis schließt. An diesem Punkt wird Ihnen der vollständige Zyklus klar werden.

Ihre Aufgabe als Homöopathen ist es herauszufinden, wie und warum jedes Segment zu etwas anderem führt oder sich sogar in eine andere Pathologie bewegt, aber eine, die dieselben Themen, dieselben Elemente zeigt. Ein vollständigeres Beispiel dafür finden sie im Kapitel *Der Stramonium-Zyklus*.

Diese Muster betreffen den ganzen Menschen, nicht nur den geistigen, emotionalen oder körperlichen Bereich. Manche Ihrer Patienten werde Ihnen das Muster zeigen oder es sogar in der Reihenfolge erzählen, wie es für sie wichtig ist. Andere Fälle werden nicht so leicht sein, weil die Symptome so weit auseinander erscheinen, so daß es schwieriger ist zu erkennen, was sie miteinander gemeinsam haben.

So habe ich beispielsweise einmal eine Frau behandelt, die sagte *„Ich habe Schmerzen im Brustwirbelbereich, die sich anfühlen, als ob je-*

mand mir in den Rücken stochert... ich habe Angst vor Menschenansammlungen... im Flugzeug sitze ich lieber am Gang... nachts schließe ich die Türen zu." Alle diese Symptome enthalten ein Element des Argwohns, ein Gefühl von Mißtrauen oder Zweifel, eine Idee daß etwas nicht stimmt. Sogar die Rückenschmerzen passen zu dieser Idee. Somit war es für mich keine Überraschung, daß ich, als ich ihr das Arzneimittel geben wollte, erst einmal eine Viertelstunde lang Erklärungen über das Arzneimittel und Homöopathie abgeben mußte, weil sie von Natur aus so mißtrauisch war. Daran können Sie sehen, wie sich solche Voraussagen machen lassen.

Die Hauptideen, die miteinander kombiniert einen Zyklus bilden, sind am wichtigsten. Nach diesen müssen wir in dem Fall suchen. Sie tauchen im Zyklus eine nach der anderen auf, um uns die Pathologie zu zeigen. Sie *sind* die Pathologie. Wenn Sie diese Hauptideen oder fundamentalen Segmente entdeckt haben, so besteht Ihre nächste Aufgabe darin, die Mehrzahl der Symptome in die Segmente einzuordnen. Anamnese und Analyse sind damit erledigt und es ist an der Zeit, den Fall zu repertorisieren.

Ein Blick in die Zukunft

Aufgabe der Arzneimittellehren der Zukunft ist es, das Gesamtbild der Pathologie zu erklären. Obgleich ich mehrere Artikel veröffentlicht und darin die Zyklen bestimmter Arzneimittel gezeigt habe, so ist dieses Buch meine erste vollständige Beschreibung der Gesamtheit eines Arzneimittel. Auf diesen Seiten werden Sie hoffentlich die Antwort darauf finden, *warum* das *Stramonium*-Kind angsterfüllt oder gewalttätig wird und *was es zur nächsten Phase führt*.

Wir alle stehen an einem Wendepunkt in der Homöopathie, an dem wir uns von der Materia Medica der Vergangenheit zu den Arzneimittellehren der Zukunft bewegen. In der Vergangenheit lag das Schwergewicht auf den Symptomen. In Zukunft wird unser Interesse mehr auf die Ideen hinter den Symptomen gerichtet sein. Warum existieren überhaupt diese bestimmten Symptome? Woher kommen sie? Wohin führen sie?

In einer Zeit des Überganges ist *Stramonium* ein Übergangsbuch. Welches Arzneimittel wäre besser für ein Buch des Überganges geeignet als eines, das die Kluft zwischen Polychresten und Miasmen und den Arzneimitteln der Phase vier überbrückt, eines, das in der **Hierarchiekarte** selbst ein Übergangsmittel ist.

Die Hierarchiekarte

Der Zyklus hilft uns dabei, die intrinsischen Eigenschaften und den dynamischen Fluß der Krankheit des Patienten zu sehen. Aber wir sind noch mit einem weiteren Problem konfrontiert. Viele dieser Kinder, die sich gewalttätig und impulsiv verhalten oder an Aufmerksamkeitsstörungen leiden, zeigen Symptome und Zustände, die einander so ähnlich sind, daß die Arzneimittelwahl oft schwierig ist. Hier ist es aber mit der Verwirrung noch nicht vorbei. Diese Fälle neigen dazu, Symptome verschiedener Arzneimittel gleichzeitig zu zeigen, und dies zwingt uns zu einem Manöver durch einen Irrgarten, bei dem es gilt herauszufinden, welches Arzneimittel die korrekte Wahl ist. Wir brauchen eine Landkarte, die uns durch dieses Labyrinth führt, eine Karte, die uns hilft, die richtigen Symptome zur Verschreibung zu finden. Warum ist dieses Thema so wichtig? Die Tatsache, daß diese Kinder Symptome haben, die einander sehr stark ähneln, hat zu der falschen Schlußfolgerung geführt, daß alle diese Kinder dasselbe Arzneimittel brauchen. Wir könnten beispielsweise meinen, daß alle gewalttätigen Kinder *Stramonium* brauchen oder alle hyperaktiven Kinder *Veratrum album* usw. Um die Situation noch komplizierter zu machen, haben auch die verschiedenen Arzneimittel, die für diese Störungen indiziert sind, viele gemeinsame Symptome. Kein Wunder, daß es für den beflissenen Homöopathen so schwierig ist, das richtige Arzneimittel für solche Kinder zu finden. Die Arzneimittel sehen einander so ähnlich, daß man meinen könnte, daß jedes beliebige von ihnen für diese Beschwerden verwendet werden könnte.

Zur weiteren Verwirrung gibt es in den existierenden Arzneimittellehren nur grobe Skizzierungen der Arzneimittel, die am häufigsten für die Störung gebraucht werden, die wir heute sehen. Was wir meist lesen, bezieht sich entweder auf akute pathologische Zustände wie Infektionen oder schwere neurologische Störungen oder Psychosen. Dies sind Informationen, die zu den Patienten der Zeit paßten, in der diese Bücher geschrieben wurden.

Homöopathen von heute, im Besitz verwirrender, ungenauer und unvollständiger Informationen, sind mit einer ziemlich großen Herausforderung konfrontiert, wenn sie für Kinder mit Aufmerksamkeitsstörungen oder unbeherrschtem impulsivem Verhalten das passende Mittel finden wollen. Allzu häufig stoßen wir an die Grenzen der Informationen, die uns zur Verfügung stehen. Es wird also zur Mühsal, die alten Bücher zu entziffern, um etwas zu finden, was in der heutigen Welt anwendbar ist.

Die Homöopathie hat es uns ermöglicht, bei einer Reihe dieser Kinder viele großartige Erfolge zu erzielen, doch die oben genannten Schwierigkeiten haben zu Fehlschlägen in zahlreichen anderen Fällen geführt, die mit einem anderen Ansatz hätten geheilt werden können. Mit solch schwierigen Entscheidungen konfrontiert, habe ich eine Vielzahl von Fällen und Beobachtungen durchgesehen. Aus dieser Arbeit ist eine sog. **Hierarchiekarte** entstanden. Diese Karte ermöglicht uns zu verstehen, warum Arzneimittelzustände bei Kindern über einen längeren Zeitraum in einer bestimmten Reihenfolge auftreten. Sie stellt Arzneimittel dar, die bei diesen Kindern häufig gebraucht werden, sowie die Beziehungen zwischen diesen Arzneimitteln. Gleichzeitig wurde mir bei der Durchsicht der Fälle klar, wie stark der Bedarf nach einer Modernisierung unserer Materia Medica ist. Ebenso sah ich, wie wichtig es ist, einen neuen Ansatz zur Verarbeitung dieser Informationen zu entwickeln, eine neue Methode zur Differenzierung der Arzneimittel, ein Weg, der die Verwirrung der

Schichten und Symptome überwindet und dabei behilflich ist, den Homöopathen zu dem Arzneimittel zu führen, das zu einem bestimmten Zeitpunkt indiziert ist.

Das folgende Modell, die Hierarchiekarte, ist dabei entstanden. Ich habe sie in den vergangenen sechs Jahren in meiner Lehrtätigkeit als Methode zur Differenzierung zwischen den Arzneimittelgruppen verwendet, die bei Kindern mit Verhaltensstörungen, Lernstörungen und Aufmerksamkeitsstörungen gute Wirkungen erzielen.

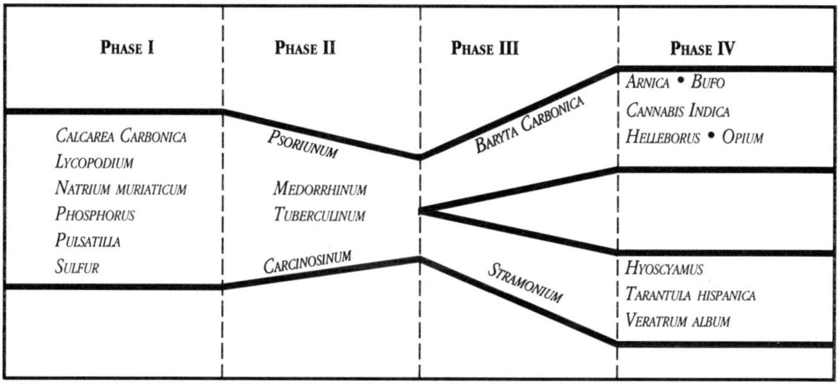

Die Hierarchiekarte

Grundsätzlich bin ich der Überzeugung, daß sich die Arzneimittel in diesem Raster unter folgendem Gesichtspunkt unterscheiden: Jede Phase repräsentiert einen tieferen pathologischen Zustand, mit einer Progredienz von links nach rechts. Phase Zwei ist schlimmer als Phase Eins, Phase Drei ist schlimmer als Phase Zwei und Phase Vier schlimmer als Phase Drei. Somit sind die vier Phasen nicht gleich intensiv.

Es überrascht nicht, daß die Arzneimittel in jeder Phase derselben Regel folgen. Auch sie sind nicht gleich. Der Zustand von *Medorrhinum* ist schlimmer als der von *Calcarea carbonica*, *Stramonium* ist schlimmer als *Medorrhinum*, und *Hyoscyamus* ist schwerer krank als *Stramonium*. Wenn ich das sage, fälle ich absichtlich ein Werturteil über das Arzneimittel selbst und sogar über den Zustand des Mittels. Dies ist eine Neuheit, und zunächst erscheint es merkwürdig. Aber es ist nicht neu in dem Sinne, daß wir das Alte verwerfen. In der Homöopathie ist es eigentlich nicht neu. Dieselbe Idee steckt auch im Heringschen Gesetz — daß es eine Heilungsrichtung gibt, eine Richtung, in die sich der Zustand des Patienten auf dem Weg zur Genesung entwickeln soll. Der Hauptunterschied hier ist der, daß wir uns ganze Arzneimittel in Beziehung zueinander anstelle von Symptomen in Beziehung zueinander ansehen.

Im Laufe der Jahre haben viele Homöopathen beobachtet, daß Patienten auf dem Weg der Genesung von einem Arzneimittelzustand in einen anderen übergingen, aber der Prozeß erschien immer willkürlich und verwirrend. Warum muß das Arzneimittel wechseln? Hatten sie einen Fehler gemacht? Die Änderung des Arzneimittels verursachte zusätzliche Verwirrung und brachte den Fall durcheinander.

Wenn wir jedoch die Kinderpatienten als Gesamtheit betrachten (im Unterschied zum einzelnen Kind), so sehen wir, daß sie sich im Prozeß der Genesung von schwererer Pathologie in oberflächlichere Zustände verlagern, von Phase vier direkt in Phase eins, oder von Phase drei in Phase eins oder von der vierten Phase in die dritte, von dort in die zweite und schließlich in die erste. Eines ist beständig: sie reisen von der rechten Seite des Diagramms zur linken. Natürlich gibt es Ausnahmen wie etwa einen Schock, der jemanden schnell von der ersten Phase in die dritte zurückversetzt. *In unserer Praxis sehen wir immer wieder, daß Kinder in tieferen Krankheitszuständen mehr Arzneimittel der vierten Phase benötigen, und je gesünder sie werden, um so mehr brauchen sie Arzneimittel aus der ersten Phase. Unter der Voraussetzung, daß die* ***Symptome an Dauer und Intensität gleich*** *sind, werden die Symptome, die in die dritte und vierte Phase gehören, außerdem pathologischer sein als diejenigen in der ersten und zweiten. Pulsatilla* und *Hyoscyamus* haben beispielsweise beide das Symptom Eifersucht, jedoch bei *Hyoscyamus* ist der Zustand stärker pathologisch, weil das Symptomenpotential von *Hyo-*

scyamus schlimmer ist als das Symptomenpotential von *Pulsatilla*. Mit anderen Worten, jedes Arzneimittel umfaßt nicht nur eine Symptomensammlung, sondern ein Potential für zukünftige Erkrankungen. Das ist es, was uns eine Hierarchie für die Arzneimittel gibt.

Die Hierarchiekarte ist also eigentlich entstanden, indem ich den Heilungsprozeß beobachtet habe, nicht durch theoretische Überlegungen oder philosophische Reflektion. Sie zeigt in gewisser Weise das Wirken von Herings Gesetz in größerem Rahmen, mit ganzen Arzneimitteln (anstatt nur Symptomen), die sich in Richtung bessere Gesundheit bzw. tiefere Pathologie bewegen.

Wenn dies der Fall ist, dann liefert uns diese Hierarchiekarte eine relativ einfache Methode, *zum jeweiligen Zeitpunkt immer die tiefste Pathologie zu behandeln* und somit Hahnemanns Vorschrift zu befolgen, der besagt, daß wir das behandeln, was jetzt behandelt werden muß, und damit zuerst den tiefsten pathologischen Zustand anzugehen. Es ist zu hoffen, daß dies der Methode unserer Arzneimittelauswahl eine neue Dimension verleiht.

Zur Zusammenfassung der Hierarchiekarte: Wenn wir die Wahl zwischen zwei Arzneimitteln haben, wenn beide anscheinend gleiche Intensität besitzen, so ist es am besten, mit dem Arzneimittel zu behandeln, das zu der tieferen Phase paßt. Wenn die Wahl zwischen *Stramonium* und *Medorrhinum* zu treffen ist, so ist es gewöhnlich am besten, *Stramonium* zu geben. und wenn die Wahl zwischen *Hyoscyamus* und *Stramonium* zu treffen ist, geben Sie *Hyoscyamus*. Damit behandeln Sie zuerst den tieferen pathologischen Zustand (wie durch das Raster und die darin enthaltenen Arzneimittel definiert).

Diese Karte soll ein Hilfsmittel sein, keine Behinderung. Die aufgeführten Arzneimittel sind nur Beispiele, Möglichkeiten, die Ihnen als Richtlinien dienen sollen, nicht als Einschränkung. Bitte betrachten Sie die Liste der Arzneimittel nicht als endgültig. Sie ist weder vollständig, noch kann sie es jemals sein. Sie können, basierend auf eigenen Erfahrungen, die Kategorien erweitern. Die Karte ist nicht das Territorium, sondern eine Methode, das Fortschreiten oder den Abstieg der Gesundheit eines Patienten zu verstehen.

Warum ordne ich bestimmte Arzneimittel in die verschiedenen Rasterphasen ein? Lassen Sie uns jede Phase einmal kurz betrachten und untersuchen, warum die Mittel an der jeweiligen Stelle stehen.

Phase Eins paßt für die Arzneimittel, die mit alltäglichen konstitutionellen Bedürfnissen des Patienten zu tun haben. Hier passen die größeren Polychreste hinein. Für diese Gruppe von Arzneimitteln spielt es fast keine Rolle, welche Symptome Sie wählen. Sie können sich nur die Nahrungsmittelverlangen ansehen oder nur die geistig-emotionalen Symptome oder nur die körperlichen Allgemeinsymptome oder nur die Leitsymptome. Ganz gleich, wie Sie den Fall betrachten, Sie werden höchstwahrscheinlich das korrekte Arzneimittel finden. Dies sind gewöhnlich die Fälle, mit denen wir unsere Praxis beginnen, und die großartigen Ergebnisse, die wir erzielen, verleiten uns zu der Annahme, die Homöopathie sei ein Kinderspiel.

Phase Zwei paßt zu den Nosoden. Diese sind in mehrfacher Hinsicht besondere Arzneimittel. Einerseits können sie, ebenso wie jedes andere Mittel, einfach als Arzneimittelschicht wirken. Sie zeigen sich deutlich mit allen Symptomen, den geistig-emotionalen, den Leitsymptomen und den körperlichen Allgemeinsymptomen, ebenso wie jedes Arzneimittel in der ersten Phase. *Es gibt jedoch noch die andere Möglichkeit, daß sich eine Nosode nicht vollständig zu einem Zeitpunkt als einzige Arzneimittelschicht zeigt. Manchmal erscheinen die Nosoden mit einem darunterliegenden Arzneimittel verwoben. In einem solchen Fall sieht man nicht nur ein Mittel, sondern Hinweise auf zwei.* Sie sehen vielleicht *Sulfur* verwoben mit *Medorrhinum* oder vielleicht *Calcarea carbonica* vermischt mit *Tuberculinum*. Es wird gleichzeitig klare Symptome für beide Arzneimittel geben, und das macht die Auswahl noch schwieriger und das Ergebnis weniger eindeutig prognostizierbar. Dies ist einer der einzigartigen Aspekte der Nosoden.

Es gibt einen zweiten, allgemeineren Gesichtspunkt. Wenn das Kind sich von Phase Eins in Phase Zwei bewegt, behält es einige oder viele

Symptome, die zu Phase Eins gehören. Dies bedeutet, daß das *Medorrhinum*- oder *Tuberculinum*-Kind auch Symptome von anderen Arzneimittel haben wird wie *Lycopodium, Sulfur, Calcarea carbonica* oder einem der anderen Polychreste in der ersten Phase. Auch dies kann die Wahl recht schwierig erscheinen lassen.

Die beiden Arzneimittel in der dritten Phase wirken als *Übergangsmittel* für den besonderen Kindertypus, den wir hier besprechen. *Stramonium* steht zwischen den Arzneimitteln, die von dem neuen Hirn beherrscht werden und denjenigen, bei denen das alte Hirn herrscht. Bei den Arzneimitteln der Phasen eins und zwei hält das neue Hirn, das vernunftgesteuerte Hirn, das Alltagsleben in einer Art Gleichgewicht zwischen dem Bewußtsein und dem Unbewußten. Aber bei Arzneimitteln der tieferen vierten Phase herrscht das Unbewußte, und die Logik weicht leidenschaftlichen Gefühlen des alten Hirns wie Haß, Lust und hemmungsloser Appetit.

In der Mittelstellung wirkt *Stramonium* ein wenig wie eine Schwelle zum Unbewußten und zu den Arzneimitteln, die davon beherrscht sind. Bei den vielen Bezügen zum Unbewußten im Text hat es vielleicht den Anschein, daß ich es negativ darstelle, als etwas Böses oder Schlechtes. Dies entspricht weder meiner Absicht noch meiner Überzeugung. Ich sehe das Unbewußte nicht als dämonisches Ungeheuer, sondern vielmehr als einen Aspekt der Natur, der eher neutral ist — im Großen und Ganzen entsprechend der Auffassung von C. G. Jung in seinem frühen Werk. Was diesem neutralen Wesen Stimme und Färbung verleiht, ist die individuelle Sichtweise der Umgebung. Das Kind beispielsweise, das wie ein Dämon lacht oder sich so verhält, agiert nicht nur entsprechend seiner verinnerlichten Weltanschauung. In diesen Kindern, die Arzneimittel der dritten und vierten Phase brauchen, ist die Färbung der Welt sehr stark, so intensiv, daß sie davon beherrscht sind.

Baryta carbonica andererseits steht auf der Schwelle zum Zustand der Geistesschwäche und zu den Arzneimitteln, die diesen Bereich abdekken. In diesem oberen Bereich der vierten Phase werden die Hirnfunktionen immer mehr stillgelegt. *Baryta carbonica* steht auf halbem Wege zwischen Arzneimitteln mit normaler Hirnfunktion und Arzneimitteln mit Geistesschwäche.

Baryta carbonica und *Stramonium* haben viele Symptome mit den Arzneimitteln der ersten und zweiten Phase gemeinsam. Somit werden alle *Stramonium*- und *Baryta carbonica*-Kinder starke Symptome der Nosoden *Medorrhinum* und *Tuberculinum* sowie auch der Polychreste haben.

Wie wir gesehen haben, ist die **vierte Phase in zwei Kategorien von Arzneimittel unterteilt**. Diejenigen im unteren Abschnitt des Rasters sind von ihren leidenschaftlichen Gefühlen beherrscht. Bei diesen werden Sie feststellen, daß Eifersucht, Haß und Gewalttätigkeit eine zunehmend größere Rolle spielen. Die Arzneimittel im oberen Abschnitt zeigen eine Tendenz zu progredienter Abstumpfung. Wie zu erwarten, haben alle Arzneimittel in Phase Vier viele Symptome mit Arzneimitteln gemeinsam, die in vorhergehenden Phasen liegen. Dies bedeutet, daß das *Hyoscyamus*-Kind einige Symptome von *Stramonium* haben wird ebenso wie einige Symptome von Nosoden und Polychresten. Das *Helleborus*-Kind wird einige Symptome von *Baryta carbonica* sowie Symptome von Nosoden und Polychresten haben.

Beachten Sie bitte, daß in dem Modell in Phase Vier zwischen dem oberen und dem unteren Abschnitt eine Verbindung eingezeichnet ist. Nehmen wir beispielsweise den Fall eines Kindes, dessen primäre Beschwerde geistige Schwerfälligkeit ist und der eindeutig nach einer Verordnung von *Helleborus niger* verlangt. Nach Einnahme des Mittels wechselt das Thema des Kindes von geistiger Schwerfälligkeit zu Gewalttätigkeit, und der ganze Zustand verändert sich schließlich zu *Hyoscyamus*. Nach einiger Zeit kann sich der Zustand wieder ändern und von *Hyoscyamus* in *Stramonium* übergehen, aber die Entwicklung verfolgt weiterhin den auf der Karte angegebenen Weg.

Wie kann uns die Hierarchiekarte behilflich sein? Heutzutage sehen wir viele Kinder, die starke Symptome von vier verschiedenen Arzneimitteln haben — beispielsweise *Calcarea carbonicum, Tuberculinum, Stramonium, Veratrum album.* Welches Mittel sollen wir geben? Wie entscheiden wir, welchem der starken Symptome wir besondere Aufmerksamkeit schenken sollen? Wir sind häufig mit diesem Dilemma konfrontiert.

An dieser Stelle kommt die Anwendung dieser Theorie zum Zuge. *Wenn die Symptome, die wir sehen, alle gleiche Intensität haben, ist es wichtig, das Arzneimittel zu verschreiben, das in der Hierarchiekarte am weitesten rechts vorkommt, in Phase Vier. Wenn für alle vier Arzneimittel klare und intensive Indikationen vorliegen, dann hat das Kind offensichtlich die Symptome, die vorher bestanden, beibehalten, und alle vier Zustände liegen gleichzeitig vor. Aber wir können nicht alle vier Arzneimittel gleichzeitig geben. In solchen Fällen müssen wir unter Anwendung von Herings Gesetz als erstes für den schwersten Zustand verschreiben und dann die Richtung der Heilung beobachten.*

Es gibt noch eine weitere Anwendung für diese Theorie. Wenn das Kind von der ersten in die zweite, dritte und schließlich vierte Phase übergeht, kann es sehr schwierig *erscheinen*, für diesen ganzen Zustand zu verschreiben. Zumal das Kind noch Symptome aus allen vorhergehenden Phasen hat, sind wir mit der Frage konfrontiert, wie wir *alle* diese Symptome verwenden sollen. Wir können uns nicht einfach auf die alten Bücher beziehen und die Gesamtheit der Symptome verwenden; sie wird uns nicht zum korrekten Arzneimittel führen. Bis neue Bücher geschrieben sind, ähnlich wie das vorliegende, die beispielsweise die Gemeinsamkeiten von *Stramonium*, *Tuberculinum* und *Lycopodium* aufzeigen, werden wir das Ziel verfehlen, wenn wir uns in der Hoffnung wiegen, auf diese Weise ein Mittel für die Gesamtperson zu finden. Bis diese Bücher geschrieben sind, werden wir für nur einen Teil des Falles verschreiben müssen. In der Zwischenzeit müssen wir uns an die Vorschrift Hahnemanns halten und für das verordnen, was zu dem Zeitpunkt am dringlichsten der Heilung bedarf.

Ein lächerliches Beispiel, das jedoch vertraut klingt, ist das folgende: Was würden Sie einem Kind geben, das im Schlaf am Kopf schwitzt, verzögerte Zahnung und Verstopfung hat, Verlangen nach Teigwaren, Brot und weichgekochten Eiern und seinen Bruder so sehr haßt, daß er versucht hat, ihn umzubringen? Die ganze Fallbeschreibung paßt zu *Calca-*

rea carbonica, bis auf den letzten Teil. Die Mordgelüste passen nicht. Würden sie an diesem Punkt nicht den Schweiß und die weichgekochten Eier außer acht lassen und anfangen, an andere Arzneimittel zu denken, die dieses letztere Symptome haben? Worin besteht schließlich die Hauptbeschwerde des Kindes? Behandeln wir den einst friedlichen *Calcarea carbonica*-Säugling, dessen Symptome noch vorhanden sind, oder behandeln wir den potentiellen Mörder? Wir müssen auf die Symptome achten, wie sie in direktem Verhältnis zueinander zu dem Rest des Falles passen.

Als ich mit dem Studium der Homöopathie begann, lernte ich zunächst etwas über konstitutionelle Zustände bzw. Schichten, die wie Zwiebelschalen übereinander liegen. Natürlich brauchen manche Kinder und Erwachsene nur ein Arzneimittel, weil sie nur in einer Schicht zu stecken scheinen, andere aber brauchen früher oder später mehr als ein Mittel. Heute, da ich auf das Ende des zweiten Jahrzehnts meiner homöopathischen Tätigkeit zugehe, ist dies immer noch das vorherrschende, ja vielleicht das einzige Konzept, das bezüglich Schichten gelernt wird. Doch es gibt ein Problem damit, das nicht laut genug angesprochen wird. Etwa die Hälfte der Patienten passen zu dieser schönen ordentlichen Beschreibung der Schichten, aber bei der anderen Hälfte paßt es überhaupt nicht! Für diese andere Hälfte müssen wir viele neue Modelle erfinden, die zu unseren Beobachtungen passen. Die Hierarchiekarte ist nichts weiter als ein solches Modell.

So müssen wir also neu überdenken, was es bedeutet, den ganzen Menschen zu behandeln. Wenn wir diese Arzneimittel als Evolution in Richtung Gesundheit oder Krankheit betrachten, können wir in dem oben genannten hypothetischen Fall sehen, daß wir, wenn wir ein Arzneimittel aus Phase Vier verwenden, immer noch den ganzen Menschen behandeln, weil Arzneimittel in den tieferen Phasen Symptome von Arzneimitteln aus den früheren oberflächlicheren Phasen mit einschließen.

Die Beschreibung ist unvollständig, und es kann gut sein, daß sie ebenso viele Fragen aufwirft wie sie beantwortet, doch eine ausführlichere Beschreibung wird es erst zu einem späteren Zeitpunkt und in einem anderen Buch geben. Hier möchte ich anderen Homöopathen mitteilen, was ich gelernt habe, in der Hoffnung, daß mehr Kindern etwas früher geholfen werden kann. Mein Wunsch ist, daß es dem praktizierenden Homöopathen *jetzt* als Entscheidungshilfe dient, um diese Hilfe leisten zu können. Ich möchte auch zeigen, warum und wo *Stramonium* in die Langzeitbehandlung dieser Kinder paßt. In meinem ersten Buch habe ich die ersten beiden Phasen beschrieben. Das vorliegende Buch beschreibt Phase Drei — *Stramonium*. Das dritte Buch wird den unteren Abschnitt von Phase Vier behandeln.

Ich möchte betonen, daß das Kind nicht schwer erkrankt sein muß, um *Stramonium* zu brauchen. Zumal das Ungleichgewicht anfangs vielleicht nur geringfügig ist, zeigt es sich vielleicht nur vage. Man muß nicht den voll ausgeprägten Zustand sehen, um das Arzneimittel zu verschreiben. Ein Kind, das vormals *Tuberculinum* brauchte, kann beispielsweise nach einem Schreckerlebnis in *Stramonium* übergegangen sein, wobei der Fall weitgehend gleichbleibt – bis auf einige *Stramonium*-Symptome, die hinzugekommen sind, während einige *Tuberculinum* Symptome verschwunden sind.

Eine abschließende Bemerkung, bevor wir uns den *Stramonium*-Zyklus ansehen. Nehmen wir an, Sie haben die Wahl zwischen einem Arzneimittel aus Phase Eins und einem Mittel aus Phase Vier zu treffen. Was würde geschehen, wenn Sie das Arzneimittel der Phase Eins zuerst gäben? Oder sogar ein Arzneimittel aus Phase Zwei? Würde das irgendwelche Probleme verursachen?

Einfach ausgedrückt: Sie müssen die vollständigste Schicht, die zu dem betreffenden Zeitpunkt vorliegt, behandeln. Nehmen wir ein Beispiel aus meinem ersten Buch. Sie sehen vielleicht ein *Lycopodium*-Kind mit Arthritis. Die echte Schicht ist zwar *Lycopodium*, doch man könnte fälschlicherweise annehmen, daß die Arthritis zu einer *Rhus toxicodendron* Schicht gehört. Hier wäre es ein Fehler, letzteres Mittel zu geben, zumal die *Lycopodium*-Schicht genau die Symptome einschließt, die auf *Rhus toxicodendron* hinzuweisen scheinen. Sie müssen die Gesamtschicht behandeln, die zuoberst liegt. Manchmal sehen Sie Kinder, die zu irgendeinem Zeitpunkt in ihrem Leben ein bestimmtes Arzneimittel gebraucht hätten, es aber nicht länger benötigen. Jetzt brauchen sie ein anderes Arzneimittel. Wenn Sie das früher indizierte Arzneimittel verordnen, ist die Verschreibung inkorrekt.

In manchen Fällen kann dies schwerwiegende Folgen haben. Was geschieht, wenn Sie jemandem ein Arzneimittel geben, das er früher gebraucht hätte (ein weniger tief pathologisches Arzneimittel aus einer früheren Phase), der aber jetzt ein Arzneimittel aus einer späteren Phase braucht? Mit dem Mittel für die frühere Phase beseitigen Sie einige der Symptome, aber die schwerwiegenderen Symptome werden nicht berührt. Diese Fälle werden jedem praktizierenden Homöopathen vertraut sein, denn sie kommen sehr häufig vor. Man kann sagen, daß die Arzneimittel aus Phase Eins mehr auf die körperlichen Allgemeinsymptome, Leitsymptome und emotionalen Symptome ausgerichtet sind. Wenn man das Mittel gibt, werden diese Symptome beseitigt und die Symptome des Arzneimittel aus Phase Vier bleiben klarer zurück. Die Erkältung, Schnupfen und Bronchitis sind verschwunden, und was ist geblieben? Intensiver Zorn, Furcht und Gewalttätigkeit, die alle jetzt stärker ausgeprägt wirken und daher leichter zu sehen sind. Dies ist geschehen, weil die weniger schwerwiegenden Symptome mit der Gabe des zugrundeliegenden Arzneimittels verringert und die schwereren Symptome verstärkt wurden. Traditionell nennt man dies eine klassische Unterdrükkung.

Es besteht jedoch eine zweite Möglichkeit. Das verordnete Arzneimittel scheint eine Zeitlang gut auf die Symptome zu wirken, anhand derer verschrieben wurde, aber die schwerwiegenderen Symptome bleiben unverändert. Sie haben beispielsweise *Sulfur* gegeben, und das Kind hätte eigentlich *Stramonium* gebraucht, aber Sie haben es nicht erkannt. Nun haben sich die *Sulfur*-Symptome gebessert, und das Kind wirkt allgemein gesünder, aber die ernsteren Symptome (die *Stramonium*-Symptome) bleiben bestehen. Jetzt stecken Sie fest mit einem Patienten, dem es zwar eindeutig besser, aber eigentlich nicht gut geht. Und früher oder später werden diese Symptome schlimmer. Wir müssen daher sehr sorgfältig auswählen, auf welche Symptome wir uns konzentrieren.

Nicht alle Symptome sind gleich. Wir müssen klare und wirksame Methoden finden, um zu behandeln, was behandelt werden muß. Immer wenn wir mit einer schwierigen Entscheidung zwischen verschiedenen Mitteln konfrontiert sind, wird uns dieses Wissen hoffentlich dabei helfen, uns auf die Schicht zu konzentrieren, die zum jeweiligen Zeitpunkt am ernstesten ist, die den Patienten am stärksten bedroht und einschränkt und uns somit zum Kern des Problems führt. Wenn uns dies gelingt, so wird es einfacher aufzuspüren, wo die Störung begonnen hat und wo sie hinführt.

Wie oben erwähnt, soll diese ganze Diskussion in meinem dritten Buch ausführlicher behandelt werden. Hier wird sie angeschnitten, um die Ursache für die Arzneimittelauswahl im ersten Buch darzulegen und zu erläutern, warum *Stramonium* ein eigenes Buch braucht und schließlich, um eine Kosmologie von Arzneimitteln vorzustellen, wie sie miteinander in Beziehung stehen.

Die Hierarchie-Karte

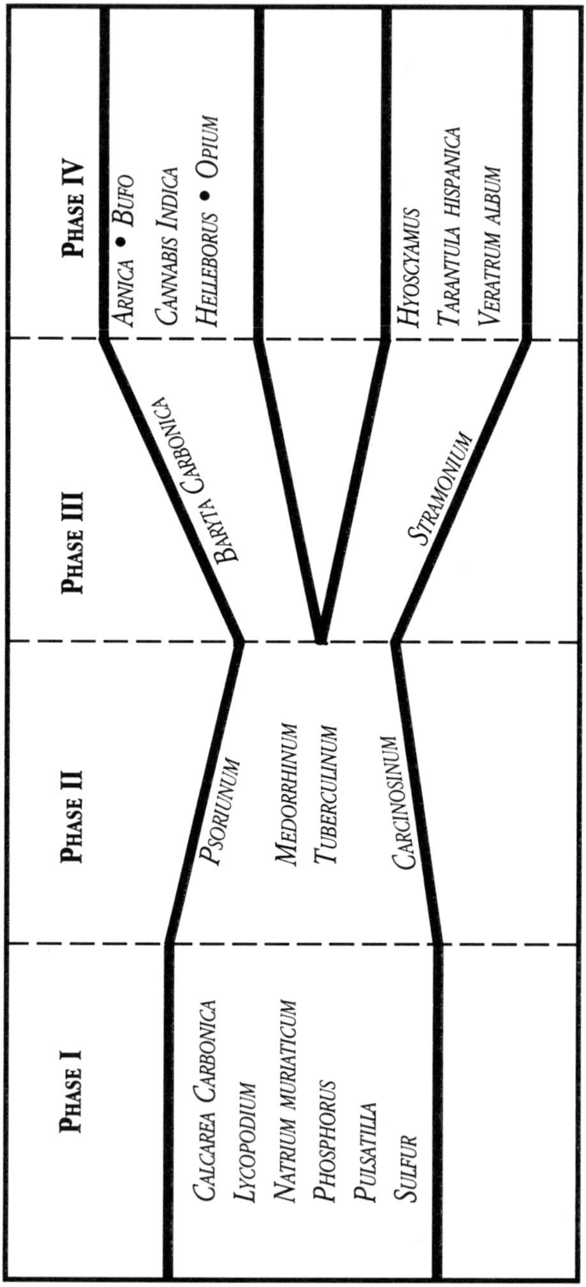

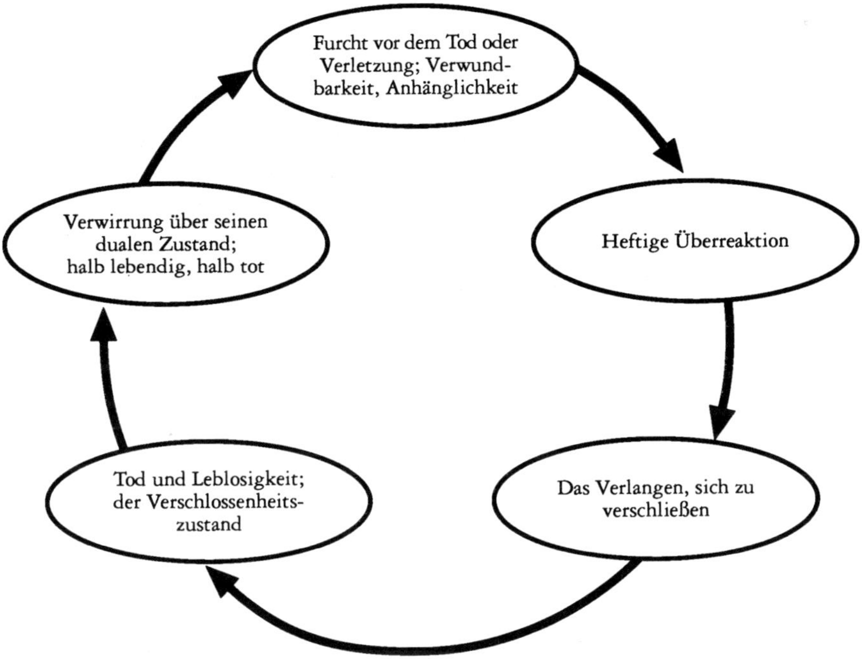

Der Stramonium-Zyklus

Der Stramonium-Zyklus

Wie aus dem Diagramm des Zyklus ersichtlich, steckt das *Stramonium*-Kind voller Ängste, fühlt sich allein und verletzlich und befürchtet, daß ihm wehgetan wird. Diese Ängste treiben es zum Handeln, aber seine Handlungen schießen über das Ziel hinaus, was unbeabsichtigte Folgen hat — seine Überreaktionen sind gewalttätig. Nach der Überreaktion hat es weniger Energie und will sich verschließen, um sich und seine verbleibenden Energien zu schützen. Doch es schießt wieder über das Ziel hinaus und verschließt sich *zu sehr*, so daß Teile von ihm taub werden – Partien, die sich tot anfühlen. Nun entstehen Bilder vom Tod, Gefühle von Leblosigkeit und vom Alleinsein und verwirren seine Wahrnehmung der Realität. Der Gesamteindruck von der Welt ist bei diesem Kind verzerrt; alles, was es erlebt, geht durch diesen Filter der Verwirrung, der wiederum zu mehr Furcht, Selbstschutz, Überreaktion und wieder Verschlossenheit führt.

Diese Kinder können in jeder Phase der Pathologie zu uns kommen, aber je schwerer der Krankheitszustand wird, desto tiefer stecken sie in diesem Zyklus. Bei manchen Kindern ist dieser Zustand in geringerem Maße ausgeprägt, aber wenn er unbehandelt bleibt, wird es sich verschlimmern und sie bewegen sich spiralförmig abwärts, bis sie den Gesamtzustand verkörpern. Wenn wir in der Lage sind, das Muster dieses Zyklus zu erkennen, können wir nicht nur diese Kinder behandeln, sondern auch diejenigen, die noch nicht so stark aus dem Gleichgewicht geraten sind. Wir schulden es unseren Patienten, die Arzneimittel in allen ihren Stadien zu kennen, so daß wir den Zyklus der Pathologie erkennen, bevor er den Patienten vollständig im Griff hat. Dann können wir die Homöopathie effektiver als Präventivmedizin einsetzen.

Alles was im *Stramonium*-Zyklus geschieht, wird in dem Arzneimittelbild von *Stramonium* im zweiten Teil dieses Buches verständlicher und erzeugt die Symptome, die dort in allen Einzelheiten beschrieben sind. Doch ich habe mich entschlossen, das Schema des Zyklus an den Beginn dieses Buches zu stellen, so daß Sie jedes Symptom, während Sie es lernen, in den Zyklus dieses Arzneimittel einordnen können. So wird alles vorhersagbar und verständlich. Wie jedes gute Werkzeug soll Ihnen dieses Schema, die Möglichkeit geben, das Arzneimittelbild zu erweitern, während Sie neue Symptome bei Ihren Patienten entdecken, die ebenfalls in diesen Zyklus passen, selbst wenn sie in ihren spezifischen Merkmalen unterschiedlich sein mögen. Diese Art des Verständnisses von Arzneimitteln hat universalen Charakter, der breit genug gefaßt ist, um alle Beobachtungen über *Stramonium* einzuschließen.

Ferner soll das Verständnis des zugrundeliegenden Symptomenmusters und dafür, wie die einzelnen Aspekte ineinander überfließen, Ihre Fähigkeit steigern zu erkennen, welche Patienten dieses Arzneimittel brauchen. Bitte nehmen Sie häufig Bezug auf den Zyklus. Verwenden Sie ihn als Rahmen zur Kategorisierung, als Gedächtnisstütze und zur Erweiterung Ihres Wissens über *Stramonium*. Wenn Ihnen ein bestimmtes Segment in diesem Zyklus nicht ganz einleuchtet, überspringen Sie es und kommen Sie darauf zurück, nachdem Sie die anderen fundamentalen Segmente oder die Materia Medica gelesen haben. Manche Leute finden es einfacher, mit einem linearen Ansatz von Ursache und Wirkung zu beginnen und füllen später die Einzelheiten aus. Viele Leser werden es sinnvoll finden, nach der Lektüre des Buches wieder auf dieses Kapitel zurückzukommen, es zur Rückschau, Verstärkung und zum Abschluß noch einmal zu lesen.

Ich möchte den *Stramonium*-Zyklus mit einer Beschreibung jedes der fünf fundamentalen Segmente beginnen und dann den Zyklus porträtieren, den die Segmente bilden. Man kann mit jedem beliebigen der fünf fundamentalen Segmente beginnen. Ich habe das Angstsegment als Einstieg gewählt, da es einer der Aspekte ist, für den dieses Arzneimittel am besten bekannt ist.

Angst vor Tod oder Verletzung, Verwundbarkeit, Anhänglichkeit

Das *Stramonium*-Kind ist empfindlich gegen die Außenwelt, es sieht überall Abbildungen vom Tod. Dieses Segment repräsentiert seine erste Reaktion auf diese Bilder — hier sind alle Ängste einzufügen, die sich um Tod und Sterben drehen. Das Kind hat entsetzliche Angst vor dem Tod und vor Bildern des Todes. Sein tiefes Gefühl von Alleinsein in diesem Segment wird als Verwundbarkeit erlebt, und es ist diese Verwundbarkeit, die in ihm die Furcht vor Verletzung auslöst. Wenn Sie das erste Kapitel in der Materia Medica lesen, werden Sie die vielen Ängste sehen, die entstehen. Jede dieser Ängste ist ein Beispiel für dieses Thema.

Die beiden Segmente, die in diesen Abschnitt führen, bewegen das Kind in Richtung Tod und von dort in einen Zustand der Verwirrung. Dieses Segment zeigt die erste Reaktion des Kindes auf die Verwirrung — Entsetzen. Dieser entsetzte Zustand treibt es zum Handeln. Es braucht Schutz, es will Schutz und unternimmt alles, was nötig ist, um ihn zu bekommen. Aus diesem Grund klammert es sich verzweifelt an andere und bemüht sich, seine Ängste mitzuteilen. Das ist auch der Grund, aus dem es vielleicht versucht, der Situation zu entkommen, zu entfliehen. Bei *Stramonium* jedoch bringt seine Reaktion auf die Angst (das Schutzbedürfnis) das Nervensystem in Unordnung und fließt in eine heftige Überreaktion über, die das nächste Segment des Zyklus darstellt.

Heftige Überreaktion, Gewalt

Mit heftiger Überreaktion meine ich, daß das Kind durch die Gefühle von extremem Entsetzen wie im vorhergehenden Segment beschrieben, zum Handeln getrieben wird. Diese Ängste und das Bedürfnis, sich davor zu schützen, lösen die Überreaktion bei dem Kind aus und rufen Handlungen hervor, die über das Ziel hinausschießen.

Diese überschießenden Reaktionen sind ein klassisches Problem bei Systemdynamik und kommen häufig in chronischer Krankheit vor. Die Lebenskraft schafft eine gewisse Struktur, um sich selbst zu retten und ein Ergebnis zu erzeugen, das zur Heilung führt. Aber das Kind bemüht sich zu sehr, schießt über sein Ziel hinaus und verpaßt dadurch das, was es erreichen wollte. Nun entsteht ein weiteres Ungleichgewicht, das es zu bewältigen gilt. Der Drang zu Selbsthilfe und Selbstschutz führt dazu, daß es über das Ziel hinausschießt und in dem Zyklussegment der heftigen Überreaktion landet. Diese Schwäche im Abwehrmechanismus ist es, die überhaupt zu chronischer Krankheit führt.

Zur Demonstration der Überreaktion wollen wir ein einfaches Beispiel nehmen – ein Kind, das sich im Stich gelassen fühlt. Bewußt oder unbewußt versucht es vielleicht, dieses Gefühl zu lindern, indem es Dinge unternimmt, die gewährleisten, daß es nicht alleingelassen wird. In seiner panikartigen Suche nach Sicherheit jedoch schießt es über das Ziel hinaus hinaus, wird den Eltern gegenüber übermäßig anhänglich und dadurch extrem anstrengend und lästig. Seine Bedürfnisse sind so maßlos, daß die Eltern ihm nie genug Zuwendung geben können, und somit fühlt es sich wieder im Stich gelassen. Oder schlimmer noch: Dieses extreme Verhalten kann nahestehende Personen vertreiben und dann ist es tatsächlich im Stich gelassen. Dieses Muster scheint in sein System eingebaut zu sein.

Sehen wir uns eine andere Art an, wie sich heftige Überreaktion zeigen kann. Nehmen wir an, das Kind ist in einer Situation gefangen und fürchtet sich. Es ist natürlich, daß es Zuspruch und Geborgenheit sucht, aber in seinem Eifer, dies zu bekommen, schießt das Nervensystem über das Ziel hinaus, und als Ergebnis kann alles Mögliche eintreten: von Stottern oder intensivem Zwinkern bis hin zu Chorea, Spasmen oder Krampfanfällen. Selbst die Organe haben ihre eigene Art der Überreaktion durch übermäßige Absonderungen, übermäßige Harnentleerung, Diarrhœ oder starken Schweißausbruch.

Einer der besonders stark im Vordergrund stehenden Bereiche, die von der heftigen Überreaktion betroffen werden, ist das Nervensystem. Es gibt ein Segment, in dem Kind das tot ist, leblos, nicht leben will und sich also nicht bewegt. Es gibt ein weiteres Segment, das Todesängste aussteht — das leben will und sich somit bewegen, kommunizieren, handeln will. Wenn diese beiden Seiten um die Oberhand über den Organismus ringen, wird das Schlachtfeld größer und greift immer weitere Teile von ihm an. Die beiden Seiten sind in ein Tauziehen verstrickt zwischen Bedürfnis nach Bewegung und Verweigerung von Bewegung. Darum erhält das Nervensystem zwiespältige Botschaften, und irgendwann führt dies zu Spasmen, Krämpfen und Krampfanfällen, wie wir sie so häufig in diesem Arzneimittelbild sehen.

Heftige Überreaktion wird auch in einer Art von übertriebener Wachsamkeit erkennbar. Auf der emotionalen Ebene können manche Kinder auf eine tatsächliche oder eingebildete Verletzung durch Treten, Reißen oder Schlagen reagieren und dabei manchmal Personen und Gegenständen erheblichen Schaden zufügen. Wenn diese leidenschaftlichen Reaktionen ausgelöst werden, beginnt das Kind vielleicht, Gewalttätigkeit um der Gewalt willen zu genießen. Diese Kinder können schon bei grellem Licht oder einem groben Geräusch überreagieren. Manchmal kann bereits der Anblick von glitzernden Gegenständen Symptome wie Konvulsionen auslösen. In Teil Zwei und Drei dieser Materia Medica sind zahlreiche Beispiele für gewalttätige Reaktionen oder Verhaltensweisen aufgeführt.

Zusammenfassung: Ich bin der Überzeugung, daß heftige Überreaktionen aus der Angst entstehen, die dieses Kind erlebt, weil es sich allein und schutzlos fühlt und daher verletzlich ist. Das führt dazu, daß es versucht, andere zu erreichen, mit ihnen zu kommunizieren, um ihren Schutz und ihre Liebe zu erhalten. Aber im hastigen Greifen nach diesem Schutz, im Drängen darauf, daß seine emotionalen Bedürfnis erfüllt werden, schießt es über das Ziel hinaus, über die Grenzen dessen, was ihm und seiner Umgebung gut tut, und verfällt in eine heftige Überreaktion. Es ist die übertriebenste Reaktion, die Sie im *Stramonium*-Zyklus finden werden.

Das Bedürfnis, sich zu verschließen; Erschöpfung

Dieses Segment repräsentiert das anfängliche Bedürfnis des *Stramonium*-Menschen, sich zu verschließen, sich zu beherrschen. Dafür kann es unterschiedliche Ursachen geben. Das Kind trifft eine bewußte, absichtliche Entscheidung und versucht, die erschreckende Intensität der heftigen Überreaktionen, die vorausgegangen sind, zu unterdrücken. Dies zeigt sich häufig in dem Wunsch, sich zurückzuziehen, was sich in der Art zeigt, wie sich diese Patienten nachts in ihre Decken wühlen und sich vollständig darin vergraben. Sie können andere von sich stoßen und auf Körperkontakt abweisend reagieren.

Der andere Grund dafür, daß sich eine Person verschließt, kann sein, daß sie Energie sparen will, weil sie erschöpft ist. Diese Art der Erschöpfung und Schwäche tritt auf, nachdem sehr viel Energie verbraucht wurde. Ein gutes Beispiel ist die Schwäche, die auf Krampfanfälle folgt. Dieses Segment des sich Verschließens umfaßt häufig gleichzeitig Depressionen, eine Art postadrenaler Depression in einem Menschen, der sich verausgabt hat, müde ist, und dem die Kräfte versagen.

Tod und Leblosigkeit – der verschlossene Zustand

Dieses Segment enthält eine Vielfalt von Symptomen, die in irgendeiner Form mit Tod und Leblosigkeit im Zusammenhang stehen. Es kann sich in den Augen als Verlust der Sehkraft zeigen, manchmal bis hin zu völliger Blindheit. Es kann zu Atemstillstand kommen. Harnentleerung und Stuhlentleerung sind unmöglich. Ja, jeder Ausdruck von Leblosigkeit, den irgendein Körperteil ausdrücken kann, wie verstopfte Nase, Verlust des Geruchssinnes oder Taubheitsgefühl einer Extremität können in diesem Segment vorkommen. Der Patient kann sich so stark verschließen, daß er sogar sagt, er erlebe sich so, als sei ein Teil von ihm tot. Andere Formen von Leblosigkeit, die man hier sieht, sind Schmerzlosigkeit von Beschwerden, die normalerweise Schmerzen verursachen, und ein

Mangel an Gefühl nach einer Verletzung. Autismus ist ein noch tieferer Ausdruck des sich Verschließens, eine abgetötete Form der Kommunikationslosigkeit und Existenzlosigkeit.

In diesem Segment finden Sie Symptome und Symbole vom Tod – wie schwarze Verfärbung, Kälte, Teufel und Gespenster. Hier herrscht das Unbewußte und erzeugt diese Bilder. Dieses Segment ist der Tiefpunkt in dem *Stramonium*-Zyklus, so verschlossen und zusammengezogen wie nur möglich.

Wenn wir all diese Bilder mit Todestendenzen sehen, müssen wir uns fragen, warum sie existieren. Woher kommen sie? Das Verschlossenheitsgefühl kommt von einem übermäßigen Bedürfnis, sich zu verschließen, wie in dem vorhergehenden Segment beschrieben. Das Kind *schießt über die Grenze hinaus* und verschließt sich *zu sehr*, so daß Teile von ihm sich tatsächlich tot und leblos *anfühlen*. Zu diesem Zeitpunkt können Symptome von partieller Leblosigkeit auftreten.

Verwirrung wegen seines dualen Zustandes; Verwirrung bezüglich der Realität, Leben und Tod; halb lebendig und halbtot

Dieses Segment behandelt die tiefe Verwirrung, die in dem Kind herrscht. Es erwächst aus einem Doppelwesen. Eine Seite des *Stramonium*-Kindes will leben, gedeihen, Verbindungen knüpfen, aber schießt in eine heftige Überreaktion. Die andere Seite fühlt zu sehr, und so will er dieses Gefühl beherrschen, es unter Kontrolle halten und abstellen. Aber wieder schießt es über das Ziel hinaus und dreht sich selbst „den Hahn" so sehr zu, daß es in gewisser Weise einen Teil von sich abtötet und dabei Bilder, Gefühle, Gedanken und Verwirrung vom Tod erzeugt. Und so sitzt dieses arme *Stramonium*-Kind fest in einem Kampf zwischen Leben und Tod.

Diese Doppelnatur läßt sich in vielen Symptomen des Kindes sehen: das Gefühl, daß eine Seite lebendig und die andere tot ist; als sei der

Körper geteilt, als sei er von zweierlei Willen beherrscht. Man findet auch Eigenschaften von Unentschlossenheit und Launenhaftigkeit. Verwirrung zeigt sich ebenfalls in den psychotischen Symptomen von *Stramonium*. Er erkennt sich selbst, seine Eltern oder andere Personen nicht, sieht sie als Tiere oder andere Wesen oder Gegenstände. Nächtliche Panikanfälle pasen auch in diesen Zusammenhang, zumal das Kind zwischen Wach- und Schlafzustand gespalten ist. Generell besteht Verwirrung darüber, was real und was irreal ist. Aber spezifischer noch ist das Kind verwirrt über seinen eigenen persönlichen Zustand innerhalb dieser Realität.

Woher kommt all diese Verwirrung? Sie entsteht aus der Tatsache, daß ein Teil des Kindes lebendig ist und es auch bleiben möchte, die andere Seite aber ist tot. Das verursacht eine recht tiefe Verwirrung und Verstörtheit. Diese Verwirrung folgt auf das Segment von Bildern und Themen von Tod und Leblosigkeit, den verschlossenen Zustand, der irgendwann in eine Vielzahl von Ängsten überquillt und in das Bedürfnis, etwas zu unternehmen, um am Leben zu bleiben. Dies verursacht den dualen Zustand, ausgedrückt in Form von Verwirrung durch die Bemühung, beide Seiten gleichzeitig unter Kontrolle zu behalten. Und so schließt sich der Kreis, der Zyklus ist vollkommen und kann wieder von vorn beginnen.

Der Zyklus

Dies ist also der Zyklus: Getrieben von Verwirrung, Ängsten und Verwundbarkeit ist *Stramonium* gefangen in einem andauernden und heftigen Kampf zwischen dem Unbewußten und dem Bewußtsein, zwischen Dunkelheit und Licht, zwischen der Gefahr, dem Reich des Todes zu erliegen und der Sehnsucht, im Reich des Lebens zu existieren.

Das Kind fühlt sich gespalten zwischen dem bewußten Verstand und dem unbewußten Verstand, zwischen Leben und Tod, Licht und Dunkelheit. Der Kampf dauert an, aber es gibt keine klaren Sieger. Ein prekäres Gleichgewicht ist hergestellt zwischen dem Teil, der leben will und dem

Teil, der sterben will. Aber dieses Gleichgewicht ist jedesmal bedroht, wenn das Kind furchterregenden Situation ausgesetzt ist. Es kann sich sogar durch Bilder, die von seinem eigenen Unbewußten erzeugt werden, angegriffen fühlen. Mit jedem Angriff wird es ängstlicher, Angst ensteht vor allem, was das Gleichgewicht stören könnte, Angst, daß die Todesseite die Oberhand gewinnt. So muß es verzweifelt etwas dagegen unternehmen, z.B. wie Geborgenheit bei nahestehenden Personen suchen, die es aus der Todesseite herausziehen und retten können, denn es weiß, daß es diesen Kampf allein nicht gewinnen kann. An diesem Punkt ist es so verzweifelt, daß der geringste Stimulus eine heftige Reaktion auslösen kann, eine Überreaktion, die aus dem Versuch entsteht, den Schock abzuwehren und allem fernzubleiben, das die dunkle Seite gewinnen lassen könnte.

Ein so heftiges Überströmen kann all seine Energie verbrauchen, und die Intensität davon kann seine bewußte Seite erschrecken. In jedem Falle führt es dazu, daß es beginnt, sich zu verschließen, entweder um Energie zu sparen, oder weil die Intensität der Gewalt die Grenzen der Erträglichkeit überschritten hat und es nicht verstehen konnte, was geschehen ist.

Dieses Verschließen schießt dann über und hält an, bis der Zustand der Verschlossenheit so schwerwiegend wird, daß das Kind schließlich Teile seiner selbst abtötet. Und indem es dies tut, ist es wieder da, wo es begonnen hat. Nun ist ein noch größerer Teil von ihm tot. Dies dient nur dazu, den Kampf zwischen seiner lebendigen und seiner toten Seite zu verstärken, und dann durchläuft es seinen Zyklus aufs Neue, wobei die Symptome jedesmal schlimmer werden.

Nach einem furchterregenden Ereignis beispielsweise können die Ängste des Kindes in ihm einen Drang erzeugen, anhänglich zu werden, mit anderen Personen zu kommunizieren. Es kann nichts dagegen tun, überstürzt drückt es dieses Bedürfnis aus, aber stattdessen reagiert das Nervensystem so heftig auf den anhaltenden Kampf, daß es nur dastehen und stottern kann. Es gibt sich die größte Mühe, aber der Kampf tobt, bis es schließlich der Erschöpfung erliegt und beginnt, jeden Kommunikationsversuch zu vermeiden. Zu diesem Zeitpunkt wird es verschlossener, was wieder die Gefühle von Alleinsein, Ängsten und Verlassenheit hervorruft und den Drang, sich an jemanden anzuklammern. Auf diese Weise wird der Zyklus fortwährend wiederholt.

Und so steckt das Kind fest in diesem endlosen Zyklus — allein, es will leben, es sehnt sich nach Geborgenheit und schützender Pflege, aber jedesmal, wenn es danach greift, schießt es über das Ziel hinaus und wird mißverstanden, und so igelt es sich ein, wird noch zurückgezogener und zunehmend stärker von Todesgedanken erfüllt. Diese beiden Seiten liefern sich im Leben des Kindes tagtäglich einen Kampf. Jedesmal wenn es Geborgenheit sucht, erzeugt es unbeabsichtigt eine Situation, die andere abstößt und es tiefer in sich selbst hineintreibt. Dies ist ein Grund, aus dem *Stramonium* eines der Hauptmittel für Verlassenheitsgefühl ist und das Gefühl, allein auf der Welt zu sein. Diese Themen von Leben und Tod und das Vorgefühl vom Tod, Furcht vor dem Tod und dem Wunsch zu leben, werden die aktivsten Pole im Leben des Kindes, und ein Großteil dieses Buches befaßt sich mit dieser Kontrastthematik.

Bewußtsein und Unterbewußtsein auf der Wippe

Die Natur des *Stramoniumzyklus* ist die Interaktion zwischen zwei Hauptseiten. Das Unbewußte dringt durch einen Spalt in das Bewußtsein, und das Bewußtsein reagiert, aber seine Reaktion führt es wieder zurück in das Unbewußte. Das Bewußtsein und das Unbewußte verhalten sich zueinander wie die beiden Enden einer Wippe. Wenn das eine hochgeht, geht das andere herunter. Hoch in die Welt von Licht und Leben. Hinab in die Welt von Dunkelheit und Tod. Dieser unablässige Kampf erzeugt viele der Symptome von *Stramonium*.

Die Verwobenheit der beiden Seiten, die in entgegengesetzte Richtungen drängen, liefern viele der interessanten Leitsymptome, die auf Stramonium hinweisen. Zum Beispiel Konvulsionen bei vollem Bewußtsein oder nächtliche Panikanfälle, in denen das Kind vollkommen wach zu sein scheint, oder die Vorstellung, daß man zur Hälfte begraben ist, halb tot und halb lebendig. Dieses Aspekt ist *Stramonium*. Die beiden Seiten fechten es aus, eine Seite ist vollkommen lebendig und kämpft ums Überleben, die andere ist tot, will sterben und nimmt die Idee der Leblosigkeit auf.

Die Bahnen von *Stramonium*

Somit können wir sehen, warum sich *Stramonium* am Kreuzweg der Hierarchiekarte befindet — weil es die Grenzen zwischen dem Unbewußten und dem Bewußtsein aufzureißen scheint, zwischen dem neuen Hirn (Großhirnrinde) und dem alten Hirn (Hypothalamus und endokrines System). Indem die Barriere aufgerissen wird, die wir alle haben, die Barriere, die uns zu ‚zivilisierten' Menschen macht, werden leidenschaftliche Emotionen freigesetzt, die wir unter Kontrolle gehalten haben, was es ermöglicht, daß die Tiernatur sich erhebt und überhand nimmt, wobei alle Emotionen in den Vordergrund treten, insbesondere diejenigen, die mit Gewalt und/oder Angst im Zusammenhang stehen. Wenn man diese Kinder beobachtet und gesehen hat, wie sie ihre Gewalt und Ängste ausleben, weiß man erst richtig zu schätzen, wie gut es ist, daß uns die Gabe des Verstandes geschenkt wurde, der über die Leidenschaft herrscht. Diese Kinder, denen diese Fähigkeit fehlt, erleben entsetzliches Leiden.

Stramonium steht am Kreuzweg. Wie die Arzneimittel in Phase Eins hat es den Wunsch, zu leben und das Leben zu lieben, aber die andere Seite ist spirituell unfähig, den Lebensprozeß zu tragen. Und das ist der wesentliche Unterschied zwischen Phase Eins und Vier. Es sind diese beiden Themen, die *Stramonium* bewältigen muß. Die beiden Themen werden schmaler beim Durchtritt durch die Fahrbahnen von *Stramonium*. In den Phasen Eins und Zwei hat das Bewußtsein mehr oder weniger Kontrolle über den Menschen, und die meisten der hier aufgeführten Symptome weisen eindeutig auf das benötigte Arzneimittel hin. Somit können Sie beinahe jedes beliebige Symptome eines Patienten auswählen, der ein

Arzneimittel aus Phase Eins oder Zwei benötigt, und Sie werden das Arzneimittel finden. Im unteren Abschnitt von Phase Vier hingegen geht alles um Leidenschaften und das alte Hirn. Hier hat das Unbewußte die Oberhand, unbehelligt von der bewußten Seite. Die gewalttätigen Arzneimittel finden sich in dieser Phase. Die schrecklichsten Verbrechen werden von Personen begangen, die Arzneimittel in der vierten Phase brauchen. Wenn wir früher diese intensiven Symptome gesehen haben, waren wir gezwungen, uns nur auf den schwerwiegendsten Teil des Falles zu konzentrieren. Wenn wir beginnen, die Zyklen dieser Arzneimittel und ihre fundamentalen Segmente zu verstehen, können wir uns nun die Gesamtheit des Falles ansehen.

Diese Zyklentheorie wird Ihnen hoffentlich ein besseres Verständnis der Ursachen und Hintergründe der *Stramonium*-Pathologie vermitteln. Nur ein Wort der Warnung. Nicht jeder Patient, der *Stramonium* braucht, wird alle Symptome zeigen. Manche haben nur einen Teil der Symptome, manche scheinen nur eines zu haben. Die Letzteren werden am schwierigsten aufzuspüren sein. Es wird den Anschein haben, als ob sie nicht zu dem *Stramonium* Bild passen. Aber wenn man tiefer schaut, wird man es sehen. Bei jedem Patient, der *Stramonium* benötigt, kann man mit Sicherheit die Verwobenheit von Bewußtsein und Unbewußtem entdecken, der lebenden und der toten Seite.

Darüber hinaus wird die sorgfältige Anamnese Ihnen den gesamten Zyklus bei jedem *Stramonium* Patienten zeigen, selbst wenn es Dinge gibt, die sie Ihnen nicht mitteilen. Sorgfältige Beobachtung von Ausdruck und Körpersprache oder manchmal einfach das Gefühl, das Sie in Gegenwart des Patienten haben, offenbart mehr, als Worte jemals vermögen. Wenn Sie sich zu sehr auf Worte verlassen, kann es sein, daß die Segmente schwerer zu finden sind. Das heißt, wenn Sie das Segment der Gewalttätigkeit und Überreaktion erforschen, müssen Sie nicht unbedingt *emotionale* oder absichtliche Gewalttätigkeit in dem Kind sehen, aber Sie werden eine Art von Gewalt irgendwo in dem Fall sehen, sei es in der heftigen Diarrhœ oder gewaltsam überschießenden Reaktionen des Nervensystem, wie bei Epilepsie.

DER STRAMONIUM-ZYKLUS

Wie jeder Zyklus kann ein Arzneimittelzyklus vereinfacht und auf die geringstmögliche Zahl von Segmenten reduziert werden. Sie können einen Zyklus aber auch erweitern, indem Sie jedes Segment in Unterabschnitte aufteilen. Dies wird Ihnen möglicherweise bei der Differenzierung ähnlicher Arzneimittel helfen.

Ein ganzes Buch über Stramonium?

Vor 1986 habe ich kaum jemals *Stramonium* verordnet, und wenn ich es tat, dann nur gestützt auf recht dramatische Symptome, wie wir sie in der alten Fachliteratur finden. Im Jahre 1986 jedoch hörten meine Frau Amy Rothenberg und ich an einer Konferenz eine ausgezeichnete Darstellung dieses Arzneimittels von George Vithoulkas, die mein Verständnis des Mittels ein für allemal verändert hat. Was für ein Schock! Er erweckte dieses Arzneimittel auf völlig neue Art zum Leben, eine Art, die weit über das hinausging, was ich bis dahin begriffen hatte. Zum ersten Mal konnte ich sehen, daß jemand, der nicht manisch war, *Stramonium* brauchen könnte.

Im Verlauf der darauffolgenden zwei Jahre war es Amy, die das Mittel mehrmals wirkungsvoll verordnete, und ich habe von ihr viel darüber gelernt. Es ist mein großes Glück, mit einer so ausgezeichneten Homöopathin verheiratet zu sein — im eigenen Heim so gute Lernmöglichkeiten zu haben. Durch die Verarbeitung dessen, was ich von Amy, von Kollegen, aus eigenen Erfahrungen, Versuchen und Fehlschlägen gelernt habe, bin ich dazu gelangt, *Stramonium* als ein umfassendes Arzneimittel zu sehen — eines, das wie ein Chamäleon entweder als Polychrest oder als Nosode getarnt erscheinen kann oder als eines der Psychose-Mittel. Eine perfekte Voraussetzung für Verwirrung und unkorrekte Verordnungen!

Es stimmt, daß uns die alten Meister gute Informationen über *Stramonium* insofern geliefert haben, als es mit Wahnzuständen, Psychose und Geisteskrankheit im Zusammenhang steht, und diese Informationen waren im Laufe der Jahre von unschätzbarem Wert, um Personen helfen zu können, bei denen diese Beschreibungen zutrafen. Doch sie scheinen nicht mehr so relevant zu sein, denn in der Bevölkerung von heute sieht man dieses Verhalten nur selten. Weitgehend wegen der sehr verbreiteten Anwendung von Psychopharmaka zeigen die Patienten, die wir sehen, gewöhnlich nicht die Intensität dieser extremen Symptome.

Doch vielleicht sollten wir an dieser Stelle innehalten und die Frage beantworten, die viele bestimmt im Kopf haben: „Warum ein ganzes Buch über *Stramonium*?" Dafür gibt es eine ganze Reihe von Gründen.

Zunächst steht *Stramonium* an einem Kreuzweg und hat viele Symptome mit den Arzneimitteln gemeinsam, die ihm auf der Hierarchiekarte vorangehen und folgen. Es enthält die Quintessenz einer Gruppe von Arzneimitteln, die regelmäßig für gewalttätiges oder autistisches Verhalten verwendet werden. Ein klares und vollständiges Bild von *Stramonium* ist nötig, weil zu viele dieser geplagten Kinder irgendwann Symptome entwickeln werden, die entweder auf *Stramonium* oder ein anderes sehr ähnliches Arzneimittel hinweisen. Es ist wichtig, daß wir den Unterschied kennen, wenn wir ihnen helfen wollen. Dieses Buch ist ein Modell dafür, wie man jedes einzelne dieser Arzneimittel betrachten und verstehen kann. Wenn Sie den vollständigen Zyklus von *Stramonium* sehen, und wenn Sie sehen können, wie die Symptome sich perfekt in Gruppen in die fundamentalen Segmente des Zyklus einordnen lassen, dann können Sie mit jedem anderen Arzneimittel dasselbe tun.

Wenn Sie außerdem sehen können, wieviel schwerwiegender die Pathologie von *Stramonium* ist als die der Polychreste oder Nosoden, wird es Ihnen leichter fallen, die starke Intensität der Arzneimittel in Phase Drei und Vier zu verstehen, und Sie werden somit besser in der Lage sein, die für die Ebene der Krankheit ihrer Patienten passenden Arzneimittel zu finden.

Ein weiterer Grund dafür, daß ich diesem Arzneimittel soviel Aufmerksamkeit schenke, ist der, daß es zu wenig verordnet wird, weil es leicht mit den Polychresten und Nosoden verwechselt wird, da es so viele Symptome mit ihnen gemeinsam hat. Daher haben viele Kinder, die *Stramonium* gebraucht hätten, anfangs das falsche Arzneimittel bekommen, und bei der Folgekonsultation ging der Fall verloren.

Seltsamerweise ist es aber auch zuviel verschrieben worden, doch aus einem anderen Grund. Weil viele Homöopathen so stark und zu Recht Gewalt und Furcht mit *Stramonium* assoziieren, neigen sie dazu es zu geben, wenn sie solche Symptome sehen, ohne zu merken, daß *Stramo-*

nium nur ein Mittel aus dieser Gruppe ist und daß diese Symptome auch für andere Arzneimittel in Phase vier gelten.

Ein weiterer triftiger Grund dafür, ein vollständigeres Bild von *Stramonium* zu zeichnen, ist der, daß viele der körperlichen Symptome nicht sehr gut bekannt sind. Daher geschieht es zu häufig, daß ein *Stramonium*-Patient auf dem Wege der Besserung, wenn sich ein Husten oder eine andere akute Krankheit zeigt, ein anderes Arzneimittel verschrieben bekommt, weil der Homöopath nicht weiß, daß es in den meisten Fällen genügen würde, *Stramonium* zu wiederholen, da es immer noch zu den Symptomen paßt.

Vielleicht hätte ich diesen Grund an die erste Stelle setzen sollen, da er so wichtig ist. Es gibt eine zunehmend *wachsende Zahl* von Kindern, die dieses Arzneimittel brauchen, vermutlich wegen der zunehmenden bildlichen Darstellungen von Terror und Gewalt in unserer Mediengesellschaft. In sehr frühem Alter sind Kinder bereits durch Filme, Fernsehen, Videos, Spiele, Science Fiction und Horrorgeschichten und andere furchterregende Dinge solchen Bildern ausgesetzt. Es ist kein Wunder, daß bei Personen, die von Natur aus für dieses Arzneimittel empfänglich sind, ein größeres Risiko besteht, in den *Stramonium*-Zustand zu geraten.

Viele von uns können nicht begreifen, warum Eltern Kleinkinder sinnloser Gewalt und Terrorszenen aussetzen, aber es geschieht. Dies ist eine sehr verletzliche Phase im Leben eines Kindes, eine Zeit, in der sie gerade erst ihre Individualität begreifen und ihr Getrenntsein von den Eltern. Außerdem haben sie noch nicht gelernt, zwischen Phantasie und Realität zu unterscheiden. Wenn sie also gewalttätige und furchterregende Dinge sehen, halten sie diese oft für real, und das wird für sie zur Belastung – einer Belastung, die in einen *Stramonium*-Zustand führen kann. Natürlich verringert sich die Wahrscheinlichkeit dessen mit zunehmendem Alter etwas, aber bei den meisten Kindern bleibt diese Gefahr in gewissem Ausmaß bestehen.

Ferner gibt es bei den Kindern, die durch dieses Medienbombardement geschädigt sind, Unglückliche, die im eigenen Leben Zeugen von Gewalt und Schrecken werden. Wir sehen heutzutage immer mehr *Stramonium*-

Jugendliche, weil eine zunehmende Zahl von ihnen die Krautform dieser Pflanze rauchen, um dadurch eine billige halluzinogene Wirkung zu erzielen. Indem sie dies tun, prüfen sie das Arzneimittel, gewöhnlich seine dunkleren und gewalttätigen Aspekte.

Außerdem war ein ganzes Buch über *Stramonium* nötig, um zu zeigen, wie sich ein ‚mittelgroßes' Arzneimittel, das nur teilweise oder nicht gründlich genug bekannt ist, erweitern und erforschen läßt. Wenn es in der Folge verordnet und seine Wirkung im Laufe der Jahre beobachtet wird, werden wir es mit der Zeit so gut verstehen wie jedes große Polychrest.

Wenn wir die Hoffnung hegen, ein Arzneimittel zu verstehen, müssen wir alle seine Symptome verstehen, die gewöhnlichen und die sonderlichen, und besonders die Symptome, die einander zu widersprechen scheinen. Warum lieben zum Beispiel manche Kinder, die *Stramonium* brauchen, Gewaltszenen und Horrorfilme, während andere sie hassen und davor Angst haben? Wir werden besser in der Lage sein, solche Fragen zu beantworten, wenn wir erst verstanden haben, wie sich entgegengesetzte Aspekte in unterschiedlichen Segmenten des Arzneimittel Zyklus zeigen, wobei einmal der eine und ein anderes Mal der andere dominiert. Darüber hinaus tendieren manche Patienten stärker zu einem dieser Gegensätze, andere stärker zu dem anderen. Diese Nuancen lassen sich leichter erkennen, wenn das Muster oder der Zyklus des Arzneimittels bekannt ist.

Nach der Veröffentlichung meines ersten Buches wurden Arzneimittel wie *Medorrhinum* und *Tuberculinum* häufiger verordnet, weil sie besser für Kinder verstanden wurden. Ich hoffe, daß mit diesem Buch dasselbe für *Stramonium* geschehen wird. Und wie Sie sich vielleicht denken können, habe ich vor, in einem zukünftigen Buch ein sehr kleines Mittel zu behandeln, um zu zeigen, wie auch in diesem eine vollständige Materia Medica enthalten ist, ein Arzneimittelbild, das erklärt, warum die Symptome überhaupt erst existieren und welche Abfolge von Mustern Sie bei dem Patienten erwarten können.

Oben habe ich erwähnt, wie eine Vorlesung mein Verständnis von *Stramonium* ein für allemal verändert hat. Ich hoffe, dieses Buch wird dasselbe für Sie tun.

Es ist meine große Hoffnung, daß diese Arbeit dabei helfen wird, die Behandlung gequälter Kinder zu erleichtern. Zu viele Kinder und zu viele Eltern leiden; möge dieses Buch dabei helfen, etwas von diesem Leiden zu lindern.

Ich will mit den Worten von William James schließen:

„Es gibt nur ein bedingungsloses Gebot; wir sollen uns unaufhörlich unter Furcht und Zittern bemühen, mit Worten und mit Taten, das größte erkennbare gesamte Universum des Guten zu erschaffen."

Teil Zwei

Das Arzneimittelbild von *Stramonium*

Gemüt

- Angst
- Gewalt
- Aufmerksamkeitsstörungen
- Introvertiertheit
- Autismus

Schlaf

Körper

Das Element der Angst

Das *Stramonium*-Kind kann von zahlreichen Ängsten verzehrt werden. Bevor wir diese näher untersuchen, möchte ich betonen, daß *alle Ängste von Stramonium* (sowohl diejenigen, die uns vertraut sind, als auch diejenigen, die hier zum ersten Mal beleuchtet werden) durch mächtige Auslöser freigesetzt werden, die Themen und Bilder vom Tod und vom Unbewußten reflektieren. **Der spezifische Gegenstand der Angst ist nicht wichtig, auch die Situation selbst ist es nicht. Was wichtig ist, ist die *Wirkung* auf das Kind. Das ist es, was wir erkennen und in den Mittelpunkt unseres Interesses stellen müssen. Ganz gleich, was der Stimulus auch sein mag – die Wirkung wird die gräßliche Seite des Unbewußten sein, die durchdringt zu der Seite, die verzweifelt versucht, Sicherheit zu schaffen, die bewußte Seite. Dies ist die Dynamik, die eine *Stramonium*-Verschreibung ausmacht.** Wenn dieser Aspekt erst verstanden ist, wird es einfacher sein zu sehen, warum so viele verschiedene Bedingungen die spezifischen Ängste dieser Kinder auslösen können und warum es das Kernstück eines der fundamentalen Segmente dieses Arzneimittels bildet.

Es ist nicht Angst allein, die Sie hervorbrechen sehen werden, sondern Angst in Verbindung mit Gewalt. *Es ist die Kombination dieser beiden, welche die Verschreibung ausmacht. Stramonium* teilt mit *Lycopodium* und *Medorrhinum* die beiden entgegengesetzten Pole von Aggression und Introvertiertheit, aber mit dem folgenden Unterschied: Bei *Lycopodium* zeigt sich die aggressive Seite in Form von herrischem Verhalten und Reizbarkeit, während die innere Seite Angst, Mangel an Mut und Unsicherheit zeigt (dies ist in meinem ersten Buch *Die homöopathische Behandlung der Kinder* näher beschrieben). Bei *Medorrhinum* sind die beiden Pole extremer. Hier besteht die Schwierigkeit eher darin, die intensiven frei schwingenden Emotionen aufzufangen. Es liegen einerseits aktive Aggressionen und andererseits extrem schmerzhafte Schüchternheit vor. Bei *Stramonium* liegen die Grenzen noch weiter auseinander. Extreme Gewalt und Delirium sind auf der einen Seite, während auf der anderen Seite eine Angst vorliegt, die an schieres Entsetzen grenzt oder dazu übergeht.

Es läßt sich also in diesen drei Arzneimitteln eine Progression erkennen. Für *Lycopodium* besteht die Angst darin, daß sie befürchten, andere könnten sich über sie lustig machen und sie hänseln. Bei *Medorrhinum* bestehen oft vage Ängste; sie spüren etwas, aber sind sich nicht ganz sicher, was sie befürchten oder woher es kommt, aber sie spüren, daß es ein Teil ihres eigenen negativen Selbst ist, und das ist etwas, was sie nicht mögen. Bei *Stramonium* wird die Angst eindeutig von bestimmten Auslösern erzeugt, die den inneren Aufruhr widerspiegeln. Diese Kinder entwickeln eine Heidenangst vor den Dingen, zu denen sie selbst werden. Zum Beispiel hat das *Stramonium*-Kind, das gewalttätig ist, häufig Angst vor Personen und Situationen, die auf irgendeine Weise dieselbe Gewalt ausdrücken. Nach solchen Beobachtungen habe ich begonnen, die Idee der Zyklen und der entgegengesetzten Seiten zu entwikkeln, die in dem Kind koexistieren und das ausmachen, was wir als *Stramonium* kennen. Die eine Seite, diejenige, die sich in Richtung Böses und Tod entwickelt, ist die Seite, die gewalttätig handelt. Aber es gibt die andere Seite, eine Seite, die Furcht vor dem Tod und im Dunkeln hat, die einen sehr starken Lebenswillen hat und beruhigt werden will. Diese Seite wird von der anderen verstümmelt.

Ich denke, daß die Ängste in dem Kind entstehen, weil es, bewußt oder unbewußt, weiß, daß das Böse eintreten kann — es kennt das Böse persönlich, denn es hat diese Todesthematik, die dunkle Seite, in sich. Es kann sogar an den Punkt gelangen, an dem die unbewußte, gewalttätige Seite zur einzigen Perspektive wird, aus der es die Welt wahrnimmt. In diesem Zustand meint es, die ganze Welt sei genauso wie das Grauen in ihm, und wenn man sich von nichts als Grauen umgeben fühlt, so ist es nicht verwunderlich, daß so viele Ängste entstehen.

Einer der beständigsten Aspekte, den man bei *Stramonium* sieht, ist, daß das Kind in einem fortwährenden Zustand der Angst lebt. Wenn die Psyche eines Menschen in zwei Seiten geteilt ist, eine, die sich verschließen will, die das Leben und lebende Dinge haßt und in der Unterwelt leben will, und eine andere, die leben, wachsen und mit anderen Lebewesen in Verbindung treten möchte — die Koexistenz dieser beiden Seiten führt zu Angst. Woran liegt das? Es liegt an dem zermürbenden Tauziehen zwischen den beiden Seiten. Die Seite, die leben will, kann niemals vollkommen unschuldig sein, da die dunkle Seite in seiner Psyche dem Kind all die Dinge, die ihm wehtun können, schmerzlich bewußt macht, all die Dinge, die ihn an diese dunkle Seite erinnern, all die Dinge, die ihn schwächen und veranlassen, daß es seine Kontrolle aufgibt und zuläßt, daß die dunkle Seite die Oberhand gewinnt. Das Kind ist wie ein Gefangener, der gerade seinem Folterer entkommen ist und weiterhin auf der Hut sein muß, bis er vollkommen in Sicherheit ist. Hinter jedem Schatten wird er eine Gefahr lauern sehen. Sie ist niemals sehr weit entfernt, denn er trägt sie in sich. Also muß er fortwährend auf der Hut sein. Wie das entsetzte Wesen, das von Dante in der *göttlichen Komödie* beschrieben wird „... *wie er, der mit schwerem Atem aus den Tiefen an die Küste geflohen ist, sich nach den gefährlichen Wassern umdreht und starrt...*", so starrt auch *Stramonium* furchterregt zurück in Richtung auf die Tiefen jenes Unbewußten, dem er nur vorübergehend entkommen ist.

In einem solchen Zustand ist es nicht verwunderlich, daß ein chronischer latenter Angstzustand ab und zu in Entsetzen ausbrechen kann. Dies ist das Leben von *Stramonium*. Somit sind manche dieser Kinder — diejenigen, die den Kampf verloren haben — selbst gewalttätig, sie leben in einer gewalttätigen Welt und lieben die Gewalt. Aber es gibt auch die Kinder, die von ihrer Angst gelähmt sind; sie empfinden so viel Entsetzen, daß sie sich nicht bewegen können. Die Mehrzahl jedoch fällt dazwischen, sie verlieren zeitweise jede Hoffnung, und zu anderen Zeiten sind sie völlig frei von dieser Angst. Doch dann geschieht irgend etwas und löst eine so starke Reaktion von unkontrollierter Angst aus, eine so primitive Reaktion, daß es zeigt, wie nah an der Oberfläche die dunkle Seite tatsächlich liegt.

Angstreaktionen

Der emotionale Bereich von *Stramonium* enthält eine Reihe von Zuständen wie Angst, Autismus, Introvertiertheit und Gewalt. Doch es ist wichtig zu wissen, daß ein *Stramonium*-Kind nicht unbedingt gewalttätig, introvertiert, autistisch sein muß — diese Zustände können einfach Angstreaktionen sein und als solche nur solange bestehen, wie die Situation anhält und ansonsten keine bedeutende Rolle im Leben des Kind spielen. Zum Beispiel kann ein Ereignis eintreten, welches das Kind plötzlich vorübergehend in einen dieser Zustände katapultiert, aber es wird sich mit der Zeit erholen. Bei manchen Kinder jedoch können Angst, Gewalt, Autismus — jeder dieser Zustände — ein Eigenleben entfalten und zu einem Dauerzustand auswachsen, worauf später näher eingegangen werden soll.

Manche Kinder werden nur ein oder zwei dieser Angstreaktionen zeigen, andere greifen auf mehrere gleichzeitig als Fluchtweg zurück oder um mit einer erschreckenden Situation fertig zu werden. Jede oder alle der folgenden Reaktionen können sich in solchen Situationen zeigen: Gewalt, Raserei und Schreien; Weinen und Depression; sich an jemanden anklammern; stereotypes Verhalten, Autismus und der Versuch zu entfliehen.

Gewalt

Gewalt kann eine nützliche Angstreaktion sein. Der vertraute Präventivschlag, bei dem das Kind in Automatismen verfällt, die alle Personen in seiner Umgebung schockieren, haben einen soliden Grund — sie erlauben ihm, die Angst nicht anzuerkennen. Mit der Art von Folter, die es zu solchen Zeiten erlebt, kann man erwarten, ein schadenfrohes, boshaftes Grinsen zu sehen. Stattdessen scheint seine Miene zu sagen: „Verschwinde, oder du wirst sterben! Nimm dich in Acht! Du könntest mich kriegen – aber, Junge, du wirst dafür zahlen müssen!" Sie können es von

Verhaltensweisen anderer Arzneimittel unterscheiden, weil es nicht eine berechnende Boshaftigkeit ist, wie manche Arzneimittel sie zeigen, sondern eher eine defensive Gewalttätigkeit. Dieses Verhalten erhellt den Kampfteil des ‚Kampf oder Flucht'-Syndroms.

Flucht

Eine weitere nützliche Angstreaktion ist Flucht — um der Situation zu entrinnen. Manchmal tritt die Kampfreaktion auf, in anderen Situationen scheint die Fluchtreaktion die einzige Möglichkeit zu sein, die das Kind hat. Die Flucht kann sich auf unterschiedliche Weise äußern, am auffälligsten, wenn das Kind tatsächlich vor Ihnen aus dem Zimmer rennt. Eine weniger offensichtliche, weniger dramatische Reaktion ist es, wenn das Kind sich einfach nicht halten lassen will; es will losgelassen werden und für sich sein. Welche Art der Flucht das Kind auch immer wählt, der springende Punkt ist der, daß dieses Verhalten primär den Zweck hat, mit der Angst fertigzuwerden.

Anhänglichkeit

Anstatt zu fliehen wählen manche Kinder das entgegengesetzte Verhalten. Sie haben das Bedürfnis, unter Menschen zu sein, besonders mit den Eltern und vertrauten Personen — und sie wollen nicht nur mit ihnen zusammensein, sondern klammern sich an sie oder wollen getragen werden. Diese beiden Verhaltensweisen haben eines gemeinsam. Beide helfen sie dabei, die Angst zu vertreiben. Ob ein Kind eine bestimmte Situation fürchtet oder die Welt allgemein, es muß bewußt oder unbewußt eine Methode wählen, um damit fertigzuwerden. Eine Art, Hilfe zu bekommen, ist es, bei anderen Hilfe zu suchen, um die eigenen Abwehrkräfte zu stärken. Wenn man andere auf seiner Seite hat, fühlt man sich weniger verwundbar, besonders wenn man Angst hat, allein zu sein. In solchen Fällen wird das Bedürfnis nach Menschen so wichtig, daß man sich sogar an sie klammert.

Stereotypes Verhalten/Autismus

Angst kann auch damit einhergehen, daß man sich nach innen wendet. Wenn ich die Außenwelt nicht kontrollieren kann, so kann ich doch wenigstens mich selbst beherrschen. Ich muß mich selbst beherrschen — meine Handlungen, sogar meine Überzeugungen. Wenn ich dies erreichen kann, dann kann ich etwas Geborgenheit finden. Ich kann die Zukunft in gewissem Maße voraussagen. Ich kann etwas Kontrolle über dieses verrückte Universum ausüben. Für ein Kind, das so denkt, sind stereotype oder zwanghafte Verhaltensweisen nicht ungewöhnlich. Auch wenn diese Verhaltensweisen verschwinden können, wenn das Leben sicherer und stabiler wird, so kann das Kind dennoch jedesmal, wenn eine belastende Situation eintritt in sie zurückverfallen. Es ist eine weitere Angstreaktion innerhalb des Repertoires des *Stramonium*-Kindes. Das Kapitel über ***Autismus*** und ***Introvertiertheit*** wird diese ‚Maske der Handlung', wie Jung es nennt, ausführlicher beschreiben.

Depression

Wenn ein Kind ängstlicher wird und mehr auf der Hut, kann es sich zunehmend stärker zurückziehen, und da es immer weniger mit der Welt interagiert, läßt sein Verständnis nach. Mit zunehmender Degenerierung kann es Anzeichen von Depressionen zeigen. Manche dieser Kind wissen vielleicht nicht, wie sie es verbalisieren sollen oder merken vielleicht nicht einmal, daß sie deprimiert sind. Aber manche werden es deutlich spüren und erkennen. Wenn ein *Stramonium*-Kind das Alter von sechs Jahren erreicht, wird es vielleicht sagen können, daß es Zeiten gibt, in denen es am liebsten sterben würde.

Verwundbarkeit

Eines der Ergebnisse davon, daß man diese dunkle Seite im Innern beherrschen muß, kann sein, daß sich ein Angstzustand verstärkt, die Furcht vor so vielen Dingen — Furcht scheint das Kind zu umgeben und überall zu sein. Es fängt an, sich so verwundbar zu fühlen in dieser Umgebung, es ist auf der Hut, als ob etwas Schreckliches geschehen würde und es in irgendeiner Form verletzt wird. Und weil diese dunkle Seite seine Wahrnehmungen so stark färbt, glaubt es, daß die Verletzung von Bösewichtern stammen muß, anstatt von irgendeinem natürlichen Ereignis. Dies kann zu vielerlei neuen Verhaltensweisen führen. Es kann große Angst vor Fremden entwickeln, vor ihnen flüchten oder einfach nicht in ihre Nähe kommen. Er kann anfangen, seine Mutter oder Geschwister zu schlagen, wohl wissend, daß er dann für eine Weile fortgeschickt wird und daß es dann in sein Zimmer gehen kann, weit weg von allen andern.

Das Kind kann sich auch in der Kirche oder Synagoge oder an irgendeinem Ort, wo viele Menschen sind, daneben benehmen. Man kann in seinem Gesicht oder anhand seiner Handlungen ablesen, daß es sich überwältigt fühlt, daß es von diesen Menschenmassen erschreckt ist und das Bedürfnis hat, von ihnen fortzukommen, aus der Situation entfernt zu werden. Wenn es die nötige Ruhe besitzt, wird es vielleicht darum bitten, gehen zu können. Wahrscheinlicher aber wird sein, daß es bereits in einem verstörten und aufgebrachten Zustand ist, nicht mehr in der Lage zu sagen, was es will und daher ein Verhalten wählen, von dem es weiß, daß es zu dem gewünschten Resultat führt — sofortige Entfernung aus der furchterregenden Situation. Es wird schreien, mit Dingen um sich werfen, schlagen, treten, alles tun, was die Eltern zu sofortigem Handeln zwingt. Häufig wird die Mutter versuchen, dem Kind zu sagen, daß es leise sein soll. Das funktioniert nicht. Dann versucht sie vielleicht, es auf den Schoß zu nehmen, was ebensowenig funktioniert. Es schreit nur umso lauter und fängt an, sie zu stoßen und zu treten. Mittlerweile ist die Mutter zur Verzweiflung getrieben und entfernt das Kind aus der

Menge. Die Tatsache, daß sie zornig ist und es anschreit, daß sie es bestraft — all dies hat den Anschein, als ob das Kind durch sein Verhalten viel verliert. In der Tat, langfristig verliert es, aber kurzfristig hat es gewonnen, denn es hat sein Ziel erreicht — die Menschenmenge zu verlassen. Dort zu sein war zu beängstigend, also hat es auf automatisches Verhalten umgeschaltet, ohne auch nur einen Augenblick lang die Nachwirkungen zu bedenken. Zu dem Zeitpunkt war es ein dringlicher Kampf ums Überleben.

Das *Stramonium*-Kind kann so große Angst vor Menschen haben, daß es im reifen Alter von acht bis zwölf Jahren das Haus nicht verlassen will, nicht nach draußen geht, keine Freunde treffen will, nicht mit anderen Kindern oder Erwachsenen zusammensein will. Dieses zurückgezogene Verhalten kann auf den ersten Blick erscheinen wie *Baryta carbonica*, aber bei *Stramonium* besteht es aus völlig anderen Ursachen — eine tiefsitzende Furcht, daß diese Personen ihm tatsächlich Schaden zufügen. Bei *Baryta carbonica* ist die Thematik nicht so sehr Furcht vor Schädigung; es ist mehr Unsicherheit und Verlegenheit. Das *Baryta carbonica*-Kind versteckt sich hauptsächlich, weil es emotional dünnhäutig ist, hingegen bei dem *Stramonium*-Kind ist das Entsetzen, nach draußen gehen zu müssen, so stark, daß wenn es dazu gezwungen wird, sein Körper steif werden kann und er anfängt, sich zu wiegen und zu stöhnen. Auf *Baryta carbonica* soll im nächsten Buch näher eingegangen werden.

Ein anderes Arzneimittel, *Arnica montana* kann wegen seiner Verwundbarkeit und dem Bedürfnis, Menschen und Kontakt zu vermeiden, mit *Stramonium* verwechselt werden. Aber die Furcht bei *Arnica* ist die, daß jemand, der sich nähert, eine empfindliche oder wunde Stelle berühren könnte. Klinisch sieht man dies meist nach einer Verletzung. Bei *Stramonium* jedoch besteht die Furcht lange vor einer Verletzung. Sie befürchten, daß Menschen, die sich ihnen nähern, sie schlagen, foltern oder mißhandeln könnten. Und somit wird jede Person, die sich ihnen nähert, als potentieller Eindringling gesehen, ein Angreifer, der ihnen Schaden zufügen will. Diese Kinder erleben Schmerzen zu intensiv und können sogar Berührung als Schmerzen empfinden. Somit fürchten sie einfache Berührung ebenso sehr, wie man normalerweise Folter fürchten würde. Dies ist bei ihnen die Ursache für ihre Furcht vor der Annäherung anderer Menschen.

Stellen Sie sich für einen Moment folgende Szene vor. Ein Kind kommt in Ihre Praxis, das Furcht vor Verletzung durch andere Menschen hat, und diese Angst hat eine Vorgeschichte. Nun sitzen Sie da, der wohlwollende Homöopath. Doch wie wird die Wahrnehmung des Kind von Ihnen sein? Ein weiterer Arzt, ein weiterer Folterer, der dies in mein Ohr steckt und das in meinen Arm sticht und etwas in meinen Mund schiebt? Er kann all die Impfungen und Spritzen und Untersuchungen nicht vergessen, denen es durch seine Eltern jedesmal, wenn etwas nicht stimmte, ausgeliefert wurde. Nun sind Sie da: ein weiterer Arzt, der es quälen wird. Natürlich weigert es sich, in Ihren Untersuchungsraum zu kommen, weil es nicht mit Ihnen reden oder sie auch nur ansehen will. Stattdessen wird es wild, ohne sich darum zu kümmern, ob etwas dabei zu Bruch geht oder ob es angeschrien wird oder eine Ohrfeige bekommt. Gar nichts kümmert es. Es setzt eine Art zivilen Ungehorsam der sechziger Jahre in Szene — es spielt keine Rolle, wie die Botschaft überbracht wird, wichtig ist nur, daß sie ihr Ziel erreicht. Seine einzige Absicht ist es, den Arztbesuch zu stören oder sogar zu beenden oder zumindest von einem Elternteil aus dem Raum entfernt zu werden, so daß der andere die Konsultation allein zu Ende führen muß. Flucht in jeder beliebigen Form ist genügend Kompensation für jede Art der Bestrafung, die es erwartet. Bestrafung ist kein Thema — Furcht vor Verletzung allerdings ist eines. In jeder Situation also, in der sich das Kind verwundbar fühlt, wird die ständige Angst, die normalerweise in ihm schlummert, plötzlich auf Hochtouren aktiviert werden.

Es hat Angst, daß dieser Fremde den Schlag ausführen wird, der es verletzt, der früher oder später unweigerlich kommen muß. Wegen der Doppelnatur, die in dem *Stramonium*-Menschen existiert, muß die lebende Seite immer mit der dunklen Schattenseite rechnen, die lauert und darauf wartet, ihn zu verletzen.

Verwundbarkeit kann durch jede Art des Eindringens entstehen — plötzliche Geräusche, plötzliches Licht oder plötzliche Bewegung. All dies kann ein unmittelbares Gefühl von Panik oder Entsetzen auslösen. Blitze können zum Beispiel das *Stramonium*-Kind erschrecken, selbst als Jugendliche, der gewalttätige Typ hingegen wird sich möglicherweise daran erfreuen. Plötzliche Geräusche wie die von einem Staubsauger können sofortiges Entsetzen hervorrufen, und manchmal braucht das Kind eine Weile, bis es sich wieder beruhigt. Auch bei plötzlicher Erschütterung oder unerwarteter Bewegung des Autositzes oder Stuhles, auf dem das Kind sitzt, kann es einen Schrei ausstoßen, oder ein entsetzter Ausdruck entsteht und bleibt viel länger als bei anderen Kindern in derselben Situation.

Die dunkle Seite färbt also die Einbildungskraft in vielerlei Schattierungen von Grau- und Schwarztönen, machen das Kind verwundbar und erzeugen Furcht vor irgendeinem grauenhaften Ereignis. So kann der Anblick einer Kreissäge zum Beispiel Bilder von abgeschnittenen Händen auslösen oder der Anblick eines Messers erzeugt Vorstellungen von Erstechen oder anderen Gewalttaten — wahrhaft eine „alptraumhafte Weltanschauung", wie es die Eltern eines Sechsjährigen ausdrückten.

Furcht vor dem Bösen

Die Furcht der Kinder kann sich oft um Verletzungsgefahr durch Fremde drehen, ebenso häufig aber ist sie auf eine übernatürliche Macht gerichtet, die darauf aus ist, sie zu fassen zu bekommen. Die Ursache dafür ist, daß ihre innere dunkle Seite ihre Wahrnehmung von der Welt färbt, so daß sie alle Reize, denen sie begegnen, als düster und gefährlich erleben. Diese dunkle Seite beschäftigt sich nicht nur mit erschreckenden Dingen, sondern auch mit Gestalten, wie etwa Gespenstern, die mit dem Tod im Zusammenhang stehen. Diese Furcht drückt sich vielfach in ihren Reaktionen aus: ein Schatten wird als Ungeheuer oder grauenhaftes Gespenst wahrgenommen, das auf der Lauer liegt, oder das Geräusch eines Baumastes, der gegen das Haus schlägt, wird als Vampir gesehen, der Blut saugen will, oder das Heulen des Windes verwandelt sich in das beängstigende Kreischen einer Hexe. Dies sind nur ein paar Beispiele dafür, wie der ‚Dunkelfilter' in der Wahrnehmung des Kindes alle Reize in Bestätigungen dafür umwandelt, daß etwas Böses die Absicht hat, es zu fassen zu bekommen.

Mit Abstand die häufigsten übernatürlichen Ängste sind Furcht vor Gespenstern, Ungeheuern, Teufeln, Vampiren, dunklen Schattengestalten oder Dingen, die unter dem Bett sind und nach einem greifen. Gespenstergeschichten, die das Kind im Fernsehen sieht oder hört, können einen Angstzustand auslösen oder eine bereits bestehende Angst verstärken oder Alpträume oder nächtliche Panikanfälle hervorrufen. Das *Stramonium*-Kind, das sich im Angstbereich befindet und ums Überleben kämpft, sagt vielleicht, daß es zuviel Angst hat, während des beängstigenden Teils eines Films allein im Zimmer zu bleiben. Oder es ist von der Szene so gebannt und nicht in der Lage, den Fernseher auszuschalten, weil das, was es dort sieht, es so stark an die dunkle Seite erinnert, die sich häufig in seiner eigenen Vorstellung entfaltet. Später, im Schlaf, können diese Bilder dann als nächtliche Panikanfälle wieder auftauchen.

Solche Kinder haben Angst, daß etwas Furchterregendes sie zu fassen bekommt, wenn sie allein sind, so daß sie nicht allein ins Bett oder ins obere Stockwerk oder Badezimmer gehen wollen. Irgend etwas liegt immer auf der Lauer und wartet auf sie. Furcht vor Teufeln und Gedanken über Teufel sind zwar für *Hyoscyamus* besser bekannt, aber bei *Stramonium* sehen wir es in der Praxis tatsächlich häufiger. Teufel in Filmen, Buchillustrationen, Geschichten — sie meinen, alle seien darauf aus, sie zu fassen zu bekommen, und dies verstärkt ihre Angst.

Hexen gehören in dieselbe Kategorie. *Hexengeschichten, maskierte Gesichter, gelegentlich sogar ein bärtiger Mann* — all das kann Entsetzen auslösen. Es ist nicht ungewöhnlich, daß *Stramonium*-Kinder im Alter von drei bis fünf Jahren nicht nur Furcht vor Hexen haben, sondern auch von ihnen träumen und vielleicht sogar Krampfanfälle bekommen, wenn sie Hexengeschichten hören oder sehen. Sie können auch viel über

Tod oder Folterszenen sprechen. All dies ruft Furcht vor einem dämonischen Vergeltungsschlag hervor, der gleich hinter der nächsten Ecke lauert.

Der sechsjährige Eduardo zum Beispiel litt an Asthma und Ekzem. Er hatte auch übertriebene Angst vor Hunden, Dunkelheit, hochgelegenen Orten, und davor, daß Personen ihm wehtun. Fernsehen wirkte auf ihn allzu wirklichkeitsnah und löste bei ihm ständig Überreaktionen aus. All dies hatte im Alter von drei Jahren begonnen, nachdem er ein Wachsfigurenkabinett besucht hatte. Er war völlig außer sich geraten, als er all die Köpfe der enthaupteten Puppen gesehen hatte. Es wurde noch verschlimmert, als er die Maschine sah, mit der die Köpfe am Hals abgeschnitten wurden und dann Löcher für die Augen bohrte. Dies kehrte später in ihm als Bild von Leuten wieder, die anderen Menschen Messer in die Augen stechen und wurde zum Material vieler Alpträume und nächtlicher Panikanfälle. Seither war er besessen von Fragen über den Tod. Wann sterben wir? Kann ich zurückkommen, nachdem ich gestorben bin? Werde ich allein sein, wenn ich sterbe? Er wurde recht schüchtern in fremder Umgebung, aber zu Hause zeigte er ein sehr intensives Verhalten. Nach *Stramonium* C200 hörten das Asthma und später das Ekzem auf, viel auffallender noch war jedoch der Grad, in dem seine emotionale Intensität abnahm. Er war nun fähig, entspannt mit seinen Eltern und neuen Freunden in der Schule umzugehen. Schließlich begann er, mit Klassenkameraden leicht geselligen Umgang zu pflegen, und all die Ängste und Zwangsvorstellungen verschwanden.

Ein anderes Kind ging im Alter von zehn Jahren zum Weihnachtsgottesdienst und hörte, daß Christus für ihn gestorben sei und daß seine Seele verloren sei, wenn er nicht alle Regeln befolgte. Er entwickelte eine überwältigende Furcht vor dem Tod, die überhand nahm und sein Leben beherrschte.

Der zwölfjährige Jared klagte über Kopfschmerzen und Alpträume. Durch Befragung fanden wir heraus, daß er außerdem Furcht vor *Gespenstern, Insekten, Schlangen, Gewitter und beängstigenden Filmen hatte — Filme mit gewalttätigen Personen oder Filme von Schlangen.*

Diese Filme lösten bei ihm nächtliche Panikanfälle aus. Er hatte auch Alpträume des Inhalts, daß seine Eltern einen Autounfall hatten. Er bekam Wutanfälle, wenn er baden sollte. Die Angst vor Gespenstern hatte er, seit er einmal in Salem, Massachusetts in einem Museum gewesen war, wo ein Vortrag über Hexenjagd gehalten worden war. Seitdem hatte er auch Angst, im Dunkeln allein zu sein und mußte beim Schlafen das Licht brennen lassen, denn er wacht gelegentlich nachts voller Angst auf und meint, daß um ihn herum alles voller Gespenster sei. Er steht nachts auf und schlafwandelt. Einmal ist er dabei die Treppe heruntergefallen. Manchmal schreit er nachts: „Da sind Gespenster in meinem Schrank!" Er haßt es, in seinem Zimmer zu schlafen, seit einem halben Jahr schläft er lieber auf dem Sofa im Wohnzimmer. Als ich ihn nach dem Grund fragte, sagte er, daß er nachts diese Visionen von Gespenstern sieht: „Die kommen, um mich zu holen. Ich bin auf einem alten Friedhof, und Tote steigen aus den Gräbern auf, halb verwest, und kommen, mich zu holen."

Friedhöfe stellen ebenfalls für diese Kinder Probleme dar. Die Einbildungskraft des Kindes nimmt ihren Lauf, und es fängt an, tote Leiber zu sehen, die aus den Gräbern steigen und es angreifen. Rufen Sie sich die Angstgefühle in Erinnerung, die Sie angesichts solcher Szenen im Theater empfunden haben! Diese Kinder empfinden nicht nur diese Angst, sondern sehen die Szene tatsächlich als reales Ereignis. In diesem Zustand kann das Kind *Argentum nitricum* ähneln. Dasselbe Symptom kann vorhanden sein, doch davon dürfen Sie sich nicht verwirren lassen, denn die Ursachen dafür sind sehr unterschiedlich. Bei *Stramonium* ist es nicht das Bild, auf das wir uns konzentrieren, sondern die Reaktion auf das Bild, den Ausbruch der gesamten Seite des Entsetzens und allem, was damit im Zusammenhang steht.

Die Ängste müssen nicht immer so schwerwiegend oder so erschrekkend sein wie diejenigen im Zusammenhang mit Hexen oder Hunden. Ein Kind könnte auch vor einem Ereignis Angst haben, das die meisten Kinder mögen – wie Masken, Kinder mit angemalten Gesichtern, Männern mit Bärten, ein Mann mit einer Kamera vor dem Gesicht, oder sogar Clowns oder Puppentheater — all dies kann einem Kind soviel Angst einjagen, daß es nicht bis zum Ende sitzen bleiben kann. Selbst gutartige Shows wie diejenigen im Kinderprogramm des Fernsehens können bei manchen Kinder soviel Furcht auslösen, daß sie diese nicht ansehen können. Auch hier ist es wieder nicht so sehr der Streßfaktor selbst, sondern eher das visuelle Bild, das in dem Moment der dunklen Seite erlaubt, über die introvertierte, erschreckte Seite zu herrschen. Dieser kurze Blick auf die Todesseite verstärkt die Verwirrung zwischen den beiden Seiten, und die Verwirrung löst Angst aus.

Angst, begleitet von Infektionen der oberen Atemwege

Häufig erinnern sich die Eltern, daß die Ängste zum ersten Mal bei einer Infektion der oberen Atemwege, oder bei einem Husten oder Bronchitis mit Fieber, oder einer Otitis oder einer Streptokokkeninfektion aufgetreten sind, oder als das Kind Masern oder Röteln hatte. Wenn sie gefragt werden, sagen sie vielleicht sogar, daß ihr Kind kurz vor Ausbruch der Krankheit ein Schreckerlebnis hatte, und daß es schien, als sei die Infektion ausgebrochen, nachdem sich das Kind von dem Schreck erholt hatte, und gleichzeitig hatte dieser ängstliche Zustand begonnen. Unter diesen Umständen verlangt das Kind nach der Nähe der Eltern und will gehalten und beschützt werden. Die Eltern finden es seltsam, daß dieses Kind, das normalerweise so bösartig und rüpelhaft ist, während eines Fieber plötzlich so ruhig und liebesbedürftig werden kann und sogar darum bettelt, gehalten zu werden. Ich glaube, daß das Fieber auf irgendeine Weise die Wahrnehmung des Kindes von der Welt verändert und daß die Veränderung entweder einen Schreck auslöst oder einen bereits bestehenden Angstzustand verstärkt, in jedem Falle wird das Kind in einen *Stramonium* Zustand versetzt.

Die achtjährige Harriett zum Beispiel bekam einen Husten. Sie erwachte um Mitternacht mit hohem Fieber und extrem verängstigt. Nach dem Grund gefragt, sagte sie, alles habe so groß ausgesehen. Sie hatte riesige Angst und klammerte sich an ihre Mutter, als ginge es ums nackte Leben. Sie bettelte um Hilfe, redete zu schnell, sagte, sie müsse ins Krankenhaus gehen und wiederholte erneut, alles sei so groß. Ihr Vater schickte sie zur Harnentleerung ins Badezimmer und sie ging, kam aber schreiend wieder herausgelaufen und zeigte auf das Bad. Sie war völlig hysterisch und sah entsetzt und verwirrt aus. Nach zehn Minuten hatte sie sich soweit beruhigt, daß sie sagen konnte, sie habe ein haariges Ungeheuer im Klobecken gesehen. im Verlauf der folgenden acht Tage wachte sie mit nächtlichen Panikanfällen und Husten um Mitternacht auf. Seither ist sie jedesmal, wenn sie krank war, zwischen Mitternacht und zwei Uhr erschreckt aufgewacht und hat um Hilfe geschrien. Sie hat auch Furcht vor Gespenstern, Furcht vor dem Tod und Angst im Dunkeln entwickelt. Nach der Gabe von *Stramonium* C200 nahmen ihre Schüchternheit, Introvertiertheit und Furchtsamkeit ab, und ihr rezidivierender Husten verschwand.

Ich glaube, daß irgendeine veränderte Wahrnehmung bei diesen Kinder zu Furcht vor Menschen oder Gesichtern oder Tieren führt. Dies würde erklären, warum dieses Arzneimittel so nützlich bei Wahnvorstellungen ist, in denen die Person tatsächlich diabolische Gesichter oder böse Dinge sieht. Es ist, als führe der veränderte Zustand, der sich während des Fiebers entwickelt, direkt in einen Wahnzustand von *Stramonium*.

Furcht vor Tieren

Ebenso wie manche Menschen als bedrohlich angesehen werden, so können Tiere noch bedrohlicher erscheinen. Schließlich steckt in allen Tieren etwas Unberechenbares; sie sind ihren Instinkten näher als der dunkle *Stramonium*. Vielleicht erinnern Tiere das Kind zu einem gewissen Grad an die dunkle Tierseite in seinem Innern, was dann Furcht auslöst. Er kann auch Angst davor haben, was ihm zustoßen könnte, wenn eines dieser fleischfressenden Wesen mit riesigen scharfen Zähnen es zu fassen bekommen würde. Da wir aber selten in der Nähe solcher Raubtiere sind, dient ihm der Hund als Objekt seiner Furcht. Hier hört es jedoch nicht auf: *Wölfe, Löwen, Tiger, Bären, Katzen, Schlangen, Spinnen, Fledermäuse, Ratten und Insekten — all diese Tiere können es ängstigen.* Die größte Angst des Kindes ist die, daß diese Tiere es beißen und in Stücke reißen könnten.

Die Grundangst vor Tieren ist häufig verstärkt, wenn das Tier schwarz ist. Schwarze Katzen und vor allem schwarze Hunde lassen das Kind völlig außer sich geraten, so daß es schreiend zur Mutter rennt, aber wenn sie es in den Arm nimmt und zu beruhigen versucht, ist es vielleicht bereits in das Segment der heftigen Überreaktion übergegangen und hat soweit die Kontrolle verloren, daß es an ihr reißt und sie zerkratzt. Selbst durch das Ansehen eines Filmes oder Videos von Tieren, vor allem schwarzen Tieren, kann auslösen, daß das Kind schreit oder aus dem Zimmer rennt oder wie hypnotisiert dasitzt und später nächtliche Panikanfälle bekommt. Oder wenn das Kind auf der Straße einen schwarzen Hund sieht, ist es vielleicht unfähig, sich zu bewegen. Es ist starr vor Entsetzen, und fängt in tiefen kehligen Lauten zu stöhnen an, „Nimm mich hoch, nimm mich hoch!" und zittert dabei vor Schreck. Das Kind kann sogar eine übertriebene Vorsicht entwickeln und will nicht nach draußen gehen, weil irgendein Tier es dort zu fassen bekommen könnte.

Die schlimmste Situation ist natürlich diejenige, in der das fragliche Tier einem Verwandten gehört. Die Familie macht einen Verwandtenbesuch, und während das Kind draußen spielt, beschließt der schwarze Hund, an dem Spaß teilzunehmen und springt spielerisch an dem Kind hoch. Das Kind gerät vollkommen außer sich, schreit, rennt, schlägt, stürzt, verliert vollständig die Beherrschung. Nach einer Weile beruhigt es sich vielleicht, aber später erkrankt es an irgendeiner Infektion (wie etwa eine Streptokokkeninfektion im Hals) oder fängt vielleicht an, Alpträume zu bekommen. Jedes Kind kann mit Schreck auf ein solches Ereignis reagieren, doch bei dem *Stramonium*-Kind ist die Toleranzschwelle sehr viel niedriger: der Hund muß weder besonders groß sein noch besonders hoch springen noch besonders wild sein. Bei einem solchen Kind dauert die Zeit, bis es sich wieder erholt hat, viel länger.

Manche Kinder können so entsetzt sein bei der Aussicht, daß ein Hund sie angreifen könnte, und sie empfinden so wenig Kraft, einen solchen Angriff abzuwehren, daß sie das Haus nicht mehr verlassen wollen. Nach ausführlicher psychotherapeutischer Behandlung und vielem Reden über das Thema werden die Ängste vielleicht ein wenig gelindert, wenn sie sich mit einer Hand an Vater oder Mutter und mit der anderen an ihrem „Kraftpaket" festhalten können. In dem Paket ist ein Spray, das das Tier vorübergehend blind machen kann und eine Pfeife, die dem Hund so sehr in den Ohren schmerzt, daß er nicht in die Nähe des Kindes kommen wird. Natürlich funktioniert das Paket nur, wenn die Eltern dabei sind, denn wenn das Kind allein ist, ist das Entsetzen so groß, daß es den Reißverschluß nicht aufbekommt. Dies läßt ihm zweierlei Möglichkeiten — schreien und wegrennen oder erstarren, zittern und stöhnend nach Mama oder Papa rufen.

Die Furcht vor Tieren kommt häufig in Verbindung mit anderen Ängsten vor. Ein Junge hat zum Beispiel außerdem eine Furcht vor Gewittern, allein gelassen zu werden, Gespenstern und im Dunkeln. Außerdem muß sich die Mutter mit ihm hinlegen, damit er einschlafen kann. Er weicht vor allen Tieren angsterfüllt zurück, selbst vor Fröschen — eine Furcht, für die *Stramonium* nicht bekannt ist, aber die es dennoch geheilt hat.

Ich möchte wiederum betonen, daß das, was tatsächlich zählt, die Reaktion auf den Streßfaktor ist, ebenso wie die Art, wie der Streß mit dem Stramoniumzyklus in Beziehung steht. Es ist nicht die spezifische Angst, die uns zu dem Arzneimittel führen wird, sondern wir müssen herausfinden, warum diese Angst überhaupt erst existiert. Als solche ist es nicht überraschend, daß manche Kinder, die *Stramonium* brauchen, nicht die Furcht vor Hunden haben, für die *Stramonium* so bekannt ist, aber stattdessen eine überwältigende Angst vor anderen Tieren wie etwa Schlangen. Warum Schlangen? Wegen der Art, wie sie sich nähern und einen angreifen. Wie ein Siebenjähriger es ausdrückte: „Besonders die spuckende Kobra. Sie spuckt einem schon von weitem Gift ins Gesicht."

Übertriebene Wachsamkeit

Eine der Auswirkungen des Lebens in einem ständigen Angstzustand ist es, übertrieben wachsam zu werden. Immerhin hat man ständig und ausschließlich das Gefühl, daß man sich an einem furchterregenden und bedrohlichen Ort befindet. Die Sinne werden sehr geschärft und man wird sich vermutlich jeder Kleinigkeit in seiner Umgebung übertrieben bewußt, ebenso der eigenen Handlungen in Bezug zu anderen Menschen. Man wird sehr viel vorsichtiger, bevor man irgend etwas tut oder irgendwohin geht. Aus diesem Grund wird *Vorsicht bei dem ängstlichen Stramonium-Menschen einen großen Raum einnehmen*. Wie früher erwähnt, kann sich die Vorsicht einmal durch ein Gefühl von nervöser Anspannung ausdrücken, wenn irgend eine Person sich einem nähert.

Eine Nebenprodukt dieser übertriebenen Wachsamkeit ist extreme Kontrolle der eigenen Handlungen. Die natürliche Erweiterung dessen ist es, in ein ganz neues Segment überzugehen. Hier macht sich das Kind jedesmal heftige Selbstvorwürfe, wenn es den eigenen strengen Erwartungen nicht gerecht wird. Ein solches Kind wird, in der Annahme daß es etwas falsch gemacht hat, trübsinnig und deprimiert, fühlt sich unfähig und denkt, daß es vielleicht — ja, daß es vielleicht besser wäre — alledem ein Ende zu setzen. Dies ist ein Moment, in dem ein acht- bis dreizehnjähriges *Stramonium*-Kind sich vielleicht umbringen und das Leben hinter sich bringen will. Dieser Zustand, in dem Gewissensängste das Kind überwältigt haben, läßt sich leicht mit *Natrium muriaticum* oder *Staphisagria* verwechseln. Es ist ein Zustand, in dem sich die Seite, die leben will, sehr anstrengt und soviel kompensieren und so übermäßige Kontrolle ausüben muß, daß das Kind den Kampf aufgibt und resigniert — es kann nicht länger kämpfen.

Wieder einmal müssen wir fragen, *warum* die Symptome bestehen? Warum diese übertriebene Wachsamkeit? Es ist weder die Vorsicht selbst, noch die Furcht vor schwarzen Hunden noch irgendein spezifisches Symptom, über das wir uns den Kopf zerbrechen müssen, sondern vielmehr die Frage, warum dieses Symptom existiert, und wie es sich zeigt. Zum Beispiel sehen Sie vielleicht einen Teenager, der auf Leitern oder Balkons, in Bäumen oder anderen hochgelegenen Orten erstarrt vor Angst. Sie denken vielleicht bereits an Angst für diesen jungen Mann, können aber das Arzneimittel nicht in der Rubrik Höhenangst im Repertorium finden. Sie finden es vielleicht nicht einmal in der Materia Medica. Aber wenn Sie ihn fragen, warum er diese Angst hat, so wird er wohl etwas antworten wie: „Ich habe Angst, herunterzufallen und zu sterben." Und da haben Sie Ihr *Stramonium*, mit Furcht vor dem Tod und all den Dingen, die mit dem Tod im Zusammenhang stehen! Somit ist es nicht das Symptom, sondern die dahinterliegende Ursache, die wir in das Zentrum unserer Überlegungen stellen sollten, wenn wir mit dem Patienten reden.

Angst bei Säuglingen

Stramonium ist ein Arzneimittel, das vielleicht vom ersten Augenblick des Lebens an benötigt wird. Daher ist es angemessen, einen Abschnitt dieses Buches den Ängsten von *Stramonium*-Säuglingen zu widmen. Es kommt häufig vor, daß der Geburtsvorgang selbst das dafür prädestinierte Kind in einen *Stramonium*-Zustand versetzt. Er hat Furcht vor: Dunkelheit (die Gebärmutter) und Licht (eine zu grell erleuchtete Welt, in die es hineinkommt), enge Räume (Durchtritt durch den Geburtskanal) und im Stich gelassen zu werden (will gehalten werden, wie bei der Geburt). Wir wissen, daß diese gegensätzlichen Ängste in dem Säugling vorhanden sind, denn er schreit vielleicht im Dunkeln ebenso hysterisch wie bei Licht und wenn er zu fest eingewickelt ist ebenso, wie wenn es nicht im Arm gehalten wird.

Die Ängste zeigen also derartige Widersprüche: Abneigung gegen Dunkelheit ebenso wie gegen Licht und Abneigung, gehalten zu werden wie das Verlangen, gehalten zu werden. Wegen der paradoxen Natur dieser Ängste finden es die Eltern vielleicht zunächst schwierig zu verstehen, was dem Kind fehlt. Sie meinen, es hätte eine Kolik oder litte an einer Ohreninfektion oder Ähnlichem, doch mit der Zeit sind sie durch das ständige Geschrei und die schlaflosen Nächte einfach erschöpft und kommen zu dem Schluß, daß sie nun mal ein schwieriges Kind haben. Einer der größten Vorzüge, diesen Aspekt von *Stramonium* zu erkennen, liegt darin, daß Sie dann den Eltern erklären können, was ihr Säugling wahrscheinlich durchmacht, so daß sie eine bessere Umgebung für das Kind schaffen können, die weniger bedrohlich ist. Ich habe gesehen, wie solch schwierige Situationen innerhalb von vier Tagen mit der richtigen Behandlung völlig verwandelt werden konnten. Nach dem Arzneimittel hört das Baby plötzlich auf zu schreien und beginnt, zu lächeln und das Leben mehr zu genießen.

Nun wollen wir einige der *Stramonium* Ängste näher betrachten.

Angst im Dunkeln

Ein wichtiges Leitsymptome von Stramonium, das man ständig sieht, ist Angst im Dunkeln. Wenn sie vorliegt, ist sie meist ein herausragender Teil des Falles. Die nächtlichen Panikanfälle, die das Kind erlebt, sind ausführlicher in dem Kapitel über Schlaf beschrieben, ebenso manche Verhaltensweisen der Kinder nachts im Dunkeln, dennoch sollen manche von ihnen schon hier angesprochen werden. Später, wenn diese Kinder zu Jugendlichen oder Erwachsenen herangewachsen sind, werden sie vielleicht in der Lage sein zu beschreiben, was sie als Kinder im Dunkeln erlebt haben, aber damals nicht ausdrücken konnten: *Im Dunkeln erscheint die Welt chaotisch und bedrohlich.* „Wie kann ich wissen, was bei Dunkelheit um mich her geschieht? Ich muß meine Lichter anlassen, so daß ich sagen kann, was real ist und was nicht." Diese Gedanken geben uns einen kleinen Einblick in die Angst des Kindes; bei Dunkelheit kann alles mögliche passieren, sie verstärkt seine bereits bestehende Angst vor Verletzung. Das Kind wird von seinem Unbewußten und seinen Einbildungen verfolgt. Es verliert seine Fähigkeit zu unterscheiden, was wirklich und was eingebildet (und daher nur für ihn selbst real) ist. Es verliert seine Klarheit bezüglich der Welt. „Ich kann mein Gleichgewicht nicht halten." In gewissem Sinne ist das Gleichgewicht, über das das Kind spricht, ein Gleichgewicht zwischen den beiden Polen von *Stramonium*. Im Dunkeln wird die furchtsame Seite des Kind, die Seite, die leben will, noch furchtsamer und fühlt sich von der dunklen bedrohlichen Seite seiner Psyche behindert oder eingesperrt. **Dunkelheit verstärkt dieses Segment, das mit dem Tod im Zusammenhang steht. Das verwirrt das Kind, und in dem Maße, in dem das Segment der Verwirrung wächst, nimmt das Segment der Angst zu.**

Wieder ist nicht die Angst im Dunkeln selbst das zentrale Thema. Wenn Sie diese Kinder dazu bringen können, etwas über ihre Ängste zu sagen und diese klar auszudrücken, dann wird das, was sie sagen, sich gut in den hier beschriebenen Zyklus einfügen. Im Dunkeln erscheinen Gespenster, Ungeheuer und Tiere. Somit ist die Angst nicht Furcht vor der Dunkelheit selbst, sondern vor den Ungeheuern, die im Dunkeln auftauchen. „Er hat eine schreckliche Angst vor Ungeheuern, die mit zunehmendem Alter stärker zu werden scheint. Er sieht unter seinem Bett und in den Schränken nach, er hat Angst vor seinem eigenen Schatten und den Schatten, die nachts an die Wände geworfen werden", so lautet häufig der Elternbericht. Für diese Kinder ist also *Furcht vor Dunkelheit eigentlich eine Furcht vor Verletzung durch Ungeheuer, die im Dunkeln heraus- und auf sie zukommen*. Und die Dunkelheit vergrößert die Bilder vom Tod, die dann Furcht erzeugen.

Aber es gibt andere Kinder, für die Angst im Dunkeln eine Furcht vor geschlossenen Räumen bedeutet. *Die Dunkelheit hat eine klaustrophobische Wirkung* auf diese Kinder. Sie fühlen sich im Dunkeln in die Ecke gedrängt, behindert, unbeweglich. Das Entsetzen da draußen umzingelt sie und sperrt sie ein.

Für einen anderen Kindertypus **verstärkt die Dunkelheit das Isolationsgefühl und die Furcht, allein zu sein.** Zum Beispiel Angie aus Österreich hat so große Angst im Dunkeln, daß sie nachts Panik bekommt und zu schreien anfängt, wenn nicht einer ihrer Eltern zumindest in Sichtweite ist. „Eine Methode, das zu lösen war es, zur Schlafenszeit das Radio oder eine Kassette laufen zu lassen. Bei dem Geräusch schien sie sich entspannen zu können." So ist es bei diesen Kinder eigentlich keine echte Furcht vor Dunkelheit, sondern eine Furcht, im Dunkeln allein zu sein. Die Radiogeräusche können die Furcht verringern. Die Furcht verringert sich ebenfalls, wenn Vater oder Mutter mit dem Kind im selben Bett schlafen, und das Kind wird alles tun, um sein Ziel zu erreichen. Bei den Eltern schlafen macht vielleicht sogar das Licht unnötig. An dieser Stelle kann der Homöopath das Arzneimittel verfehlen, weil das Leitsymptom *Angst im Dunkeln* fehlt. Bei Befragung werden Sie jedoch vielleicht feststellen, daß diese Angst wiederkommt, wenn das Kind nicht mehr bei den Eltern schläft.

Ferner ist darauf zu achten, daß *das Kind in den Wintermonaten mehr Ängste haben wird*, wenn es dunkler ist und weniger Sonnenlicht durchdringt. Abends, zu einer Zeit, zu der es im Sommer noch hell ist, hat es vielleicht die Gelegenheit, nach draußen zu gehen. Stellen Sie sich diese Szene vor: Es ist 18 Uhr irgendwann im Dezember, und die Familie will zum Abendessen ausgehen. Alle sind bereit und angekleidet, aber wenn es Zeit ist, zum Wagen zu gehen, rührt sich das *Stramonium*-Kind nicht von der Stelle. Es wird hochgenommen und zum Auto getragen, da beginnt es, vor Angst zu schreien und zu kreischen. Wenn man das Licht im Auto anmacht, entspannt es sich ein wenig, genug um zu sagen, daß es Angst hat. Sie versuchen, es zu beruhigen. Sie sagen ihm, daß es in Sicherheit ist, daß es nicht Nacht ist und daß es normal ist, daß es um diese Zeit im Winter dunkel ist. Aber es ist entsetzt. Eigensinnig schreit es weiter, daß es ins Haus zurück will. Schließlich machen Sie ihm das Angebot, das Licht im Auto anzulassen, und womöglich beruhigt es sich dadurch. Im Winter, wenn die Welt dunkler ist, schläft auch die Natur und sieht lebloser aus als sonst.

Eine andere Szene, die sich in unserer modernen Zeit häufig abspielt, eine, die beispielhaft den Zyklus der Pathologie darstellt, ist ein *Stramonium*-Kind im Flugzeug. Zuerst hat das Kind vielleicht Spaß, springt unruhig über die Sitze, aber dann gehen die Lautsprecher an und die Stewardeß sagt, daß sich alle Passagiere hinsetzen und die Sicherheitsgurte anlegen müssen, weil das Flugzeug startbereit ist. Nun müssen die Eltern das Kind hinsetzen und anschnallen oder festhalten. Das mag es nicht und versucht, sich freizukämpfen. Die Umstände verlangen jedoch, daß die Eltern es festhalten, der Griff wird also fester. Inzwischen hat das Kind Platzangst bekommen und kämpft umso mehr, vielleicht fängt es sogar ein wenig zu schreien an. Die Eltern, leicht verlegen, erklären ihm, daß es angeschnallt sitzen bleiben muß, aber es weigert sich. Nun steht das Flugzeug auf der Startbahn, die Motoren werden lauter, das Flugzeug beginnt zu vibrieren. Und genau in dem Augenblick wird die Beleuchtung gedämpft. Da dreht *Stramonium* durch, tritt und schlägt um sich, schreit, versucht zu entfliehen, aber je mehr er kämpft, umso mehr müssen ihn die Eltern festhalten, was die Situation nur verschlimmert.

Dies ist ein Abklatsch von dem, was während der nächtlichen Panikanfälle geschieht, die in dem Schlaf-Kapitel beschrieben sind. Beides illustriert, wie jede Situation, bei der es sowohl dunkler wird als auch die Bewegungsfreiheit eingeschränkt ist, zu Entsetzen führen kann. Wir können also sehen, daß es wesentlich ist, hinter ein bestimmtes Symptom zu schauen, um die Gesamtsituation im Kontext zu erfassen, und dadurch den vollständigen Zyklus der Pathologie zu verstehen. Wenn wir dies erst sehen, werden wir besser verstehen, warum ein Arzneimittel überhaupt die Symptome hat.

Ein weiterer Ausdruck der Angst im Dunkeln bei *Stramonium*-Kindern sieht man in der Furcht vor allem, was eine dunkle Farbe hat, ob es sich um dunkle Menschen, dunkle Tiere wie Panther, dunkle Keller, einen dunklen Saal, wie etwa im Kino, oder auch einen dunklen Schrank handelt. Dadurch, daß Kinder Freunde oder Geschwister zum Spaß in einen Schrank einsperren, sind bereits mehr als ein Mal *Stramonium*-Fälle entstanden.

Ein interessanter Ausläufer trat in dem Fall eines Kindes auf, bei dem das Arzneimittel ein neues Symptom hervorrief, bevor es zur Heilung führte. Dies illustriert wieder die Idee, daß Furcht nachts mit Furcht vor Verletzung in Zusammenhang gebracht werden kann. „Nach der Arzneimittelgabe fingen seine Ängste langsam an nachzulassen. Aber eine völlig neue Angst kam zum Vorschein. Er hatte auf einmal Angst, daß böse Leute ihm wehtun könnten. Nachts rannte er durchs ganze Haus und überprüfte, ob alle Türen verschlossen seien. Jetzt schließt er die Autotür, Badezimmertür und jede Tür ab, die er finden kann."

Wenn Angst im Dunkeln vorliegt, wird sie schließlich zu einem Verlangen nach Licht führen, eines der bekanntesten Leitsymptome von Stramonium. Dies darf recht buchstäblich verstanden werden — das Kind will die Lichter an haben. Oder im übertragenen Sinne — Kinder oder Erwachsene, die nach spiritueller Erleuchtung suchen, als Weg, um aus der Hölle zu entrinnen, in der sie sich befinden. Mehr zum Thema Angst im Dunkeln finden Sie im ***Schlaf***-Kapitel.

Es liegt in der Natur des Stramonium-Zyklus begründet, daß man darin seltsamerweise auch Verlangen nach Dunkelheit und Furcht vor Licht findet. Dies ist in dem Arzneimittel deutlich verzeichnet. Die Bücher beschreiben eine starke Abneigung bis zu manischer Raserei, die entstehen kann, wenn die Person einen hellerleuchteten Gegenstand sieht. Tatsächlich sieht man diese extreme Form der Photophobie selten. Allerdings trifft man gelegentlich auf ein Kind, das im Fieber (oder anderen Zuständen, in denen ein Delirium, oder ein psychotischer oder schizophrener Ausbruch vorliegen) beim Anblick der Reflexion von Sonnenlicht auf Glas in Panik geraten oder gewalttätig werden kann.

Gleichzeitig ist es interessant zu beobachten, welche Faszination Dunkelheit auf manche dieser Kinder ausübt. Obgleich sie die Dunkelheit fürchten, können sie sich davon angezogen fühlen und sogar beginnen, sie mehr zu mögen als das Licht; sie entwickeln eine Begierde nach Dunkelheit und fühlen sich im Einklang mit der Nacht. Gewöhnlich sind dies Kinder, die später gewalttätig werden oder autistische Züge entwickeln.

Diese Symptome sieht man bei einem Kind, das sich in dem Stadium befindet, in dem es sich verschließt.

Furcht vor dem Alleinsein

Einen hohen Rang nimmt die Furcht vor dem Alleinsein ein. Wenn es für dieses Symptom auch nicht besonders gut bekannt ist, so liegt bei *Stramonium* der Ursprung der Pathologie doch häufig in einem Gefühl von Verlassenheit bzw. einer Furcht davor. Aus diesem Grund steht das Arzneimittel kursiv in den Rubriken **GEMÜT: Verlassenheitsgefühl** sowie **GEMÜT: Wahnidee, fühlt sich alleingelassen**. Diese Thematik der Verlassenheit ist meiner Erfahrung nach ein Katalysator, der den *Stramonium*-Zustand verstärkt oder einfach ein Gefühl, das viele *Stramonium*-Kinder und Erwachsene haben. Ob das Kind tatsächlich verlassen worden ist oder ob es nur ein Verlassenheitsgefühl ist — in jedem Falle verhält er sich, als handle es sich um eine reale Situation.

Das *Gefühl, im Stich gelassen zu sein,* kann seinen Ursprung in einer unerwünschten Schwangerschaft haben, während der die Eltern sich nicht bemühen, eine Beziehung zum Fötus aufzubauen. Oder es kann durch Komplikationen während der Geburt entstehen, wodurch die Mutter wegen einer Verletzung nicht in der Lage ist, die Bindung zum Kind herzustellen und den Säugling unmittelbar nach der Geburt zu versorgen. Manchmal kann es entstehen, wenn der Säugling irgendwelche Schwierigkeiten hat und in einem Inkubator von den Eltern isoliert werden muß. Oder Verlassenheitsthematiken beginnen zu einem späteren Zeitpunkt, wenn das Kind feststellt, daß die Eltern nicht in seiner Nähe sind und keine Bindung mit ihm haben, ihn also alleinlassen bzw. in gewissem Sinne im Stich lassen. In Fällen, in denen das Kind körperlich, emotional oder sexuell von einer Bezugsperson mißhandelt worden ist, kann ein Verlassenheitsgefühl eintreten und häufig einhergehend mit Angst vor dem Alleinsein.

Es ist ungünstig, daß viele der Ängste, die Kinder in unserer Gesellschaft haben, erlebt werden, wenn keine Erwachsenen in der Nähe sind, die ihnen liebevoll zureden und sie beschwichtigen können. In diesen Zeiten des Alleinseins steigt das Unbewußte in ihnen hoch, Terrorgefühle werden ausgelöst, und sie müssen allein mit ihnen fertigwerden. Entsetzen und Isolation kommen sehr häufig zusammen, die Furcht in Verbindung mit dem Gefühl, völlig allein zu sein. Wenn man von den vielen Ängste *Stramoniums* liest, sieht man ein wiederkehrendes Thema – die Ängste werden erlebt, wenn sich das Kind isoliert, d.h. einsam und verlassen fühlt.

Die Angst vor dem Alleinsein ist unter den folgenden Umständen besonders ausgeprägt: wenn das Kind im Dunkeln ist oder nachdem es durch einen unheimlichen Film erschreckt ist, wenn das Kind Schmerzen hat, sich dem Schmerz ergibt und die Welt um sich herum kaum noch wahrnimmt. Diese Situationen können das Segment der Verschlossenheit/Leblosigkeit auslösen, in dem das Kind sich verstecken oder in die Embryonalstellung zurückziehen will (um den Schmerz zu lindern), oder er klammert sich an die Mutter, als hinge sein Leben davon ab. Manche drücken es nicht als starke Angst aus, sondern sagen oder zeigen, daß sie es hassen, allein zu sein und immer jemanden in der Nähe haben müssen. Die Wurzel jedoch ist dieselbe – Angst.

Die Bedeutung von all der Anhänglichkeit, dem Verlangen nach körperlicher Nähe, dem Wunsch, im elterlichen Bett zu schlafen, dem Bedürfnis, vertraute Personen in der Nähe zu haben, all dies sind Reaktionen, Ausdrucksformen des Verlassenheitsgefühls des Kindes in Verbindung mit seiner Angst um seine Sicherheit. Es ist interessant zu bemerken, daß wenn Sie als Homöopathen mit dem Kind eine Verbindung herstellen, es sich an Sie klammern kann und Ihnen alles sagt, was Sie wissen wollen. Wenn dies geschieht, sprechen Sie nicht länger mit einem widerspenstigen Kind, sondern mit jemandem, der es Ihnen recht machen will. Mit dem sechsjährigen Troy beispielsweise kam ich an diesen Punkt, und von da an brauchte ich nur zu fragen, und er erzählte bereitwillig viel mehr als vorher. Ich fragte Troy, wovor er sich fürchte. Er nannte eine ganze Liste: Alleinsein, Dunkelheit, Gewitter, schauerliche Filme, gebrochenes Glas und andere. Bei der Antwort redete er so schnell, daß er beim Sprechen Luft schluckte, die Worte durcheinander brachte und alle miteinander vermischt ausspuckte.

Wie in der Beschreibung des Zyklus und in dem Abschnitt über ***Autismus*** erwähnt, kann sich das Kind oft in seine eigene Welt zurückziehen und tut es auch und scheint ein einsames Leben zu führen. In den verschiedenen Rubriken der Wahnideen, die mit dem Alleinsein in der Welt zu tun haben, ist *Stramonium* gut vertreten. In solchen Fällen wird es das Kind sein, nicht die Eltern, das die Bindung verletzt.

Klaustrophobie

Eine *Furcht vor geschlossenen Räumen* ist bei *Stramonium* nicht so allgemeingültig wie die zuvor genannten Ängste, und doch paßt es zu den bisher besprochenen Ideen. Vielleicht würde es helfen, einige Rubriken für *Stramonium* aus dem Repertorium aufzuzählen: **GEMÜT; Wahnidee; meint, lebendig begraben zu sein, meint im Grab zu liegen; hält sich für zweigeteilt, eine Seite lebendig, die andere begraben. GEMÜT; Furcht im Tunnel; Platzangst.**

Von Anfang an werden Sie das Isolationsgefühl ebenso sehen wie die Furcht, eingeschlossen zu sein, in der Falle zu sitzen — alles Leitsymptome des *Stramonium*-Zustandes. Dieses Arzneimittel hat sich auch für Erwachsene mit Klaustrophobie bewährt, die an Platzangst leiden oder sich in Tunnels fürchten. Auch Kinder können diese Angst haben. Es läßt sich auf dem Spielplatz beobachten, in dem Kind, das nicht durch die Röhre krabbeln will. Es weigert sich womöglich auch, auf die Rutschbahn zu gehen, besonders wenn die Rutschbahn durch eine Röhre führt, und ganz besonders, wenn am unteren Ende Kinder in der Röhre Lärm machen und dieser Lärm zu dem *Stramonium*-Kind am oberen Ende heraufhallt. Ähnlich ergeht es ihm vielleicht in einem Irrgarten, selbst wenn seine Geschwister hineingehen. Für ihn ist es einfach zu beengend und dunkel.

Nachts oder manchmal sogar tagsüber wollen diese Kinder nicht die Türen geschlossen haben, oder vielleicht mögen sie keine Aufzüge, oder sie brauchen sehr lange, bis sie sich wieder beruhigen, nachdem ihre Geschwister sie zum Spaß für einige Minuten im Bad eingeschlossen haben. Danach können sie sogar Alpträume bekommen. Sie können auch eine Furcht zeigen, überhaupt in Schränke oder große Kartons zu steigen. Solche Kinder lassen sich vielleicht nicht einmal gern umarmen, oder haben eine Abneigung gegen alles, wodurch sie sich eingeengt fühlen, wie wenn sie beispielsweise beim Fußball auf der Strafbank sitzen müssen. Und wie bereits erwähnt, kann das *Stramonium*-Baby, wenn es gewickelt wird, aus Furcht vor Einengung versuchen, sich freizustrampeln.

Kinder drücken diese Platzangst unterschiedlich aus. Die einen sagen, daß sie sich von ihrer Umgebung gefangen oder eingesperrt fühlen. Andere fühlen sich eher, wie wenn sie ersticken. *Die Materia Medica nimmt auf unterschiedliche Weise auf diesen Zustand Bezug. Die Empfindung, als ob man im Grab liegt oder lebendig begraben ist, fängt dieses Gefühl ein — es ist eine Metapher dafür, in einer feindlichen Umgebung gefangengehalten zu werden. Die Ängste sind nur eine Reaktion auf dieses intensive Gefühl.*

Der Gegensatz zu Klaustrophobie läßt sich manchmal in einem Kind mit autistischen Zügen beobachten oder bei einem Kind, das im Begriff ist, sich zu verschließen (d.h. in den Segmenten Verschließen und Verschlossenheit/Tod). Dieses Kind bevorzugt sogar geschlossene enge Räume, da es die Überstimulation, die es spürt, lindert. Ein solches Kind hält sich vielleicht oft unter dem Bett, hinter einem Möbelstück, im Schrank oder in anderen geschlossenen Räumen auf. Schränken Sie Ihre Vorstellung nicht darauf ein zu meinen, daß nur die Platzangst typisch für *Stramonium* ist, denn das Arzneimittel schließt die beiden Gegensätze ein.

Hydrophobie

Wasser stellt ein besonders Problem für das Stramonium-Kind dar. Viele werden hochgradige Angst vor Wasser haben, besonders vor der Dusche oder davor, daß die Haare naß werden. Das Kind muß die Haare gewaschen bekommen, aber es ist ein elendes Unterfangen für Eltern wie Kind gleichermaßen, es in die Badewanne zu bekommen. „Es ist grauenhaft für uns alle." Das Kind wehrt sich, als hinge sein Leben davon ab, daß es nicht in die Wanne muß. Vielfach wird der *Stramonium*-Zustand dadurch ausgelöst oder verstärkt, daß ein Kind gezwungen wird, eine Dusche oder ein Bad zu nehmen. Ich habe Kinder behandelt, die nach einer solchen Prozedur Alpträume, nächtliche Panikanfälle, Zukkungen, ja sogar Krampfanfälle entwickelt haben.

Schlimmer noch ist es, wenn das Kind in ein Schwimmbecken oder einen See geworfen wird, damit es schwimmen lernt. Zu dem Zeitpunkt, an dem der Vater seinen Griff gelockert und es ins Wasser geworfen hat, ist das Kind bereits so außer sich vor Entsetzen, daß es in Panik gerät, steif und starr wird und so sehr gegen das Wasser ankämpft, daß es vermutlich ertrinken würde, wenn der Vater nicht hinterher springt und es rettet. Wenn das Kind soviel Glück hat, aus eigener Kraft Boden unter die Füße zu bekommen, ist das Trauma dennoch so schwerwiegend, daß die Wirkung weitreichend und extrem sein wird.

Am stärksten fällt so etwas auf, wenn ein rauhbeiniger und gewalttätiger Junge (der in seiner Umgebung als Rüpel bekannt ist und andere Kinder drangsaliert), bei einer Geburtstags-Schwimmbadparty völlig aufgelöst ist, weil er Angst zeigt, ins große Becken zu gehen und allerhöchstens in das Planschbecken für Kleinkinder steigt. Oder im Park, wo alle anderen Kinder zum Springbrunnen rennen und sich gegenseitig naßspritzen, wird dieser Rüpel plötzlich ungewöhnlich kleinlaut, bleibt in der Nähe seiner Mutter oder spielt in der Nähe des Brunnens, aber will nicht hineinsteigen. Oder vielleicht geht er sogar hinein, aber nur, wenn er die Hand der Mutter halten kann. Wenn er jedoch seinen Griff lockert und anfängt zu spielen, wenn er sich schließlich überwindet und ins Wasser steigt, wird das *Stramonium*-Kind, sobald es Wasser in die Augen bekommt, oder ein anderes Kind alle naß spritzt, Angst bekommen und davonrennen. Die übrigen Kinder kreischen vor Vergnügen oder täuschen Protest vor.

Wasser kann bei diesem Kind aus unterschiedlichen Gründen eine Verschlimmerung auslösen. Dies liegt weniger daran, daß das Wasser ihm in den Augen weh tut, sondern eher, daß es in seine psychische Sphäre eindringt. Das fremde Eindringen ist der empfindliche Punkt. Besonders unerträglich ist ein Eindringen in die Augen, denn die Augen können als Erweiterung des Gehirns betrachtet werden (so eng verbunden, daß die geringste Verletzung ihn in dem Augenblick lähmen kann). Die plötzliche vorübergehende Blindheit, die durch das Wasser verursacht wird, macht ihm Angst, weil seine dunkle Seite, seine unbewußte Seite, die ihn so quält, in dem Augenblick die Oberhand hat. Zusätzlich kann die zeitweilige Blindheit eine klaustrophobische Wirkung erzielen. Zumal es das Kind daran hindert, sich zu bewegen, hat es das Gefühl, gefangen zu sein und empfindet Angst, weil es nicht weiß, was mit ihm geschehen wird.

Wasser kann bei *Stramonium* auch eine metaphorische Bedeutung haben. Jung stellt die Hypothese auf, daß Wasser den Bereich des Unbewußten, den flüssigen Aspekt im Menschen darstellt, und Melville idealisiert in Moby Dick die Beziehung zwischen dem Unbewußten und Wasser: „Laßt einen äußerst geistesabwesenden Menschen in seine tiefsten Träumereien tauchen — stellt diesen Menschen auf seine Beine, setzt seine Füße in Bewegung, und er wird euch unfehlbar zum Wasser führen, wenn es irgendwo in der Umgebung Wasser gibt ... Meditation und Wasser, eine Einheit auf ewig."

Wenn dem Kind Wasser ins Gesicht gespritzt wird, ist nicht nur seine bewußte Seite blind, sondern dem System wird auch Wasser hinzugefügt — das heißt, das Unbewußte wird erweitert. In dem Zyklus von *Stramonium* hängt das Gleichgewicht davon ab, daß der bewußte Geist wachsam bleibt, um den Bemühungen des Unbewußten entgegenzuwirken, das darum bestrebt ist, die Oberhand zu gewinnen. Wenn das Bewußte die Kontrolle verliert oder in eine Situation versetzt wird, in der das Unbewußte ausbricht, besteht die Gefahr, daß die Waagschalen umkippen. Um das Gleichgewicht zu behalten, welches das Kind seiner Empfindung nach zum Überleben braucht, kann es dem Flüssigen entgegenwirken, indem es rigide, unbeweglich in der Beharrlichkeit der Wiederholung seiner Handlungen wird. Diese Seite kann es nicht zulassen, daß sein Schutzmantel abfällt und wird somit durch diesen Schwall von Flüssigkeit verschlimmert. Ich denke, daß sich all dies hinter der Furcht des Kindes vor Wasser allgemein verbergen könnte. Es hat eine so starke Wirkung auf ihn, daß es ihn davon abhält, ins Wasser zu gehen. Nehmen Sie einen Fünf- oder Sechsjährigen, der nicht nur die zuvor genannten Ängste hat, sondern auch Angst vor dem Meer — und zwar nicht nur, im Meer zu schwimmen, sondern sogar davor, in der Nähe des Meeres zu sein. Beim Anblick des Auf- und Abfließens der Wellen und dieser riesigen Wassermassen kann er dermaßen entsetzt werden, daß sein Körper steif wird, und es schreit, daß es auf den Arm genommen werden und von dieser gräßlichen Szene entfernt werden will.

Wenn diese Theorie stimmt, dann ist für das Kind eine Situation, wo es Wasser in die Augen gespritzt zu bekommt oder der Kopf unter Wasser getaucht wird oder es in einen See geworfen wird, um schwimmen zu lernen, ebenso schlimm, wie wenn man ihm das Bild eines Teufels entgegenhält oder es in der Geisterbahn oder im Dunkeln alleinläßt. All diese Dinge verstärken das, was bereits in ihm vorhanden ist, jenes Todessegment, und plötzlich hat es das Gefühl, als würde die Lichtseite verlieren. In dieser Hinsicht sind die Angst vor Wasser und die Angst im Dunkeln einander sehr ähnlich.

Beschwerden durch Schreck

Wie in der Einführung erwähnt, bin ich der Überzeugung, daß ein Arzneimittelzustand als stabiles Muster existiert, das sich am besten als die Version einer *Systemdynamik* einer Suchtschlaufe betrachten läßt. In einer Schlaufe gibt es keinen richtigen Anfang und kein Ende, und man kann an beliebiger Stelle in den Kreis eintreten. *Eine Eintrittsstelle, an der Personen anscheinend leicht in die Stramoniumschlaufe gelangen, ist durch Schreck.* Ich glaube, daß dies bei vielen Kinder der Fall ist, etwa bei Kindern, die Angst vor Hunden haben, nachdem sie von einem Hund angegriffen wurden, oder die Platzangst bekommen, nachdem sie versehentlich im Schrank eingesperrt waren, oder sogar ein Kind, das sich vor plötzlichen durchdringenden Geräuschen fürchtet wie vor Wasser, das in die Badewanne läuft oder vor dem Geräusch von Düsenfliegern, die über ihm hinwegschießen, weil die Mutter während der Schwangerschaft von einem Tiefflieger erschreckt wurde. Ebenso wahrscheinlich ist es, daß die Kinder bereits im *Stramonium*-Zustand waren, aber dies wurde erst deutlich, als ein Schreck die Symptome verstärkte. Ein Kind zum Beispiel, das Lernschwierigkeiten hat und körperlich in grobmotorischen Fähigkeiten etwas unbeholfen ist, kann Ängste, Gewalttätigkeit und nächtliche Panikanfälle entwickeln, nachdem es einen beängstigenden Film gesehen hat und dabei auch noch allein war.

Ähnlichkeit mit *Baryta carbonica*

In gewissem Maße kann *Stramonium* mit seinen vielen Ängste wie *Baryta carbonica* aussehen. Der fünfjährige Roger beispielsweise hatte Angst vor Insekten, Hexen, Gespenstern, Donner, lauten Geräuschen, Dunkelheit und Hunden. Er hatte erst spät Laufen und Sprechen gelernt, die Sauberkeitserziehung war verzögert, und seine feinmotorische Koordinationsfähigkeit war mangelhaft; kurzum, die allgemeine Beurteilung ergab eine recht erhebliche Verzögerung der emotionalen Entwicklung. Wegen seiner Unfähigkeit zu angemessener Interaktion begann er, sich von anderen Kinder zurückzuziehen. Diese Symptome, die besser für *Baryta carbonica* bekannt sind, hat *Stramonium* ebenfalls. Was machte also in diesem Falle die *Stramonium*-Verschreibung aus? Außer der furchtsamen Seite gab es bei Roger noch einen anderen Aspekt, er war widerspenstig. Ständig stritt er sich mit anderen, schlug seine Eltern, verweigerte die Ausführung von Befehlen und beklagte sich in der Schule. Er beschäftigte sich auch wie besessen mit metaphysischen Dingen, insbesondere mit dem Tod und Sterben, mit der Möglichkeit des Verlassens des Körpers und Gespenstern. Die Eltern hatten ihn zur Behandlung gebracht, weil er Krampfanfälle bekommen hatte und Antiepileptika erhalten sollte. Eine Dosis *Stramonium* 200C, gefolgt von einer Dosis *Stramonium* 1M zu einem späteren Zeitpunkt, ließ die Krampfanfälle verschwinden, ebenso die erwähnten Verhaltensweisen. Seine Ängste ließen nach, ebenso die Aggressionen und die Beschäftigung mit okkulten Dingen. Stattdessen durchlief er vor der völligen Genesung eine Phase, während der er Infektionen der oberen Atemwege bekam.

Dann haben wir Sally, ein fünfjähriges Mädchen, dessen Hauptbeschwerde Ängste und Alpträume sind. Sie hatte vor allem Angst im Dunkeln, Furcht, im Dunkeln allein zu sein, Angst im Keller, Furcht vor Löwen, Tigern, Bären, Blitz und Donner. Sie hat Angst daß ihre Mutter sterben könnte. „Meine Katze ist gestorben, und meine Mama könnte auch sterben." Sie macht sich Sorgen, daß Familienangehörigen durch Keime sterben könnten. Ihre Mutter berichtet: „Als Baby hat sie im Schlaf häufig erbrochen, und vielleicht haben ihre Ängste damals angefangen." Sie spricht mit den Eltern viel über Tod. Sie sagt, daß sie davon träumt, daß ihr Nägel durch die Augen in den Kopf getrieben werden, Träume von Ungeheuern und Unfällen. Sie erwacht und geht in das Zimmer ihrer Mutter. Während der Konsultation wirkte sie lieb und sanft, aber als ich zur Bestätigung nachfragte, sagte die Mutter, daß sie lieb ist, aber auch sehr dickköpfig sein kann, gern schmust aber auch jammert. Als ich Sally fragte, ob sie jemals andere Kinder schlagen würde, sagte sie: „Nein, ich gebe ihnen nur Prügel. Prügel tun viel mehr weh als Schläge."

Widersprüche innerhalb des Arzneimittels

Wie früher erwähnt, habe ich das Gefühl, daß jede Beschreibung eines Arzneimittels in irgendeiner Form die ungleichartigen, miteinander nicht zu vereinbarenden Symptome und scheinbaren Widersprüche innerhalb des Mittels ansprechen muß. Wie kann ein und dasselbe Mittel sowohl Angst im Freien als auch Platzangst haben? Oder wie kann ein Kleinkind vor manchen Personen große Furcht haben, aber andere beißen? Ich denke, die Prämisse des vorliegenden Buches (Vitalismus und das zyklische Wesen der Krankheit) erklärt nicht nur, warum so divergente Symptome in einer Person koexistieren können, sondern auch wie sie innerhalb des Zyklus der Krankheit zusammenwirken. Viele der Angstreaktionen, auch wenn sie zunächst widersprüchlich erscheinen mögen, weisen auf das Segment hin, das Todesahnungen und Todesbilder, Gefühl von Alleinsein enthält, was zu einer Vielzahl von Ängste führt, die das Kind dann bewältigen muß.

Nach dem Arzneimittel

Innerhalb weniger Wochen bis einen Monat nach der Arzneimittelgabe werden die Ängste zu verschwinden beginnen. In Alex Fall: „Die Angst vor Wasser ist verschwunden, Baden ist dadurch jetzt viel einfacher. Kein Geschrei und Kämpfen mehr." Er sprach zwar immer noch von Ungeheuern, aber er weinte nicht mehr darüber und mußte auch nicht mehr unter dem Bett und im Schrank nachsehen. Er verlor seine Furcht vor Schatten, erwähnte gelegentlich, daß er sie an der Wand sah, aber schien keine Angst mehr davor zu haben. Er sprach nach wie vor von Angst im Dunkeln, was ihn aber nicht davon abhielt, allein in den Keller zu gehen. Nach zwei Monaten war keine Spur von diesen Ängste mehr vorhanden. Er hatte in der vorangegangenen Woche einen furchterregenden Film gesehen, war aber anschließend in Ordnung. Er lief nicht mehr durch das Haus, um alle Türen abzuschließen.

Er war anhänglich und furchtsam gewesen, nach dem Arzneimittel aber wurde er fröhlicher, zufriedener, abenteuerlustiger und hatte mehr Selbstvertrauen. Es dauert länger, bis er die Nähe der Mutter suchte. Er versteckte sich weniger und bewegte sich zuversichtlicher im Freien. Er geriet nicht mehr in Panik.

Seine Mutter berichtet: „Er ist hilfsbereiter und redet mehr. Er akzeptiert einen vielfältigeren Speiseplan und ist aus seinem Schneckenhaus herausgekommen. Er hatte überhaupt keine Furcht vor Verletzung. Er war unverwüstlich, besaß keinerlei Selbsterhaltungstrieb, als habe er gar keine Angst. Er schien keine Schmerzen zu empfinden, wenn er sich verletzte, aber nach dem Arzneimittel fing er an, auf Schmerzen zu reagieren. Jetzt weint er, wenn er hinfällt. Er ist etwas vorsichtiger geworden. Er paßt auf, wenn er die Treppen heruntergeht. Es ist, als könne er jetzt aus seinen Erfahrungen lernen."

Eine Bitte an Ärzte und Eltern

Ich möchte um der Kinder willen darum bitten, daß die Eltern potentiell furchterregende Situationen aus dem Leben des Kindes verbannen oder sie begrenzen. Auch wenn wir alle der Meinung sind, daß wir dies ohnehin tun, so ist es vielleicht doch lohnend, sich Situationen aus der Perspektive eines Kindes vorzustellen, nicht irgendeines Kindes, sondern des *Stramonium*-Kindes insbesondere. Ob Sie Ihrem *Stramonium*-Kind zur Heilung verhelfen oder ihr Kind davor bewahren wollen, ein *Stramonium*-Kind zu werden — dieselbe Vorsicht ist geboten. **Beschränken Sie den Konsum von Fernsehen, Videos, Computerspielen und Geschichten, die Gewalt, Quälerei und Kämpfe zwischen Gut und Böse beinhalten!** Dieser Kindertypus hat eine Antenne, die Ideen vom Bösen aufnehmen, und die Bilder werden zur Selbstzerstörung verwendet. Auch wenn es nicht immer gelingt, alle derartigen Situationen auszuklammern, so lassen sie sich doch beschränken.

Ich will mit einer Geschichte schließen, die diesen Gesichtspunkt illustriert. Eine meiner Patientinnen, ein süßes dreijähriges Mädchen, erwiderte auf die Frage, wovor sie sich am meisten fürchte, vor Mr. McGregor in der Geschichte von Peter Rabbit. Ich erwähne dies zur Veranschaulichung, daß wenn eine Antenne da ist, sie genau das Signal empfangen wird, das sie sucht. Und es spielt keine Rolle, wie harmlos der gefürchtete Gegenstand für den Erwachsenen erscheinen mag, für das Kind ist es eine echte, reale Angst. Wir alle wissen, daß wir kein Kind vollkommen vor Schrecken bewahren können. Aber wir können uns jede Mühe geben zu verhindern, daß Kinder Schreckerlebnissen ausgesetzt sind und somit gewisse Schutzmaßnahmen ergreifen.

Das Element der Gewalt

Tritt nicht sachte in jene gute Nacht,
Alter soll lodern und prasseln, wenn der Tag sich neigt;
Tobt, tobt gegen das sterbende Licht.

Dylan Thomas, *Tritt nicht sachte in jene gute Nacht*

Gewalttätigkeit wird seit langem mit *Stramonium* assoziiert und kommt bei vielen Patienten vor, die das Arzneimittel brauchen. Bei manchen ist es die Primärwirkung, bei anderen wird es einfach ein Begleitsymptom anderer Beschwerden sein. Wenn wir es aus verschiedenen Blickwinkeln betrachten, entdecken wir vielleicht, warum *Stramonium*-Kinder zu diesem Charakteristikum neigen. Wenn wir an *Stramonium*-Kinder denken, kommen uns gewalttätige Verhaltensweisen in den Sinn. Aber Gewalttätigkeit beschränkt sich nicht auf den emotionalen Bereich; es läßt sich in beliebigen Aspekten des Kindes sehen. *Emotionale Gewalttätigkeit ist nur ein Beispiel* für die Vielzahl von Arten der Gewalt, die zu dem Segment des *Stramonium*-Zyklus der heftigen Überreaktion gehören.

Es gibt zweierlei zu bedenken, wenn Sie dieses Kapitel lesen: Erstens, *Stramonium* hat eine starke Tendenz zu rascher neurologischer Reaktion auf Reize in Form einer heftigen Überreaktion. Zweitens, Gewalttätigkeit ist nicht unbedingt das, was das Kind beabsichtigt oder wünscht. Womöglich ist es einfach nur seine Art, auf Streß oder Angst zu reagieren.

Der Fall von Noah, einem zehnjährigen Jungen, illustriert, wie Gewalttätigkeit manchmal eine Reaktion auf Streßsituationen sein kann. Am besten beginnen wir vielleicht bei Noahs Eltern. Bob, ein reizbarer Mensch, ist eine Art Arbeitstier. Er selbst trinkt keinen Alkohol, aber sein Vater und Vorfahren aus drei Generationen sind an Krankheiten im Zusammenhang mit Alkoholabusus gestorben. Alice ist Ärztin, außerdem schreibt sie Artikel für Zeitschriften und Buchbesprechungen. Die Beziehung war schwierig, oftmals am Rande einer Scheidung. Dann wurde

Alice schwanger, zwei Monate später teilte sie es Bob mit, der sich sofort scheiden lassen wollte. Alice sagt, sie war über diese Reaktion zutiefst schockiert.

Jede Geschichte hat zwei Seiten, und ich hörte nur die von Alice. Sie sagte, sie hätten sich sofort getrennt, und die Scheidung wurde rechtsgültig, als Noah sechs Monate alt war. Bob hat seinen Sohn nie gesehen. Alice beschreibt die Schwangerschaft als schwierig, mit Erbrechen die ganzen neun Monate hindurch. Außerdem bekam sie zwei Niereninfektionen, eine im dritten Monat und eine weitere im fünften. Die Wehen setzten einige Wochen zu früh ein, und nach einem ganzen Tag angestrengter Wehentätigkeit entschied die Hebamme, der Kopf sei zu groß, und es wurde notfallmäßig ein Kaiserschnitt durchgeführt.

Von dem Augenblick an, als Noah herauskam, begann er zu schreien und hat seither nicht wieder aufgehört. Es stellte sich heraus, daß seine Temperatur und Herzfrequenz zu hoch waren, und da eine Meningitis vermutet wurde, führte ein Kollege von Alice eine Rückenmarkspunktion durch, die sich als negativ herausstellte. Schließlich sank das Fieber, und Alice konnte Noah nach Hause mitnehmen. Aber sie haßte ihr Baby. „Ich habe nie eine Bindung zu ihm bekommen. Wie kann man jemanden lieben, der einem Liebe wegnimmt?" Dieses Baby hatte ihr ihren Mann weggenommen. Sie entwickelte Gefühle von Verlassenheit, Einsamkeit, Haß und Schuld — alle miteinander vermischt.

Noahs erstes Lebensjahr war im Hinblick auf Erkrankungen ereignislos mit Ausnahme von etwas Husten und Erkältungen, aber nach jeder Impfung bekam er hohes Fieber und schrie beinahe eine Woche lang. Jedesmal befürchtete der Kinderarzt eine Meningitis, und jedesmal führte er eine Rückenmarkspunktion durch, aber nachdem das Ergebnis dreimal negativ war, verzichtete er später darauf.

Alice fiel auf, daß sich Noahs Verhalten im Alter von etwa achtzehn Monaten verschlimmerte. „Er fing an, im Schlaf aufzuschreien, richtig laut. Wenn ich in seine Nähe kam, trat er mich. Dann schlug er die Augen auf, aber er sah entsetzt aus, als würde er mich nicht erkennen. Bis heute hat Noah immer noch nächtliche Panikanfälle, sie sind mit der Zeit stärker geworden.

Etwa zur selben Zeit wie die nächtliche Panikanfälle fiel mir auf, daß er sehr anhänglich wurde. Immer wenn ich das Zimmer verließ, kam er hinterher, und draußen hielt er sich immer nah bei mir. Er wurde so ängstlich — es schien, als hätte er Angst vor der ganzen Welt. Wir konnten keine Filme im Fernsehen anschauen, weil er bei jeder Show vor irgend etwas Angst hatte, selbst vor den Handpuppen bei Mr. Rogers! Ich mußte bei vielen Kinderfilmen mit einem schreienden Kind auf dem Arm das Kino verlassen. Ich fühlte mich zunehmend stärker isoliert, weil wir nirgends hingehen konnten — immer mußte ich ihn auf den Arm nehmen und fortrennen. Im Zoo hatte er panische Angst vor den Tieren, auf dem Jahrmarkt schrie er, wenn er bemalte Gesichter sah und vergrub das Gesicht in meinem Schoß.

Am schlimmsten waren die Nächte — und sind es noch. Er hat solche Angst im Dunkeln, daß er die Schlafenszeit hinauszögert, bis ich mich schließlich mit ihm hinlege. Nach einer Weile schläft er ein, und dann kann ich aufstehen und in mein eigenes Bett gehen, aber nach einer Stunde oder so fangen die nächtliche Panikanfälle an und dauern etwa eine halbe Stunde. Manchmal hat er mehrere in einer Nacht.

Als die Alpträume anfingen, begann Noah sich abzukapseln. Mit zwei Jahren, im Alteralso, wenn andere Kinder aufeinander zugehen, saß er entweder auf meinem Schoß oder in einer Zimmerecke mit einem Spielzeug oder stand und starrte ins Leere. Er sah irgendwie bekloppt aus, was er nicht ist — seine Tests haben gezeigt, daß er überdurchschnittlich intelligent ist. Dennoch, je älter er wird, desto stärker isoliert er sich. Andere Kinder spielen nicht mit ihm. Sie ignorieren ihn. Es ist an den Punkt gekommen, daß er nicht mehr zur Spielgruppe gehen wollte. Ja, er will das Haus überhaupt nicht mehr verlassen. Ich könnte für jede Gelegenheit ein Dutzend Ängste nennen, die er angeben würde. Er hält sich hauptsächlich in seinem Zimmer oder in meiner Nähe auf. Manchmal finde ich ihn sogar unter dem Bett oder im Schrank, wo er sich gern versteckt — wovor, davon habe ich keine blasse Ahnung.

Jetzt hat er zu allem andern einen Zug von Gewalttätigkeit entwickelt. Aber die Gewalttätigkeit ist ausschließlich gegen mich gerichtet. Er schreit, kreischt, tritt und beißt und brüllt die ganze Zeit dabei: ‚Geh weg! Ich hasse dich! Ich werde dich umbringen! Ich stecke dich in Brand, ich will dir den Hals durchschneiden!' Dann fängt er an, mich zu jagen und zu schlagen. Ich muß häufig seine Mißhandlungen einstecken. Das kann etwa dreißig Minuten anhalten, dann fängt er an zu wimmern und sich zu entschuldigen und bettelt, daß ich ihn in den Arm nehme und ihm seine Flasche gebe. Er sagt, daß er mich liebt, und ich muß ihm versprechen, daß ich ihn nicht verlasse. Doch in weniger als zwei Stunden fängt er wieder zu schreien an: ‚Geh weg!', und er springt auf und knallt seine Zimmertür vier oder fünf Mal hintereinander zu. Einmal hat er sie sogar kaputtgemacht. Er sagt, daß während dieser Episoden ‚ein Mann über ihn kommt, und er heißt Papa.'

Wissen Sie, wann er mich umbringen will? Einfach, wenn ich etwas nicht ganz genau so getan habe, wie er es erwartet hat. Wenn er nicht mag, was ich tue, bekommt er einen Wutanfall, und das Ganze beginnt von vorn."

Stramonium 1M setzte diesem Zyklus von Gewalttätigkeit und Angst ein Ende und versetzte das Kind in eine trauernde, empfindliche Stimmung. Zu diesem Zeitpunkt hatte therapeutische Beratung sowohl für ihn als auch für die Mutter eine dramatische Wirkung.

Gewalttätigkeit als Reaktion auf Kränkung

Wie in Noahs Geschichte ersichtlich kann mindestens eine Facette der Gewalttätigkeit von *Stramonium* durch Empfindlichkeit und Traurigkeit verursacht werden. Seine Gefühle sind leicht verletzt, und er kann in jedem Moment um sich schlagen, manchmal wegen schlechter Beherrschung seiner Impulse und manchmal, weil er nicht die richtigen Worte finden kann, um seine Gefühle auszudrücken. „Ein Gewaltausbruch wird unweigerlich immer dann ausgelöst, wenn jemand etwas sagt, was seine

Gefühle verletzt. Er schlägt, schreit und kreischt. Er reagiert unglaublich empfindlich auf die geringste Kränkung." Das Symptom von Kränkung, die zu Gewalttätigkeit führt, ist ausgedrückt in der Rubrik: **GEMÜT; Erregung, wechselt ab mit Konvulsionen.**

Gewalttätigkeit als Reaktion auf das Eindringen anderer in die eigene Welt

Wenn die Gewalttätigkeit allumfassend wird, färbt sie das gesamte Erleben des Kindes. An diesem Punkt wird es nicht nur gelegentliche Gewaltausbrüche haben, sondern in vielen gewöhnlichen Situationen gereizt, besonders wenn seine Sphäre in irgendeiner Form verletzt wird. Ein kleines Mädchen zum Beispiel war morgens extrem gereizt und schrie ihre Eltern an: „Geht aus meinem Zimmer, oder ich breche euch die Knochen!" Starke Worte für ein sechsjähriges Mädchen. Sie gebrauchte Gewalt als Mittel, andere zu kontrollieren. Ein anderes Kind verbindet dies mit Grobheit und Liebesentzug dem Vater gegenüber. Er schlug seinen Vater ins Gesicht, jedesmal wenn dieser versuchte, ihn in den Arm zu nehmen.

Manche Kinder reagieren auf die geringste Kränkung, andere gehen sogar noch einen Schritt weiter und interpretieren es als persönlichen Angriff. Sie sind überzeugt, daß die andere Person es absichtlich tut, um ihnen wehzutun. Ein siebenjähriger Junge hatte eine geringfügige motorische Koordinationsstörung, was für ihn das Schreiben und bestimmte Spiele etwas erschwerte. Er wurde bezüglich dieser Einschränkung übermäßig empfindlich und reagierte auf jede vermeintliche Kränkung oder jedes Hindernis aggressiv. Seine Mutter berichtete: „Er fängt mit Freunden einen Faustkampf an, wenn sie seine Schwachstelle ansprechen oder irgendwie daran rühren. Das verletzt wirklich seine Gefühle. Er kann es direkt an der Person auslassen, die ihn verletzt hat, oder er hält es zurück und springt später seine kleine Schwester an und fängt an, sie zu schlagen. Er kommandiert sie herum, wo immer er kann, droht ihr, testet seine Stärke ihr gegenüber." Das Kind gebrauchte Zorn und Wutanfälle als Mittel, die ganze Familie zu kontrollieren.

Jüngere Kinder, im Alter von etwa zwei bis vier Jahren, können andere Kinder beißen, wenn sie ihnen in die Quere kommen. Der zweijährige Josh, der an Infektionen der oberen Atemwege und Asthma litt und außerdem zahlreiche Ängste hatte, kann sehr herrisch und eigensinnig sein. Er versucht auf jede erdenkliche Art zu bekommen, was er will und gibt niemals auf. An einem bestimmten Punkt (wenn andere Kinder entweder sich beherrschen oder zu schreien anfangen) beginnt Josh zu beißen. Er beißt jeden, der ihn frustriert, sogar den Babysitter oder die Kinder im Kindergarten.

Wenn der siebenjährige George überdreht wird, hört er nicht mehr zu, muß sich bewegen, fängt an zu tanzen, sich zu drehen und herumzuspringen. In so einem Augenblick scheint er die bewußte Wahrnehmung seiner Umgebung zu verlieren und ist sich nicht sicher, was andere von ihm erwarten oder was er von ihnen bekommt. Wenn ihn zum Beispiel seine Eltern oder Lehrer leicht zurechtweisen, wie etwa mit ‚Hör auf damit', bekommt er einen Ausbruch von Frustration, Zorn, er gerät sogar in Raserei und beginnt zu kratzen, zu treten, zu schlagen und zu drohen. Er schreit seinen Vater an: „Wenn ich könnte, würde ich dir die Knochen brechen!"

Fügen Sie diesem Bild nicht nur Grausamkeit hinzu, sondern auch etwas Arroganz. Das Kind beginnt, sich ein wenig über andere erhaben zu fühlen. Dies wird zwar keine große Rolle in dem Fall spielen, aber wenn man es erkennt, so kann dies erklären, warum manche Kinder so hart wirken. Die Geringschätzung, die sie gegenüber denen verströmen, die sie hassen, die ihnen widersprechen, die in ihre Welt eindringen — ist so stark und kommt so plötzlich, daß sie ihre Verstandeskontrolle ausschalten, ohne nachzudenken.

Diese Intoleranz gegen Eindringen oder Widerspruch läßt sich als reine Reaktion betrachten. Stellen Sie sich für einen Augenblick eine Spiralfeder vor, die soweit zusammengedreht ist wie nur möglich, dann kommt ein kleiner Gegenstand und schlägt dagegen, und schnapp, die

Feder springt auf! Wenn sie die Emotionen des Kindes auf dieselbe Art sehen können, wird es einfacher sein zu verstehen, warum der geringste Widerspruch oder eine Berührung ein falsches Wort im falschen Moment — jedes dieser ‚Vergehen' — dieselbe Wirkung haben kann, als würde diesem zu Hochspannung aufgezwirbelten Kind eine Rakete entgegengeschleudert. Schnapp! Eine Salve von Raserei und Zorn, Tritten und Faustschlägen werden freigesetzt. Zu diesem Zeitpunkt läßt es sich nicht bremsen. Es hat auf Automatismus umgeschaltet und kann daher auf vernünftige Argumente nicht reagieren. Die Folgen zu berücksichtigen kommt für in diesem Augenblick nicht in Frage. Diese Art von Raserei kann auch ausbrechen, wenn ein Eindringen in seinen Schlaf stattfindet, wie etwa durch ein beliebiges Geräusch oder eine Berührung. Selbst der Morgen oder das Tageslicht, das in seinen Schlaf eindringt, können als anstößig aufgefaßt werden und eine Zornreaktion auslösen.

In dem Systemzyklus von *Stramonium* fasse ich Raserei, Tobsucht, Gewalttätigkeit und Kreischen als zu einem Segment gehörig zusammen; sie bilden meines Erachtens ein Element in der Schlaufe. Dafür habe ich die folgenden Rubriken nützlich gefunden: **GEMÜT; Reizbarkeit, wenn man angesprochen wird. GEMÜT; Reizbarkeit, morgens;** sowie **GEMÜT; Berührung, Abneigung gegen.** Ich denke, all diese passen zu dem Bild der straff aufgerollten Sprungfeder, die so leicht schnappen kann, und der jegliche Kontrolle über Impulse fehlen. *Stramonium* sollte als Nachtrag (mindestens zweiwertig) in die Rubrik **GEMÜT; Impulsiv** eingefügt werden.

Gewalt als Reaktion auf Angst

Wie im Kapitel über ***Angst*** und der Beschreibung des Zyklus erwähnt, gibt es Situationen, in denen ein Kind, das sich bedroht fühlt oder Angst hat, „sich ausklinken" wird. In diesen Situationen besteht kein wahres Bedürfnis nach Gewalttätigkeit oder Freude daran. Es ist eine instinktive

Reaktion. Das Gefühl der Bedrohung schießt über das Ziel hinaus in Form irgendeiner Art von Gewalt.

Dies findet man vielleicht sogar bei Kleinkindern, die ausrasten, schreien und sich losreißen wollen — alles aus Angst. Wenn sie älter werden, beginnen sie vielleicht zu kratzen oder zu beißen, wenn man sich ihnen nähert, aber dies geschieht nur aus Angst. Es ist eine automatische Verhaltensweise, die als ihr Mechanismus zur Bewältigung der Angst einsetzt, einer Angst, die sie überwältigt. Nach den Schlägen kann das Kind ebenso sehr als Opfer wirken wie die Person, die es geschlagen hat. Wenn es alt oder bewußt genug ist, wirkt es vielleicht verwirrt, weil es nicht begreift, warum andere über seine Handlungen schockiert sind. Vielleicht hat es das Gefühl, daß jeder Mensch, der einer Bedrohung ausgesetzt ist, sich in dieser Situation genauso verhalten hätte. Dieser Typus des *Stramonium*-Kindes wird zunehmend zurückgezogener und introvertierter werden. Da er weder sich noch die Welt kennt, fühlt er sich unter Menschen unbehaglich und kann schließlich in schwere Depressionen verfallen, was das nächste Segment des Zyklus darstellt.

Die Gewalt tritt manchmal als Reaktion auf eine unmittelbare Angst ein, aber kann auch aus einer vergangenen Angst entstehen. Der fünfjährige Tyler war gereizt, und zwar so stark gereizt, daß er ständig Dinge herumwarf oder andere schlug und trat. Dieses Verhalten begann mit einem länger zurückliegenden Schreckerlebnis, als er versehentlich einmal allein ins Badezimmer eingesperrt war. Zur selben Zeit entwickelte er Asthma, fing an Entwicklungsrückschritte zu machen und wurde bei allem übermäßig genau. All dies sind Symptome, die zm Arzneimittelbild von *Stramonium* gehören.

Gewalt als unbewußte Reaktion

Manchmal wird Gewalttätigkeit vorliegen, ohne daß sich das Kind auch nur im Geringsten dessen bewußt ist. In solchen Situationen ist die Gewalt nicht gegen Personen oder Gegenstände gerichtet, sondern ist eine Art ziellose Entleerung, eine Explosion destruktiver Energie. Die Art von Reaktion ist die Quintessenz dieses Segments. Am Ende dieser Explosion wirkt das Kind ebenso verspannt und geschlagen wie Personen in seiner Umgebung.

Ein anderes Beispiel von Gewalt ohne Bösartigkeit läßt sich bei manchen autistischen *Stramonium*-Kindern beobachten. Ich war früher der Meinung, daß Gewalttätigkeit ein Hauptcharakteristikum dieser Kinder sei, aber dies ist nicht der Fall. Gewiß habe ich autistische *Stramonium*-Kinder gesehen, die ein gewisses Maß an Gewalttätigkeit zeigten, doch in der Mehrheit der Fälle, wird dies nicht das im Vordergrund stehende Merkmal sein. Es sind eher die distanzierten, weit entfernten, autistischen Eigenschaften des Kindes — das Segment der Verschlossenheit/Leblosigkeit —, die hier auf *Stramonium* hinweisen.

In den meisten Fällen sieht man Gewalttätigkeit bei diesen Kinder nur, wenn man versucht, sie einzuschränken oder wenn sie aus irgendeinem Grund Angst bekommen. Hier ist das Um-sich-schlagen eher eine Verteidigungsreaktion, um sich zu schützen, als ein Ausdruck echter Gewalt. Die Wirkung jedoch kann auf den armen unvorbereiteten Eindringling dieselbe sein, der in ihre Welt eintritt und plötzlich angegriffen, heftig gekratzt oder gebissen wird.

Im Kapitel über Schlaf ist Gewalt ohne Bösartigkeit, wie man sie bei den nächtliche Panikanfälle sieht, ausführlich beschrieben. Während das Kind den Panikanfall erlebt, scheint es zwischen der unbewußten Welt und der bewußten Welt festzustecken. In diesem Zwischenzustand ist es sich seiner gegenwärtigen Situation nicht bewußt und kann sein Zimmer oder seine Eltern nicht richtig wahrnehmen noch irgend etwas sonst in seiner materiellen Umgebung. Dieses Verhalten indiziert, daß es wahrscheinlich einen Schreck erlebt, denn es schlägt um sich, reißt das Bettzeug auseinander oder schlägt, kratzt und tritt seine Eltern. Währenddessen tun diese alles, was ihnen möglich ist, um es zu beruhigen, aber in seiner Verwirrung scheint es das als Angriff aufzufassen. Diese Art der Verwirrung ist eines der Schlüsselmerkmale von *Stramonium*. Es ist ein fundamentales Segment, ein weiteres Element, das in den dynamischen

Zyklus der Störung dieses Arzneimittels paßt. Es ist die Natur dieser Segmente, ineinander überzufließen. Somit führen die nächtliche Panikanfälle in Verwirrung, und die Verwirrung löst die Furcht aus, die ihn veranlaßt, um sich zu schlagen.

In gewissem Sinne sehe ich die Art der Gewalt, die aus dem Unbewußten ausbricht, auf derselben Stufe wie alle neurologischen Entladungen, für die *Stramonium* so gut bekannt ist. Daher überrascht es mich nicht, wenn später in der Konsultation zur Sprache kommt, daß das Kind Krampfanfälle oder andere neurologische Störungen hat. Diese sind nur ein weiterer Ausdruck desselben Aspekts der Gewalt in dem Arzneimittel. Während eines Krampfanfalles fangen manchmal Kinder tatsächlich an, Möbelstücke zu zerstören und jeden, der in ihre Nähe kommt, zu kratzen und zu schlagen. Ähnlich wird ein Kind unter den Qualen einer Meningitis nicht realisieren, was es tut und anfangen, die Personen in seiner Umgebung zu beißen und zu kratzen. Beim Tourette-Syndrom werden Kinder, die *Stramonium* brauchen, ebenfalls unkontrollierbar um sich schlagen, manchmal ebenso sehr zu ihrem eigenen Kummer wie dem der Eltern.

Eine andere Art der Gewalttätigkeit, derer sich das Kind nicht bewußt ist, sieht man vielleicht bei Delirium als Begleiterscheinung von hohem Fieber oder während einer Infektion der oberen Atemwege. Vermutlich ist bei der Infektion ein Teil des Gehirns in Mitleidenschaft gezogen, wodurch das Kind nicht in der Lage ist, irgend etwas zu erkennen oder es um sein Leben fürchtet. Es wird wild, wälzt sich über das ganze Bett, schlägt mit dem Kopf gegen das Kissen, oder es schreit und brüllt und rennt herum auf der Suche nach einem Ausgang aus dem Labyrinth. Dasselbe Verhalten tritt manchmal während einer bakteriellen oder viralen Meningitis auf, während der manche Kinder aus Angst zu ihren Eltern laufen, und bei ihnen Schutz und Geborgenheit suchen. Aber es ist auch möglich, daß ein Kind niemanden erkennt, nicht einmal die eigenen Eltern, und wenn sie ins Zimmer kommen, um es zu beruhigen, wird es gewalttätig, tobt und schlägt um sich, weil es meint, vor ihnen fliehen zu müssen. In solchen Momenten kann ein kleines Kind großen Schaden anrichten und in Panik Gegenstände umherwerfen und zerstören. Dieses Beispiel illustriert die Dynamik des Segmentes der Überreaktion (Entzündung und Fieber), die zu Verwirrung der Wahrnehmung seiner selbst und der Wirklichkeit führt, was zu Angst führt und wiederum zurück in das Segment der heftigen Überreaktion.

Ich möchte betonen, daß eine Reihe von *Stramonium*-Kindern nur die unbewußt Form der Gewalttätigkeit zeigen, manchmal aber sickert die heftige Überreaktion mit der Zeit in andere Aspekte des Kindes durch und erzeugt nicht nur Rucken und Zuckungen und andere heftige körperliche Symptome, sondern verändert auch die Persönlichkeit. In diesem Stadium werden Sie eine bewußte Freude an Gewalttätigkeit sehen.

REAKTIVITÄT

Sensorische Integration/Motorisches Überfließen

Zwischen der bewußten und der unbewußten Gewalttätigkeit liegt eine Gewalttätigkeit, die das Ergebnis eines motorischen Überfließens und der darauf folgenden Verwirrung ist. Hier hat das Kind nicht nur unbewußt Entladungen, sondern wird außerdem durch zuviel sensorische Einflüsse verwirrt, die dazu führen, daß es reagiert, ohne zu denken, manchmal heftig. Andere Beispiele von motorischem Überfließen, wie etwa vom Stuhl fallen, sind in einem anderen Abschnitt über Konzentrationsstörungen besprochen, doch das Wesentliche ist hier die Frustration, die aus Verwirrung entsteht und verursacht, daß das Kind in eine heftige Überreaktion gleitet.

Eine andere Art, dies zu beschreiben, ist, daß das sensorisch/motorische Überfließen das Kind verwirrt, und diese Verwirrung trägt dazu bei, daß es die Motive anderer Leute fehlinterpretiert. Mit dem irrationalen Verhalten, das darauf folgt können besonders andere Kinder schwer umgehen. Kinder unter fünf Jahre können mit der Unberechenbarkeit anderer Kinder umgehen. Ältere Kinder jedoch werden ein solches Kind als Schläger oder Rüpel abstempeln. Sie realisieren nicht, daß er es nicht absichtlich tut, sondern eher aus einer Verwirrung, die ihn dazu veranlaßt, Bedrohungen zu sehen, wo keine Bedrohung vorlag, oder eine Beleidigung, wo diese nicht beabsichtigt war.

Eines Tages war der siebenjährige David sehr aufgebracht und verängstigt in der Schule, und er begann, von einer Gruppe zur anderen zu rennen. Niemand wußte genau, was die Aufregung ausgelöst hatte, aber als die Klasse in einen anderen Raum ging, schubste er das Kind, das vor ihm stand, um der erste in der Reihe zu sein. Es dauerte nicht lange, und die Situation eskalierte. Das Kind drehte sich um, um nicht zu fallen, aber David, in der Meinung, der andere habe sich umgedreht, um ihn zu schlagen, schubste das Kind noch fester. Die Lehrerin, die nach dem Grund forschte, fragte ihn, warum er das getan hätte. Aber David sagte nichts, sondern grinste bloß und versuchte, sich zu verstecken. Als die Lehrerin zu erklären versuchte, daß er warten müsse, bis er an der Reihe sei wie alle anderen auch, holte er aus und schlug sie. Sie nahm ihn, um ihn für eine begrenzte Zeit von der Gruppe zu entfernen, da begann er zu schreien und wild zu treten und zu schlagen. Daraufhin wurde er nach Hause gebracht. David verstand gar nichts. Es dauerte zwei Stunden, bis er formulieren konnte, was geschehen war. Alles begann als Fall von sensorischem Überfließen zuvieler Einflüsse. In seiner Erregung merkte er nicht einmal, daß er das andere Kind geschubst hatte; als das Kind sich nach ihm umdrehte, nahm er an, es wolle ihn schlagen. David handelte intuitiv, um sich zu schützen.

„Mit freier Spielzeit kann David überhaupt nicht umgehen. Für ihn geschehen zu viele verschiedene Dinge. An einem anderen Tag rannten mehrere Kinder nach draußen, und als er sie sah, rannte er schreiend hinterher: ‚Ich will raus!' Die Lehrerin erklärte, daß die anderen Kinder wieder hereinkommen müßten, weil es noch nicht Zeit für die Pause sei, aber er schrie weiter, ‚Ich will raus, ich will raus!' und schlug und trat dabei die ganze Zeit. Er beruhigte sich erst, als ihm schließlich erlaubt wurde, für eine Minute nach draußen zu gehen und kam dann wieder hinein." Er steckte in dieser einzelnen Idee fest und war unfähig irgend etwas anderes zu hören oder zu integrieren, bis er den festsitzenden Gedanken ausführen konnte.

Dieser Kindertypus scheint bei dem geringsten Streß zusammenzubrechen. „Immer wenn er etwas fallen läßt oder unfähig ist, irgendeine manuelle Tätigkeit auszuführen, wie die Schnürsenkel binden oder ein Spielzeug auf seinem Tisch zu bewegen, schreit und weint er. Er hat überhaupt keine Frustrationstoleranz. Aus diesem Grund schicken wir ihn morgens erst später in den Kindergarten, damit er das freie Spielen versäumt, die Zeit, in der diese Dinge am häufigsten passieren."

Dieses beharrliche Verhalten des Kindes ist ein Versuch, die Verwirrung zu begrenzen, die zu Gewalttätigkeit führen kann, denn wenn die anhaltende Tätigkeit unterbrochen oder das Ritual gebrochen wird, ist das Kind noch verwirrter. Von Verwirrung überwältigt kann es in einen Wutausbruch und schließlich in Gewalt flüchten. Eine Mutter sagte beispielsweise von ihrem sechsjährigen: „Philip war vier Jahre alt, als dieses Verhalten allmählich anfing. Eines Tages, während der Spielzeit, nahm ich ein Spielzeug und reichte es ihm, aber er warf es zu Boden und bekam einen Wutanfall. Er hatte immer Wutanfälle, mehrere am Tag. Damals dauerte es zwanzig Minuten, bis ich begriffen hatte, daß ich ihm nicht genau das Spielzeug gegeben hatte, das er haben wollte. Wenn ich während des Anfalls auch nur versuchte ihn zu berühren, kratzte und biß er mich sogar."

Manchmal nimmt das beharrliche Verhalten die Form von Zwangsvorstellungen über Gewalt und Waffen an. Zum Beispiel ein Kind, das von Schwertern und Gewehren besessen ist sowie den bösen Leuten, die sie benutzen, wird vermutlich alles, selbst eine Banane in ein Gewehr verwandeln und seine Geschwister damit jagen.

Andererseits kann das Kind, wenn Thematiken von sensorischer Integration an der Wurzel des Problems liegen, eine Identitätskrise entwikkeln, in der Gewalt eine Rolle spielt. Dies könnte beispielsweise geschehen, wenn das Kind in geringem Maße bezüglich seiner Umgebung verwirrt ist und nicht mehr in der Lage, einen Unterschied zwischen sich selbst und anderen zu sehen. Er wird die Handlungen von Personen nachahmen, die in der Nähe sind, und wenn die Person zufällig aggressiv ist, kann er ebenfalls aggressiv werden. Er übernimmt bereitwillig beliebige Verhaltensweisen, die er sieht. Dies kann auch bei autistischen Kinder vorkommen.

Wutanfälle

Ebenso wahrscheinlich wird ein Kind in Wutanfälle flüchten, wenn es sich überwältigt fühlt, und als Teil des Anfalles gewalttätig werden. Völlig unfähig, seine Gefühle zu begreifen, wirft es sich auf den Boden, tritt und schreit. Wenn die Eltern versuchen, in dieses Spinnennetz von gesteigerter neuraler Aktivität eintreten (eine gute Art sich das Segment der Überreaktion bildlich vorzustellen), wird das Kind instinktiv gewalttätig, tritt, kratzt und stößt mit Gewalt jeden fort, der sich ihm nähert. Manchmal wird es alle Gegenstände, die ihm in Reichweite sind, nehmen und herumwerfen.

Wenn das Kind älter wird, können die Wutanfälle in Tobsuchtsanfälle ausarten. Eine Mutter sagte: „Er versucht absichtlich, mir wehzutun. Er schlägt, beißt, kratzt, spuckt, bewirft mich mit Dingen oder reißt bei der geringsten Kleinigkeit seine Zimmereinrichtung auseinander. Besonders gern schlägt er mir mit der Faust ins Gesicht. Aber ich kann nicht sagen, ob er wirklich so sein will. Es scheint, daß er einfach so handelt. Ohne zu denken, fängt er einfach an zu schlagen. Aber nachdem der Anfall vorbei ist, weint er und will, daß ich ihn halte und daß ich ihn nicht verlasse. Er bettelt mitleiderregend, in meinem Bett schlafen zu dürfen." Drei Monate, nachdem er *Stramonium* 1M bekommen hatte, hörten die Verwirrung und Gewalttätigkeit auf, und er fing an, „aus seinem Schnekkenhaus herauszukommen und Freundschaften zu schließen."

Auf eine Art sind die Wutanfälle also eine Situation, in der die Psyche festgefahren und nicht in der Lage ist, Ereignisse zu verarbeiten. Das Kind will etwas und ist so darauf versteift, es zu bekommen, daß es, wenn dieses eine verweigert wird, unfähig ist, diese Information (die

Verweigerung) zu verarbeiten. Um seine Frustration loszuwerden, flüchtet es sich in einen Wutanfall, entweder um das, was ihm gesagt wurde, hinauszuzögern oder abzuweisen. Wer jemals diese Verhaltensweise beobachtet hat, wird erkennen, wie es in die Rubrik: **GEMÜT; widerspenstig, starrsinnig** paßt. Es gibt zwar andere Möglichkeiten, diese Rubrik zu verwenden, doch sie beschreibt auch derartige Situationen.

Die fünfjährige Sara bekam plötzlich Wutanfälle, bei denen sie im Gesicht rot anlief und nach dem brüllte, was sie wollte, hysterisch weinte und auf den Boden stampfte. Wenn sie jedoch bekam, was sie wollte, schrie sie weiter, „Nein! Nein!" Anscheinend wollte sie etwas anderes. Während dieser Episoden schlug Sara sich selbst an den Kopf oder die Schenkel oder auf jeden ein, der in ihre Nähe kam. Gleichzeitig traten auch nächtliche Panikanfälle auf. Jede Nacht kreischte sie, mußte beruhigt werden, und tagsüber entwickelte sie neue Ängste, vor Hunden und vor lauten Geräuschen. Wenn sie damit konfrontiert wurde, fing sie an zu schreien. Wenn jemand sie anbrüllte, brach sie zusammen und wurde hysterisch. Sara ist ein gutes Beispiel für ein Kind, das nicht alle Reize aus seiner Umwelt verarbeiten kann und somit Anfälle bekommt als Methode, unerwartete Situationen zu bewältigen.

FREUDE AM TERROR

Die Gewalttätigkeit kann zu einer Art Sucht werden. Einige wenige Kinder haben anscheinend Spaß daran, andere zu verletzen oder gewalttätig zu sein. Natürlich tritt dies unter verschiedenen Umständen auf und kann durch unterschiedliche Bedingungen gerechtfertigt sein, doch was auch immer die Ursache ist, das Verhalten ist dasselbe.

Der Polizist

Es gibt einen Kindertyp, den ich den ‚Polizist' nenne. Er mag Gewalttätigkeit und tut seinen Geschwistern jedesmal dann weh, wenn er den Eindruck hat, daß die Eltern ihnen böse sind. Dieses Verhalten ist bei anderen Arzneimitteln wie etwa *Hyoscyamus* und *Tuberculinum* häufiger, doch es kommt auch in diesem Arzneimittelbild vor. Wenn Sie bemerken, daß das Kind als Reaktion schlägt, sobald die Eltern zum Ausdruck bringen, daß ein Problem vorliegt, so kann dies bei der Differenzierung gegenüber *Stramonium* helfen. Der achtzehn Monate alte Tyrone zeigt diese Art von bestrafendem Verhalten. Er schlägt oder beißt seine vier und fünf Jahre alten Geschwister jedesmal, wenn seine Mutter sie anschreit. Ich konnte kaum glauben, daß dieser kleine Bursche soviel Schaden anrichtete, wie die Eltern sagten, aber als die Geschwister ins Sprechzimmer kamen und die Hemden auszogen, war ich schockiert beim Anblick der Bißnarben, die der kleine Mund auf dem ganzen Rükken hinterlassen hatte. „Er ist der Polizist der Familie. Wenn sein Bruder etwas tut, was uns aufregt, packt ihn Tyrone manchmal an der Brustwarze und dreht sie um. Dasselbe tut er mit Tieren. Er mag sie, aber wenn ein Tier etwas falsch macht, zieht er es an den Ohren." Bei diesem Kindertypus ist Moralität untrennbar verbunden mit Konsequenzen, und er wird gewissenhaft Strafe austeilen, wie er sie als gerecht empfindet.

Selbst in einem friedlichen Haushalt, in dem die Eltern bewußt die Einflüsse von den Greueln des Lebens fernhalten, kann man dennoch die Aggressionen von *Stramonium* sehen. „Eines Tages", so berichtet ein Vater, „gehe ich ins Kinderzimmer und sehe, wie Clinton seine kleine Schwester jagt. Anna schreit, und er knurrt und jagt sie mit einem Stock und versucht tatsächlich, ihr wehzutun. Dies war kein gewöhnliches Kinderspiel. Ich fragte, was gespielt würde und sagte, er solle damit aufhören. Er sagte, er sei Mr. McGregor und sie sei Peter Rabbit – das Häschen Peter –, und er wolle sie in einen Topf stecken." Der Junge hatte etwas Aggressives aufgegriffen und ein aggressives Verhalten entwickelt, indem er der Bösewicht in der Geschichte von Beatrix Potter wurde.

Zahlreiche Berichte von Eltern enthüllen ähnliche Geschichten. Selbst wenn man die Einflüsse ausgrenzt, was Eltern tun sollten, kann ein Kind dennoch von aggressiven Dingen fasziniert sein und anfangen, sie nachzuahmen, um seinen inneren Ängsten Luft zu machen und es dann als korrekt und fair zu deklarieren.

Ich denke, ein Grund, aus dem das Kind plötzlich Gewalttätigkeit zeigt, hat mit dem Bedürfnis zu tun, sich wichtig zu fühlen. Es ist nur ein wenig Arroganz nötig, um brutale Gerechtigkeit und grausame Rachsucht zu tolerieren. Wenn Hochmut als ein Hauptaspekt des Falles zum Vorschein kommt, wird es viel schwieriger sein, zwischen *Stramonium*, *Veratrum album*, *Tarantula hispanica*, *Hyoscyamus* und *Platinum* zu differenzieren.

Hyperaktivität mit schadenfrohem Lachen

Das hyperaktive *Stramonium*-Kind kann eine Kombination einiger der bereits erwähnten Eigenschaften an den Tag legen: schwache Kontrolle seiner Impulse, Überreaktion, Mangel an Bewußtsein seiner eigenen Handlungen und Liebe zur Gewalttätigkeit.

Die Geschichte von Bryan, einem dreijährigen Jungen, soll hier der Illustration dienen. Obgleich die Mutter des Kindes während der Konsultation viel Informationen liefern kann, erhält man die hilfreichsten Hinweise gewöhnlich durch einfache Beobachtungen des Kindes. Als Bryans Mutter und ich zu sprechen begannen, saß er auf ihrem Schoß und spielte mit einem grauen Stoffhund. Zu diesem Zeitpunkt hätte es jedes beliebige Arzneimittelbild sein können. Doch bereits nach einer Minute fängt auch er an zu sprechen, und seine Stimme wird zunehmend lauter und immer lauter, um die Unterhaltung der Erwachsenen zu übertönen. Offensichtlich redet er mit niemandem Bestimmtem, sieht nur zur Wand und brüllt in wahllosem Redeschwall über unsere lauter werdenden Stimmen hinweg. Dann konzentriert er sich auf ein Thema nach dem anderen und fängt an, sich darüber auszulassen. Dabei vermittelt er den

Eindruck, als ob die Unterhaltung der Erwachsenen keinerlei Bedeutung hat, oder, signifikanter noch, als fände sie gar nicht statt. Nun setzt etwas Ruhelosigkeit ein, und er beginnt, auf einem Ball vor- und zurück zu schaukeln, wobei er laut vor sich hinplappert und Fragen, die an ihn gerichtet werden, völlig ignoriert. Nach einer Weile fängt er an, etwas schneller zu schaukeln, spitzt angestrengt die Lippen und scheint in irgendein Projekt mit seinem Stoffhund vertieft. Schließlich gelingt es ihm, das Vorderbein abzureißen. Die Mutter greift ein: „Er liebt es, grausige Dinge wie diese zu tun!" Nach dieser zerstörerischen Handlung stößt er ein dämonisches Lachen aus, ein langgezogenes „Ahh, hah, hah, hah. Ahh hah hah hah hah hah hah," das er unzählige Male wiederholt, während seine Mutter versucht, das Bein wieder an den Hund zu bekommen. Während er lacht kann man an seinem verzerrten Grinsen und dem verschlagenen Ausdruck in den Augen sehen, daß er genau weiß, was er getan hat, als er den wehrlosen Hund auseinandergenommen hat.

Bald fängt er an, den Hund zu beißen und lacht dabei und stößt Laute von verderbtem Vergnügen aus. Er stöhnt: „Ahhhh," dann beißt er den Hund, und dann verfällt er wieder zurück in dieses Stöhnen: „Ahhhh." Nachdem er das mehrfach wiederholt hat, fängt er wieder an, vor- und zurückzuschaukeln und wendet dann abrupt die Aufmerksamkeit dem Stoffhund zu. Diesmal versucht er, ihm sowohl den Kopf als auch die Beine auszureißen.

Nun denke ich, das volle Ausmaß der Qualen gesehen zu haben, die er dem Hündchen zufügen könnte (und bin erleichtert, daß es nur ein Stofftier ist), aber in einer großartigen abschließenden Geste hält er es an seiner einzigen noch vorhandenen Pfote hoch und fängt an, es mit boshaftem Grinsen auf dem Gesicht auf schwindelerregende qualvolle Weise herumzuwirbeln. Es bedarf nur eines kleinen Schrittes sich vorzustellen, was er lebenden Tieren, Geschwistern, Eltern, Freunden und fremden Personen antun kann.

Bei der Betrachtung dieses Verhaltens und des verschlagenen Ausdrucks in seinem Gesicht wird mir klar, daß er bewußt versucht, die Konsultation zu stören, doch nicht ganz so offensichtlich, wie es *Tuber-*

culinum, *Veratrum album, Tarantula hispanica* oder *Lachesis* tun würden.

Mittlerweile hat die entnervte Mutter dem Hund die Beine wieder eingesetzt, aber Bryan, unerschütterlich, reißt sie mit seinem diabolischen Lachen gleich wieder ab und fängt wieder an, sich zu wiegen. Er schaukelt die ganze Konsultation hindurch, manchmal so stark, daß die Mutter den Stuhl festhalten muß. Er will eindeutig entfliehen, und nur ihr Griff hindert ihn daran. Er kämpft und protestiert, gibt dann nach, protestiert erneut, gibt wieder nach und bekommt schließlich einen Wutanfall.

Die Mutter versucht, so ruhig wie möglich die Konsultation fortzusetzen. „Wir haben allerhand Verhaltensprobleme mit diesem Jungen. Er ist unruhig. Er setzt sich nicht gern hin zum Essen, läuft dabei lieber herum. Er ist sehr boshaft. Ich glaube, er provoziert andere Leute gern und tut Dinge, die er nicht sollte. Manchmal umarmt er uns, aber bald danach boxt er uns oder schubst andere Kinder und fängt dann an zu lachen.

Seine äußere Schale besitzt keine Schokoladenseite. In Läden ist er immer destruktiv. Es ist, als gäbe es außen ein Ungeheuer mit einem lieben kleinen Jungen darunter. Ganz gleich, wieviel Mühe wir uns geben, das Ungeheuer wächst, und der liebe Junge schrumpft. Das Ungeheuer übernimmt die Herrschaft. Uns graut davor, mit anderen Leuten auszugehen. Er spielt total verrückt. Am Ende müssen wir ihn immer jagen und festhalten. So sehen unsere Ausgeh-Abende aus."

Während der Konsultation erlebe ich ihn als widerspenstig und trotzig. Immer wenn seine Mutter sagt: „Sei still, ich kann mich nicht konzentrieren", wird er lauter. Sie berichtet, wenn sie ihm sagt, daß er nichts tun soll, was anderen wehtut, wird er es sofort tun. In der Praxis losgelassen, rennt er herum und greift freudig nach allem, was er zu fassen bekommt. Er zappelt ständig, und als er festgehalten wird, sieht er die Pflanzen, zeigt auf sie und plappert laut. All das ist vermischt mit kehligem Lachen.

Er versucht unablässig, vom Stuhl zu herunterzusteigen, und wenn seine Mutter ihn festhält, tritt und beißt er sie und schreit wie besessen.

Im Verlauf der Konsultation muß sie ihn zunehmend fester halten und sagt immer wieder: „Beruhige dich, beruhige dich."

Sobald die Mutter ihren Griff lockert, schießt er los, um an den Computer zu gelangen, dann rennt er zurück und schaukelt auf dem Stuhl, dann rast er zum Blumentopf und zerfetzt die Pflanze, dann zurück zum Stuhl zum Schaukeln. Das Kind ist völlig außer Kontrolle.

Als sie sich zum Gehen wenden, dreht er voll auf, berührt alles, greift sich an die Genitalien, wirft Papier und Bücher zu Boden, bewegt sich immer schneller, wie ein Tornado, der alles vernichtet, was ihm in den Weg kommt — dabei lacht er sein grauenhaftes Lachen und läßt die Handgelenke baumeln wie eine Gottesanbeterin (= eine Insektenart).

Die Destruktivität hat im Laufe der Jahre stark zugenommen. Anfangs hat er nur seine Stofftiere auseinandergerissen, jetzt zerstört er jedes Spielzeug. Ja, alles, was seine Aufmerksamkeit erregt, wird irgendwann zerstört. Das Funktelefon mußte bereits mehrfach ersetzt werden, ebenso der Videorecorder und der Fernseher. Alle Pflanzen im Haus haben Amputationen erlitten. Und während der Vater dies beschreibt, amputiert der Junge erneut, wie zur Bestätigung, mit Begeisterung die Pfoten des Hundes, schleudert sie durch den Raum und lacht dabei sein kehliges Lachen. Dies ist zwar ein ziemlich extremer Fall von Hyperaktivität bei *Stramonium*, aber es lohnt sich, ihn genau zu studieren, weil er alle Zutaten enthält, auf die ich hinweisen wollte. Bryans Geschichte illustriert, wie Ruhelosigkeit, Gewalttätigkeit, Destruktivität, Dramatisierung alles verschiedene Beispiel desselben fundamentalen Segmentes sind. In gewissem Maße sind sie austauschbar.

Viele Kinder haben diese hyperaktiven Neigungen, manchmal begleitet von explosiver und reaktiver Gewalttätigkeit. Der sechsjährige Juan ist ein solches Kind. Seine Mutter klagt, daß er wild ist. Wenn sie versucht, Grenzen zu setzen oder ihn auf irgendeine Weise einzuschränken, boxt er sie in die Genitalien. Wenn er in Rage gerät, lassen sein Verhalten und Aussehen an einen Zustand von Besessenheit denken. Wenn der wilde Ausdruck in sein Gesicht kommt, werden seine Pupillen weiter, und sein Gesicht und die Ohren werden rot. Er wird sehr aggressiv, tritt und schlägt seine Eltern, spuckt sie an oder würgt verschiedene Familienmitglieder. Seine Eltern sind erschrocken über diese Angriffe. Bestenfalls ist er unbeherrscht und gerät außer Kontrolle.

Manchmal wird er aus purer Freude an der Gewalt gewalttätig, als eine Art Nebenprodukt der Hyperaktivität, wie bei *Hyoscyamus*. In solchen Fällen sagt die Mutter: „Er ist ein Angeber gegenüber anderen Kinder, schubst kleinere Kinder immer herum, nur um Aufmerksamkeit zu bekommen. Das macht ihm Spaß."

Das Endresultat

Je tiefer das Kind in die Welt der Gewalt gezogen wird, umso weniger ist es in der Lage, die Regeln und Moralvorstellungen zu begreifen, die normales Verhalten ausmachen. Er hat Freude an Gewalt in jeder Form. Er fühlt sich davon angezogen in Büchern, Filmen, im Fernsehen. Er wird gewalttätig aus reiner Freude an der Gewalt, es macht ihm Spaß, die Personen in seiner Umgebung zu quälen. Seine Freude hat einen Zug von Arroganz, aber nicht so stark wie bei *Tarantula hispanica* oder *Hyoscyamus*. Wegen seiner Geringschätzung gegenüber anderen fühlt er sich befugt, allen gegenüber ungehorsam zu sein, besonders seiner Mutter gegenüber, und er mißhandelt andere ohne Furcht vor Bestrafung. Ein guter Aspekt zur Differenzierung ist der, daß das *Hyoscyamus*-Kind seine Gewalt auf das nächstjüngere Kind in der Familie richtet, während *Stramonium* allen gegenüber gewalttätig ist. Doch das ist nicht der normale *Stramonium*-Zustand; es ist eher ungewöhnlich, eine so tiefe pathologische Ebene zu sehen. Wenn das Kind noch in den frühen Phasen steckt, ist es die Gewalttätigkeit nur ein Schutzmechanismus, später nur als Impuls, aber mit der Zeit fängt es an, absichtlich gewalttätig zu werden. Es ist die einfachere Lösung. Er kann sich dann in der Gewalt suhlen, davon träumen, darüber schreiben, grauenvolle Bilder malen und Gewalttaten ausführen.

Beobachtung der Freude an Gewalt

Die Freude an Gewalt sieht man vielleicht am Gesichtsausdruck des Kindes oder daran, wie es von Gewalt spricht oder darauf reagiert. In einer Unterhaltung mit dem achtjährigen Max fragte ich: „Was tust du, wenn jemand deine Gefühle verletzt?" Er antwortete: „Ich spring ihm auf die Knochen... Ich kämpfe gerne... ich mag Boxkämpfe." Sein Vergnügen wurde im Gesichtsausdruck offensichtlich, wenn er Gewaltszenen in Filmen sah oder gewalttätige Spiele spielte, bei denen alles zu einer tödlichen Waffe wurde, selbst ein Stück Brot oder seine Schuhe.

Als seine Mutter gefragt wurde, was sie an Max am meisten störte, sagte sie: „Er blamiert mich in der Öffentlichkeit. Er hört nicht auf mich und ist anderen Kinder gegenüber richtig boshaft." Ein Beispiel dieser Boshaftigkeit war sein absichtlicher Versuch, ein Baby aus dem Kinderwagen zu werfen. In meiner Praxis schleuderte er die Bücher, die auf meinem Schreibtisch lagen, gegen die Wand und bohrte seiner Mutter einen Stift in den Arm. Dies sind nur einige Beispiel für sein haarsträubendes Verhalten.

Man kann oft abschätzen, ob ein Kind in dieser Phase ist, indem man das dämonische Grinsen auf seinem Gesicht oder das boshafte Lachen hört, das ausbricht, während es darum kämpft, dem festen Griff seiner Eltern zu entkommen. Er genießt offenbar sein eigenes Verhalten. Gewalttätigkeit kommt auch in den Bildern zum Ausdruck, die diese Kinder malen oder in der Art, wie sie ihr Spielzeug zerstören und in Waffen verwandeln. Selbst ihre Kleidung und Wortwahl (Kraftworte) kann Dunkelheit und Böses zum Ausdruck bringen.

Gegen sich selbst gerichtete Gewalt

Stramonium-Kinder können die Gewalt auch gegen sich selbst richten, während sie auf das nächste Segment zustreben, das Element des sich Verschließens. Manchmal bricht die Kraft reiner Emotion als impulsive

Handlungen gegen andere aus, kann aber ebenso schnell in selbstzerstörerische Neigungen führen. Kinder beliebigen Alters, mit einem Monat oder acht Jahren, können heftigste Wutanfälle bekommen, wenn sie ihren Willen nicht durchsetzen können oder wenn sie hungrig oder müde sind. Dies kann aus rein widerspenstigem Verhalten entstehen. In dieser Stimmung kann sich ein Kind gegen sich selbst richten, mit dem Kopf gegen den Fußboden schlagen, sich das Gesicht zerkratzen, die Haut verletzen oder den Kopf mit den Fäusten schlagen. Er kann sich sogar mit einem Stift durch die Hose und ins Bein stechen, wie es *Hydrophobinum* tut. Und dennoch weint er wie ein kleines Kind, das er ja tatsächlich ist, wenn er ermahnt wird.

Ebenso wie Kinder manchmal aus Frustration Umstehende schlagen, so können sie die Gewalttätigkeit gegen sich selbst richten, wenn sie frustriert oder zornig sind oder wenn man ihnen widerspricht. Die vierjährige Allison gerät in Rage, wenn sie ihren Willen nicht durchsetzen kann, tritt und boxt andere, schlägt aber auch sich selbst fest an den Kopf. Sie kann anderen Kinder gegenüber boshaft sein, ist aber so lieb wie nur möglich zu Katzen.

Wenn diese Kinder zu Jugendlichen heranwachsen, wird die Gewalttätigkeit kontrollierter, stärker unterdrückter. Sie empfinden noch immer den Zorn im Innern, aber sie behalten ihn bei sich. In diesem Zusammenhang scheint eine Furcht vor Konfrontation am Werk zu sein, verbunden mit einem Gefühl, daß es ihr Fehler ist, daß etwas mit ihnen nicht stimmt, und dadurch fühlen sie sich isoliert.

Manchmal werden sie sich über sich selbst aufregen, weil sie nicht erreichen können, was sie sich vorgestellt haben. Dies kann einen Wutanfall auslösen, bei dem sie das zerstören, woran sie gearbeitet haben. Und vielleicht belassen sie es nicht dabei. Manchmal stampfen sie so heftig auf den Boden, daß es ihnen selbst wehtut, oder sie zerreißen ihre Kleider, oder, seltener, reißen sich büschelweise die Haare aus.

Diese Gewalttätigkeit, die sie sich selbst zufügen, entsteht häufig durch ein übererregtes Nervensystem. Zuerst kann der einzige Hinweis die Art und Weise sein, wie das Kind an seinem Ekzem kratzt. Später fängt es vielleicht an, sich die Nägel abzukauen. Zu anderer Zeit kann es sich selbst Verletzung in der Mitte eines Wutanfalls zufügen. Mit zunehmendem Verlauf der Pathologie fängt es an, sich absichtlich den Kopf anzuschlagen. Schließlich fügt es sich Schnittwunden mit Rasierklingen zu oder sagt, daß es am liebsten tot wäre.

Nach dem Arzneimittel

Nach dem Arzneimittel verringert sich das Bedürfnis nach Gewalttätigkeit und ist kein Thema mehr. Dies läßt sich auf unterschiedliche Art beobachten. Die Impulse lassen sich besser kontrollieren, das Kind beginnt die möglichen Folgen seiner Handlungen zu begreifen, und es muß sich bei Gemeinschaftsspielen nicht mehr durch gewalttätige Angeberei hervortun.

Dies traf bei dem vierjährigen Ryan zu, der hyperaktiv und boshaft war und gern anderen wehtat, besonders gern seinem Vater, den er haßte. Nach dem Arzneimittel war er glücklicher und zeigte einen besseren Umgang mit Geschwistern und Klassenkameraden, doch ganz besonders mit seinem Vater. Als sie in die Praxis kamen, dankten sie mir sofort überschwenglich. „Seit dem Arzneimittel ist er ein anderer Junge. Er ist seinem Vater gegenüber viel liebevoller. Er will sogar, daß er ihn küßt. Eine wirklich bemerkenswerte Veränderung in seinem Temperament! Er ist freundlich und ruhig, und es macht viel mehr Spaß, ihn um sich zu haben. Er geht zu seinem Vater, umarmt ihn und sagt ‚Ich hab dich lieb.' Er kommt sogar morgens aus dem Bett gelaufen, damit er seinen Vater zum Abschied umarmen kann, bevor dieser zur Arbeit geht. Es ist jetzt so angenehm, ihn um sich zu haben, und er ist gehorsamer als jemals zuvor. Er tut fast alles, worum man ihn bittet."

Diese Veränderung trat jedoch nicht über Nacht ein. Mehrere Monate nach dem Arzneimittel konnte er noch immer nicht eine ganze Mahlzeit hindurch am Tisch sitzen. Wieder vergingen mehrere Monate, bis seine Hyperaktivität beträchtlich zurückgegangen war. Dies lag mehrere Jahre zurück, und heute ist sein Verhalten gegenüber seinen Eltern, besonders gegenüber seinem Vater, nach wie vor großartig.

Nach dem Arzneimittel sagen die Eltern oft, daß ihr Kind zärtlicher geworden sei, sanfter, liebevoller. „Nur einmal nach dem Arzneimittel hat er eine seiner Gewaltszenen gespielt, hat Kleiderbügel genommen, und gespielt, es seien Gewehre. Eine riesige Besserung! Es ist, als sei das süße Kind abgeschaltet gewesen und nun wieder angeschaltet worden. Er will sogar wieder lesen und zeichnen. Und welch eine Veränderung bei seinen Bildern! Früher malte er häufig Ungeheuer, Gespenster, Teufel, und Wehrwölfe, aber jetzt zeichnet er die Familie oder Naturszenen.

„Nach dem Arzneimittel hat die Gewalttätigkeit aufgehört. Er ist sanfter, vorsichtiger, nicht mehr suizidal wie vorher. Er ist aus seinem Schneckenhaus herausgekommen und spielt besser mit anderen Kinder, ist nicht mehr boshaft zu ihnen, beißt und schlägt sie nicht mehr. Er ist weniger lebhaft und zornig, insgesamt gemäßigter."

Ich glaube es ist wichtig, hier eine Bemerkung zur Fallbegleitung für Homöopathen anzufügen. Manche Kinder, die Sie sehen, werden zwischen zwei Arzneimittel fallen, und Sie werden zwischen den beiden zu entscheiden haben. Ein häufiges Dilemma dieser Art ist die Wahl zwischen *Stramonium* und *Medorrhinum*. Dies habe ich kurz in der Einführung angesprochen, doch es soll ausführlicher in meinem Buch über Hyperaktivität behandelt werden. Nur einen Gesichtspunkt will ich hier erwähnen. Es ist wichtig, daß Sie die schwereren Symptome zuerst behandeln. Dies wird gewöhnlich die obere Schicht sein. Zumal *Stramonium* den intensiveren Zustand der beiden Mittel hat, wenn beide gleichermaßen indiziert erscheinen, geben Sie zuerst *Stramonium*. Meiner Erfahrung nach verbessert sich der allgemeine Gesundheitszustand des Kindes, wenn *Medorrhinum* zuerst gegeben wird, aber die Gewalttätigkeit nimmt zu. Es hat vielleicht weniger Husten und Erkältungen, aber schreit jetzt viel, ist aggressiv geworden und schlägt andere Kinder. Dieses Verhalten ist ein klares Zeichen dafür, daß die Arzneimittel in falscher Reihenfolge gegeben worden sind.

Wenn dies geschehen ist, ***warten Sie nicht*** auf den nächsten Praxisbesuch oder auf das Ende der Wirkung von *Medorrhinum*. Verschreiben Sie *Stramonium* sofort, um die Gewaltausbrüche zu verringern. Geben Sie später *Medorrhinum* zum angemessenen Zeitpunkt. Dasselbe gilt, wenn Sie ein beliebiges falsches Arzneimittel gegeben haben. Sagen wir, ein *Stramonium*-Kind hat versehentlich *Lycopodium* oder *Sulfur* oder *Calcarea phosphorica* bekommen. Einige seiner Symptome bessern sich, aber das Kind wird wahrscheinlich etwas Gewalt oder Ängste oder andere Symptome entwickeln, die den Zustand, in dem es sich befindet, verstärken. Dies sollte ein Hinweis darauf sein, daß eine Unterdrückung stattgefunden hat. Wenn dies geschehen ist, werden die *Stramonium*-Symptome klarer, übertriebener. Dann sollte *Stramonium* gegeben werden, und die Symptome werden bald darauf verschwinden.

Das Element der Aufmerksamkeitsstörungen

Einführung

Hyperaktivität und/oder Aufmerksamkeitsstörungen sind heutzutage eine verbreitete Beschwerde, an der eine wachsende Anzahl von Kindern leiden. Dieses Kapitel konzentriert sich auf einige der Verhaltensweisen, die man häufig bei diesen Kinder sieht und behandelt die verschiedenen Ursachen, die sich hinter der Hyperaktivität und Unaufmerksamkeit verbergen. Eine gründlichere Beschreibung der Behandlung wird in meinem neuen Buch zu diesem Thema folgen. An dieser Stelle kann ich nur soviel sagen: Es gibt kein einheitliches typisches Bild. Manche der Kinder, bei denen Aufmerksamkeitsstörungen diagnostiziert wurden, sind hyperaktiv, andere nicht. Manche sind aggressiv und gewalttätig oder haben einen Mangel an Impulskontrolle, andere haben nichts von alledem. Bei manchen sieht man geistige Schwerfälligkeit oder Antriebslosigkeit, aber es können auch Tics oder Krampfanfälle auftreten. All diese Symptome können in beliebiger Kombination vorkommen, wie wir bei den Kinder sehen können, die wir in diesem Kapitel kennenlernen.

Ruhelosigkeit/Hyperaktivität

Die Ruhelosigkeit bzw. Hyperaktivität, die man so häufig bei *Stramonium* antrifft, ist, so glaube ich, Teil einer allgemeinen Übererregung des Nervensystems und gehört zu dem Segment der heftigen Überreaktion. In den Frühstadien findet es ein Ventil in einfacher Ruhelosigkeit, drückt sich aber später durch impulsive Handlungen, Gewalttätigkeit, Raserei oder Krampfanfälle aus. Zunächst jedoch wird nur die Ruhelosigkeit sichtbar. Der Bewegungsdrang wird wahrscheinlich durch ein übererregtes Nervensystem verursacht. Dies würde erklären, warum sich der

Zustand des Kindes so leicht durch jede Art von Erregung verschlimmert. Wenn außerdem das Nervensystem über ein bestimmtes Maß hinaus überlastet ist, geht die Erregung über bloße Ruhelosigkeit hinaus und erzeugt milde neurologische Zeichen wie Tics, Grimassen und unwillkürliche Handbewegungen. Es scheint, daß die Tics, Grimassen und Handbewegungen mit zunehmender Erregung zunehmen.

Man kann sich leicht vorstellen, warum auch ein ständiger Angstzustand zu Ruhelosigkeit führt. Diese Reaktion ist vielleicht nur ein Fluchtaspekt des ‚Flucht-oder-Kampf'-Syndroms. Das Kind fühlt sich ruhelos und will fliehen. Nach einer Weile erzeugt die Ruhelosigkeit einen Schneeballeffekt, und dann zeigt es Anzeichen davon, daß es nicht in der Lage ist, sich auf das zu konzentrieren, was um es her vorgeht.

Ruhelosigkeit sieht man vielleicht auch bei einem Säugling, der nicht schläft, sondern sich die ganze Nacht lang dreht und wälzt, oder bei einem Kleinkind, das nichts lieber mag als aus seinem Bett oder Laufstall zu klettern und über das gesamte Mobiliar krabbelt. Es kommt nie zu Ruhe, und die erschöpfte Mutter, muß es ständig beobachten, um Unfälle zu verhüten. Sie berichtet vielleicht auch, daß sie spürt, wie sich seine Muskeln verspannen, wenn sie es einmal festhalten muß. Der Körper kann rigide werden, als warte das Kind nur darauf, losgelassen zu werden, damit es wieder herumrasen kann.

Wenn das *Stramonium*-Kind in die Schule kommt, kann es selten gute Leistungen erzielen, weil es so extrem unruhig ist. Es kann für eine kurze Zeit an seinem Tisch sitzen und ruhig arbeiten, aber sobald die Ruhelosigkeit sich einschleicht, verliert es rasch das Interesse an dem, was es gerade tut und springt immer wieder hoch. Vielleicht versucht es sogar, im Stehen oder in Bewegung die Aufgabe zu Ende zu führen. Es zappelt und muß alles anfassen, ebenso wie *Veratrum album* und *Tarantula hispanica*. Wegen seines störenden Verhaltens muß es vielleicht in der Nähe des Lehrerpultes und damit unter der unmittelbaren Aufsicht des Lehrers sitzen oder wird auf andere Art eingeschränkt. Langfristig wird sein Verhalten zum zentralen Thema häufiger Eltern/Lehrer-Besprechungen.

Eine Mutter sagte: „Er ißt und trinkt in Eile und rennt dann fort, um zu spielen. So geht er mit allem um. Er ist immer auf Achse. Er rast in sein Zimmer, kommt wieder herausgerast, rennt dabei seine Schwester um, die fängt an zu weinen, aber er rennt weiter, als hätte er nicht einmal gemerkt, daß es irgendein Problem gibt. Morgens fliegt er aus dem Bett und rast mit Vollgas durch den Tag, bis ihn die Nacht überholt."

Für ein solches Kind gibt es Tag und Nacht keine Ruhe. Selbst im Bett dreht und wälzt es sich herum, knirscht mit den Zähnen und wirft sich von einer Seite auf die andere. Es gibt keine Unterbrechung, keine Ruhepause, keine Erholung. Es kann sogar sein, daß das Kind die Aktivität durch Schlafwandeln aufrechterhält. Es ist, als würden seine Nerven ständig den Befehl geben: Los! Los! Los!

Wie zu erwarten, verschlimmern aufregende Ereignisse die Ruhelosigkeit dieser Kinder um ein Vielfaches. Immer wenn Gäste oder neue Kinder in das Haus kommen, sind sie außer Rand und Band, verlieren jede Kontrolle, rennen herum, werfen Dinge durchs Haus. Immer wenn die Familie sich für eine besondere Gelegenheit oder zum Ausgehen bereitmacht, wird das Kind immer wilder, springt herum, schneidet Grimassen, macht Späße und kreischt. Offensichtlich hält es sich selbst dabei für sehr lustig.

Eine Mutter berichtete: „Wenn wir einen Ort verlassen, an dem er sich gern aufhält, wird er sehr aufgedreht und fängt an, sich daneben zu benehmen. Er rennt herum und brüllt, schneidet Grimassen, hat Zuckungen. Wenn ich ihn festhalte, bekommt er sofort einen Wutanfall. In diesem Zustand scheint es, als sei ihm mit Vernunft nicht beizukommen. Er will einfach das, was er will, und zwar sofort."

Die Ruhelosigkeit von *Stramonium* ist manchmal nur ziellos — Herumrennen, Lachen und Albern ohne ersichtlichen Grund. Oder sie kann ziellos und destruktiv sein. In solchen Fällen kann das Kind im Vorbeirennen Bücher aus den Regalen herausreißen, Vorhänge herunterzerren, Bilder von den Wänden schlagen. Aber dies geschieht nicht aus Boshaftigkeit.

Manchmal ist das Kind mit Absicht ruhelos, rennt absichtlich vor den Eltern davon, schießt los, um etwas zu holen oder etwas zu tun, das ihm nicht erlaubt ist. Die Tatsache, daß es über die Straße rennt und die Mutter aus vollem Hals schreit „BLEIB STEHEN!", scheint überhaupt nicht zu ihm vorzudringen. Er rennt mit Leib und Seele, völlig versunken in seine eigene Welt. Wenn seine Mutter versucht, ihr Kind aufzuhalten oder die Ruhelosigkeit einzuschränken oder das Kind auf irgendeine Weise zu behindern, kann es zornig oder gewalttätig werden, und es kämpft erst, um ihrem Griff zu entkommen. Nach einer Weile tritt und schlägt es oder bricht weinend zusammen. Ich betrachte die Ruhelosigkeit, den Zorn, die Gewalttätigkeit und die Weinkrämpfe alle als unterschiedliche Ausdrucksformen des Segmentes der Überreaktion.

Die vierjährige Ruthie bietet ein Beispiel für absichtliche destruktive Hyperaktivität. Die ganze Zeit über während der Konsultation mußte die Mutter sie auf dem Schoß festhalten. Erst wand sich das Kind ein wenig, schien aber glücklich. Nach einigen Minuten jedoch zeigte sie deutlich, daß sie ‚raus wollte', und vom Stuhl herunter. Aber die Mutter hielt sie fest. Unbeeindruckt fing Ruth an zu zerren und zu schieben, zu weinen und zu schreien und versuchte schließlich die Mutter zu schlagen. Als all das nichts nützte, bekam sie einen Wutanfall. An dieser Stelle sagte ihre Mutter: „Wenn sie ihren Willen nicht bekommt, verhält sich Ruthie wie ein wildes Tier." [Und sie spuckte tatsächlich ihre Mutter an] „Wenn ich aber zuließe, daß sie macht, was sie will, wäre Ihre ganze Praxis ein Schlachtfeld."

Als sich Ruthie schließlich freigekämpft hatte, zeigte, sie, daß ihre Mutter recht behalten sollte. Erst riß sie die Papiere von meinem Schreibtisch, dann warf sie meinen Kartenständer auf den Boden und führte dann ihre Mutter zu einer fröhlichen Treibjagd in der Praxis herum. Die ganze Zeit über lachte sie dabei ein seltsames Lachen.

Aggression

Gewalttätigkeit ist eine Gewohnheit, in die das *Stramonium*-Kind leicht verfallen kann. Bei manchen wird sie phasenweise auftreten, bei anderen mit einer gewissen Regelmäßigkeit. Das hyperaktive *Stramonium*-Kind kann sich aus einer Reihe von Gründen aggressiv verhalten: schlechte Kontrolle der Impulse, Reaktivität, oder das Kind ist sich seiner Handlungen nicht bewußt und/oder liebt einfach Gewalt.

Ein Kind mit schlechter Impulskontrolle reagiert unmittelbar auf die Wahrnehmung einer Beleidigung, entweder indem es schlägt, tritt und kratzt oder indem es Gegenstände zerstört. Weil so viele Ereignisse von ihm als Beleidigungen oder Verletzung interpretiert werden, finden solche Verhaltensweisen regelmäßig statt.

Manchmal nimmt ein Junge ein Spielzeug, ohne zu merken, daß seine Schwester gerade damit spielt. Wenn sie protestiert, kann er als Reaktion zuschlagen und ist sich überhaupt nicht bewußt, daß er derjenige ist, der im Unrecht war. Diese Art der Reaktion sieht man auch bei den Kindern, wenn Spielkameraden auf ihre unbewußte Handlung in einer Art reagieren, die sie als feindselig interpretieren.

Gewalt kommt bei Kindern mit Aufmerksamkeitsstörungen häufig vor. Das Problem besteht zum Teil darin, daß der Mangel an Aufmerksamkeit das Kind daran hindert, seine Umgebung zu begreifen oder zu wissen, was von ihm erwartet wird. Wenn es durch etwas überrascht wird, schlägt es daher um sich.

Es gibt noch andere hyperaktive Kinder, die Aggressionen aus reiner Freude ausüben. Zu Anfang ist die Gewalt nur ein Nebenprodukt der Hyperaktivität, später fängt das Kind an, die Zuwendung zu genießen, die es dadurch erfährt, wie dies bei *Hyoscyamus* der Fall ist.

Gewalt kann auch einfach deshalb ausbrechen, weil das Kind nicht bekommt, was es will, wie in Ruthies Fall. Sie hatte eindeutig eine destruktive Neigung und wurde gewalttätig, als sie daran gehindert wurde. Aber es gibt andere mögliche Szenarien. Zum Beispiel kann ein Kind so sehr darauf eingestellt sein, auf dem Spielplatz zu spielen, daß es gewalttätig wird, wenn es dabei unterbrochen wird. Daraus ergibt sich häufig ein Tauziehen, bis die Eltern es schließlich aufheben und das schreiende und strampelnde Kind zum Auto tragen müssen.

Bei solchen Kinder spielt sich dieser Machtkampf täglich ab. Das Kind stellt sich zu stark auf ein Thema oder einen Wunsch ein und wird oft erst einmal zu verhandeln versuchen, um seinen Willen durchzusetzen. Zu diesem Zeitpunkt sind die Eltern sehr in Versuchung nachzugeben. Sie wissen, daß das Kind nicht verrückt spielen und durchs ganze Haus springen wird, solange es sein Videospiel spielen oder den Film sehen kann, den es mag, und so wählen sie häufig den Weg des geringste Widerstandes und geben nach. Aber es gibt Zeiten, in denen die Eltern aus verschiedenen Gründen den Wünschen des Kindes nicht nachgeben können, und zu solchen Zeiten wird das Kind gewalttätig.

Viele Kinder, bei denen Aufmerksamkeitsstörungen diagnostiziert wurden, haben ein Problem mit dem Überfließen motorischer Reize, was sie dazu veranlaßt, sich in den Reizen zu verfangen, die auf sie einströmen. Ein sehr geräuschempfindliches Kind wird in einer lauten Umgebung ein Drama veranstalten. Es wird erst immer unruhiger, und dann beginnt es, zum Störenfried zu werden. Zu viele Menschen können das Kind auch verrückt machen, so daß es anfängt, hyperaktiv zu werden oder sich albern zu benehmen.

Unnachgiebiges/Beharrliches Wiederholungsverhalten

Ein Aspekt von Konzentrationsstörungen ist, daß das Kind nicht bei einer Sache bleiben kann, und das führt zu Wiederholungshandlungen. Das Problem liegt anscheinend nicht darin, daß sie sich nicht konzentrieren können, sondern daß es ihnen nicht gelingt, die Konzentrationsfähigkeit zu beherrschen. Bei ein und demselben Kind kann ein Wechsel zwischen Konzentrationsmangel und übertriebener Konzentration stattfinden. Dies erklärt, warum das Kind einmal mit guten Noten und an einem anderen Tag mit schlechten Zensuren nach Hause kommt.

Unaufmerksames Verhalten kann mit der Zeit zu Ritualverhalten oder beharrlichem Wiederholen führen (dieselbe Handlung wird unzählige Male wiederholt). Die Unaufmerksamkeit signalisiert eine Unfähigkeit, sich zu konzentrieren, und in diesem Stadium kann sich das Kind in Tagträumen ergehen, aber dasselbe Kind kann sich zeitweilig so stark innerlich sammeln und konzentrieren, daß es zur Monomanie ausartet. Es erträgt nicht die geringste Behinderung oder Unterbrechung. Wenn die Eltern es zu dem Zeitpunkt bitten, irgend etwas zu tun oder nicht zu tun, oder mit ihnen irgendwohin zu gehen (was bedeutet, daß es in Kürze, mit dem aufhören muß, womit es gerade beschäftigt ist), kann es nicht gehorchen. Er wird sich widersetzen. Es ist gezwungen, Widerstand zu leisten. Diese Unfähigkeit, irgend etwas anderes zu akzeptieren, als was es gerade tun will, ist eine Art Rigidität, die oft zu einem Kampf zwischen dem Willen der Eltern und dem des Kindes führt.

Wenn das Kind jedoch ein gewisses Maß an Impulskontrolle gelernt hat, fängt es vielleicht an, ausgiebig mit den Eltern zu verhandeln und zu feilschen. Zuerst bringt es Argumente, aber mit zunehmendem Tauziehen zwischen der Stärke seines Wunsches und der Stärke der Eltern verlegt es sich aufs Betteln und Flehen. Wenn ihm klar wird, daß es nicht bekommt, was es will, wird es zunehmend unruhiger und lauter.

Für lange Zeit versucht es vielleicht, die Eltern zu ignorieren und zu tun, als hätte es überhört, was sie ihm sagen. Dies ist der Weg des Ungehorsams. Das Kind beschließt, daß seine Wünsche wichtiger sind, und es geht ihrer Erfüllung unverfroren nach, ohne sich um die Wünsche der Eltern zu scheren. Es ist, als ob es zu sich selbst sagt: „Was macht es schon, wenn Mama mich ausschimpft? Wenigstens kann ich ein bißchen länger spielen."

Diese Unnachgiebigkeit kann auch während der Konsultation offenbar werden, wenn das Kind allmählich immer lauter redet, ohne eine bestimmte Person anzusprechen, einfach die Wand anstarrt und schreit, bis jemand es schließlich aus der Szene entfernt.

Wegen dieser Unerbittlichkeit kann es für das Kind schwierig sein, sich auf Personen oder Gegenstände zu konzentrieren. Gedankenverloren kann es etwas zerbrechen, nur weil es sich seiner Umgebung nicht bewußt ist oder nicht auf das achtet, was es gerade tut. Umgekehrt kann es auf einen Gegenstand übermäßig konzentriert sein (es handelt sich vielleicht unglücklicherweise um das Telefon oder Faxgerät) und spielt zäh und beharrlich damit, bis es schließlich kaputt ist.

Selbst die sexuellen Handlungen dieser Kinder haben eine unnachgiebige Eigenschaft. Wie bei *Bufo*, *Hyoscyamus* und *Origanum* kann die Masturbation des hyperaktiven *Stramonium*-Kleinkindes intensiv sein und lang anhalten. Es scheint sich in einer erhitzten Verfassung zu befinden, während es sich vor und zurückwiegt, vor und zurück.

Mangelhafte Impulsbeherrschung

Bei einem Kind mit Aufmerksamkeitsstörungen sieht man häufig *mangelhafte Impulsbeherrschung*. Das Kind, das von Ängste beherrscht ist, kann mit Gewaltreaktionen beginnen, und in diesem Stadium sind seine Impulse rein mechanische Schutzmaßnahmen. Mit zunehmender Entwicklung der Störung jedoch kann der Impuls zu schlagen die einfachste Lösung sein, oder es findet allmählich Gefallen an Gewalttätigkeit und baut sie in seine Tagträume, Geschichten und künstlerische Arbeiten ein.

Das Leben dieses Kindes kann *recht chaotisch* sein. Seine Kleidung ist schmutzig, es verliert seine Schularbeiten, und sein Zimmer ist ein Saustall. Kurz, seine Außenwelt reflektiert den Mangel an Ordnung in seinem Geist. Wenn man es bittet, etwas zu suchen oder sein Zimmer aufzuräumen, wird es sagen, daß es nicht weiß, wie das geht. Es kann sich wegen des ganzen Chaos nicht sammeln. Manche Kinder können auch begriffsstutzig wirken, und wenn sich Geistesschwäche und ein chaotischer Geisteszustand mit Ruhelosigkeit paaren, wird das Kind zu einem einzigen massiven Impuls, reagiert auf alles und jedes entweder mit Verwirrung oder Gewalttätigkeit oder irgendeiner albernen Handlung.

Der *Mangel an Beständigkeit* in seinem Leben wird auch in seiner Arbeit ersichtlich. Manchmal bringt es gute Leistungen, führt seine Aufgaben zu Ende und tut dies sogar mit perfektionistischem Flair. Zu anderen Zeiten verfehlt es vollkommen das Ziel der Arbeit und kann es überhaupt nicht erreichen. Ein solcher Mangel an Beständigkeit wird dazu führen, daß das Kind zögert, bevor es handelt, wie erstarrt in demselben Dilemma, daß es nicht weiß, was es tun soll. Diese Unbeständigkeit wird ihm nicht nur im Zusammenhang mit großen Themen zu schaffen machen, wenn es etwa um seine Pläne für die Sommerferien geht, sondern auch in kleinen Dingen wie Entscheidungen, welche Kleider es zur Schule anziehen soll oder welches Spiel es spielen möchte. Es ist ein ewiges Schieben und Ziehen.

Schließlich fühlt sich das Kind vom Leben so überwältigt, so zerrissen von Schwankungen und so elend, weil es nicht mitkommt, daß es sich für wertlos hält und daß es nie ‚richtig' wird. Er fängt vielleicht sogar an, von Selbstmord zu sprechen. Diese Depressionsphasen scheinen die Erkenntnis zu begleiten, daß es wieder einmal versagt hat.

Der Spaßmacher

Häufig tritt auch der Fall ein, daß das hyperaktive *Stramonium*-Kind ein Spaßmacher ist. Im Einklang mit dem übrigen *Stramoniumbild* zeigt es vielleicht eine grausame Art von Humor, das Kind spielt Streiche, die es lustig findet, die aber tatsächlich boshaft und verletzend für andere sein können. Aber es hat noch eine andere Seite, die des fröhlichen praktischen Spaßmachers, des Clowns, der kleine Witze macht und sich dann selbst darüber kaputtlacht. Er kann leicht in eine fröhliche Stimmung geraten, und in der Stimmung wird er schauspielern und alles sehr komisch finden und sich über seine eigenen Handlungen vor Lachen biegen. Wenn er erst einmal darin steckt, kann es schwer sein, wieder aufzuhören. Er begreift nicht, daß seine Handlungen unangemessen sind, daß er Unruhe stiftet und sich ein wenig beherrschen muß. Man kann nicht umhin, von der dramatischen Veränderung eines Kindes, das so unglücklich und gewalttätig ist und Wutanfälle bekommt, und sich dann zu einem fröhlichen verspielten Spaßmacher wandelt, berührt zu sein. Die Erregung ist recht unreif insofern, als seine Späße dazu tendieren, nur für ihn selbst komisch zu sein. Zu solchen Zeiten wirkt er viel jünger, als er tatsächlich ist, und wenn man ihn zu diesem Zeitpunkt sieht, kann man ihn leicht mit einem *Baryta carbonica*-Kind verwechseln.

Eine Variante davon ist das Kind, das in seiner Freude des Augenblicks gefangen unablässig redet, beim Spielen vor sich hin schwatzt oder beim Herumrennen singt. Oft redet es laut und übertönt seine Freunde und Eltern. Es kann bereits im Alter von sechs oder sieben Jahren neue Wörter oder Sprachen erschaffen. Geschwätzigkeit ist zwar für andere Arzneimittel wie *Lachesis* oder *Hyoscyamus* charakteristischer, aber es kann auch bei *Stramonium* vorkommen, vor allem während der manischen Phase.

Ich glaube, daß diese Art von Überschwang und Übererregung in das Segment der heftigen Überreaktion des *Stramoniumzyklus* paßt, wo es neben anderen Formen und Manifestationen des übererregten Nervensystems steht, wie etwa Gewalttätigkeit. In dieser Hinsicht teilt es einige Symptome mit *Hyoscyamus*. Der Unterschied ist, daß es bei *Stramonium* einfach Erregung ist, während es bei *Hyoscyamus* eine Erregung des endokrinen Systems des Hypothalamus ist, und daher werden sich die Späße eher um Sexualität und andere starke Triebe drehen. Dieser Zug von *Hyoscyamus* hat eine Stärke, die nicht leicht mit den unreifen Späßen von *Stramonium* verwechselt wird.

Geistesschwäche/Konzentrationsmangel

Aufmerksamkeitsstörungen können eine Hauptbeschwerde sein, die bis zur Geburt oder zu irgendeinem schockierenden Erlebnis zurückreicht. Das Kind ist möglicherweise ständig unaufmerksam oder einen großen Teil der Zeit oder auch nur phasenweise. Vieles von dieser Beschreibung paßt vielleicht besser in das Kapitel über ***Autismus***, aber ich habe mich entschlossen, es hier einzufügen, weil in der derzeitigen Fachliteratur zu dem Thema all diese verschiedenen Probleme einem Begriff zugeordnet werden — Aufmerksamkeitsstörungen oder Aufmerksamkeitsdefizit mit Hyperaktivität. In Wirklichkeit gehört die Hyperaktivität zu dem Segment der heftigen Überreaktion, und die schlechte Aufmerksamkeitsspanne aufgrund von Verwirrung gehört in das Segment des Verschließens ebenso wie in das der Verwirrung.

Eine Geschichte, die wir häufig in der Praxis zu hören bekommen, ist, daß die geistige Schwerfälligkeit bei dem Kind zuerst nach einem operativen Eingriff, den ja eine Anästhesiebegleitet, beobachtet wurde. Die Regression des neunjährigen Eric hat so begonnen. Eric war erst zweieinhalb Jahre alt, als er wegen einer Hernie operiert wurde. Seine Mutter berichtete: „Seitdem war er nicht mehr derselbe. Es wurde schwierig für ihn, neue Zusammenhänge zu begreifen. Für eine Weile verlor er sogar die Fähigkeit, richtig zu sprechen. Er war nicht mehr auf gleicher Ebene mit seinen Freunden. Vorher war er recht aufgeweckt gewesen. Danach fing er an, sich etwas unreif zu verhalten. Aber wir haben ihn untersuchen lassen, und sein IQ ist normal. Bloß immer, wenn er frustriert ist, fängt er an, kindisch zu werden und zu überreagieren. Zeitweilig redet er wie ein Baby und erfindet seine eigene Sprache, oder er spricht in unvollständigen Sätzen und gebraucht das falsche Geschlecht. Er ist angeblich Legastheniker. Eric ist dazu übergegangen, sich selbst als dumm zu bezeichnen, weil er neun Jahre alt ist und noch nicht lesen kann. Es hat sich bei ihm auch eine sehr große Angst im Dunkeln entwickelt."

Die Berichte aus der Schule können ziemlich schlecht sein. Sie sagen, daß er nicht lernen kann, unfähig ist, irgend etwas aufzunehmen und zu behalten, und daß er sich weigert, Aufgaben durchzuführen, die ihm gestellt werden, stattdessen lieber spielen will. Er hat eine sehr kurze Konzentrationsspanne, die tatsächlich nur wenige Minuten anhält. Während der Konsultation läßt er Fragen, die an ihn gerichtet sind, völlig unbeachtet. Seine Mutter sagt, in der Schule sei es dasselbe.

„Es ist schwer, ihn dazu zu bewegen für längere Zeit sitzenzubleiben. Er versucht, etwas zu tun und sich zu konzentrieren, aber nach wenigen Minuten ist er auf und davon." Während der Konsultation beobachte ich dasselbe Verhalten. „Manchmal versagt er, weil er in der Schule so leicht abgelenkt ist, entweder durch Geräusche oder durch das, was die anderen Jungen machen." Die Pausenzeiten in der Schule stellen für viele dieser Kinder ein Problem dar. Eric ist keine Ausnahme. Er wird unbeherrscht, wenn es zu viele stimulierende Aktivitäten gibt.

Mir sind diese Dinge aufgefallen, als ich ihn während der Konsultation beobachtete. Manchmal sah ich einen weggetretenen Blick, als sei er nicht in der Gegenwart. Seine Eltern sagen, daß er viel so starrt, und nicht einmal herauskommt, wenn sie ihn ansprechen. Wenn er eine Weile fortgeglitten ist, kommt er wieder zurück, antwortet dann aber unzusammenhängend oder unkorrekt. Er kann sogar mitten in einem Satz wegtreten und in einem Gedanken oder Wort steckenbleiben, so daß der Satz dort abrupt endet.

Wenn er gebeten wird, etwas zu tun, ist es wahrscheinlich, daß er es vergißt. Wenn ihm Fragen gestellt werden, ist es möglich, daß er sie nicht hört. Er wirkt wie in Trance oder möglicherweise in tiefgründige Gedanken versunken, aber wenn man ihn fragt, woran er denkt, antwortet er oftmals gar nicht.

Der Vater des fünfjährigen Mike berichtet: „Als Kleinkind lernt Mikey alles sehr schnell, konnte schnell und genau zeichnen und schrieb Buchstaben perfekt. Er lernte sehr gut und war im Rechnen und Sprachunterricht seiner Altersgruppe voraus. Doch seit er seine Pneumonie hatte, ist er langsam geworden. Seine Schreibfähigkeiten sind degeneriert. Er entwickelte eine Schreibschwäche, verwechselte Buchstaben. Sprechen fiel ihm jetzt schwer, manchmal wirkte er etwas retardiert. Er konnte bestimmte Buchstaben wie L, M oder W nicht aussprechen. Wenn er sich stärker aufregte, fing er sogar an zu stottern. Er hatte so vielversprechend in der Schule begonnen, und nun ist er hinten dran. Doch glücklicherweise hatte das Arzneimittel ein umfassende Wirkung auf Mikey." Und der Vater berichtet, daß sich sein Sprechen gebessert hat. „Es war ganz verworren, eine Art konfuses Geplapper. Erst jetzt, im Vergleich, können wir sehen, wie schlecht es war."

Wie in dem Kapitel über Gewalt erwähnt, können motorisches Überfließen und Verwirrung durch Schwierigkeiten mit der sensorischen Einordnung ausgelöst werden, was zu Konzentrationsstörung, verkürzter Aufmerksamkeitsdauer, und verlangsamtem Begriffsvermögen führen kann. Dies kann, muß aber nicht, mit hyperaktiven Merkmalen einhergehen. Das motorische Überfließen führt zu Verwirrung, wodurch das Kind die Worte oder Handlungen anderer mißversteht und sich angegriffen fühlt, wo gar kein Angriff vorliegt. Ein solches Kind ist durch den geringsten Streß leicht frustriert, besonders wenn es merkt, daß es nicht schreiben oder zeichnen oder ein Küchengerät benutzen oder irgend etwas tun kann, was feinmotorige Fähigkeiten erfordert.

Eine häufige Strategie, um diese Verwirrung einzuschränken, ist es, sich in beharrliches Verhalten zu flüchten. Das Kind wird starrsinnig. Es will etwas Bestimmtes und nur dieses eine. Wenn man es unterbricht, kann es sein, daß es den einzigen inneren Sammelpunkt verliert, den es hatte, und dies treibt ihn noch tiefer in seine Verwirrung. Ein weiteres Problem, das dadurch entstehen kann, daß es all seine Aufmerksamkeit auf eine bestimmte Sache richtet, ist, daß es all die anderen Ereignisse und Aktivitäten versäumt, die um ihn herum vorgehen. Das Kind steckt an dieser einen Stelle fest.

Schlußfolgerung

Ein Schlußwort über die Geistesschwäche. Ich halte es für eine mögliche Angstreaktion, eine Art, sich in einen Zustand einzulullen, in dem die Ängste gedämpft sind. Eine extreme Darstellung davon finden Sie im ***Autismus***-Kapitel. Eine andere Möglichkeit ist, daß die Geistesschwäche eine Art Verwirrung ist, die dadurch entsteht, daß man sich in der Schußlinie fühlt, was ein panikgetriebenes Chaos im Gehirn auslöst, so daß man nicht weiß, was man zuerst tun soll.

Eine weitere Reaktionsmöglichkeit angesichts einer Bedrohung ist Hyperaktivität, was die andere Seite der Geistesschwäche darstellt. Wenn dies eintritt, so ist meines Erachtens das Nervensystem zu dem Punkt hochgeschraubt, an dem die Ruhelosigkeit überhand nimmt und den Menschen zwingt zu handeln, häufig auf impulsive Art.

Aufmerksamkeitsstörungen kommen bei *Stramonium* vor, viel häufiger jedoch sieht man sie bei anderen Arzneimitteln. Wegen der gemeinsamen Symptome ist äußerste Sorgfalt geboten, um die richtige Verschreibung zu treffen. Der wichtigste Schritt ist es, die Ursache zu finden, die hinter den Symptomen steckt – das zu entdecken, was den Zustand überhaupt erst ausgelöst hat. *Nur wenn wir herausfinden, warum bestimmte Symptome existieren, können wir bestimmen, welches Arzneimittel diese Krankheit heilen wird.*

Das Element des Verschließens; Introversion

Dies ist das Wasser. Schwarz und kalt.
Es eilt herein, macht niemals halt,
Eilt gleich zurück. Ich warte lang,
Auf einer Möwe Klagesang,
Ein Säuseln nur, doch ein Hauch nicht
Der weißen Hölle Schweigen bricht.
Nur das Wasserglucksen träge,
Schweigend, rauschend, schwarz die Woge.

Jeenet Lawton, aus *To the Arms of the Sea* (In die Arme des Meeres)

Auch wenn man an Introvertiertheit in Verbindung mit *Stramonium*-Kind normalerweise nicht denkt, so halte ich sie dennoch für ein Leitsymptom, und zwar aus denselben Gründen wie in den Kapiteln über ***Angst*** und ***Gewalt*** bereits ausgeführt. Wenn die Gewalttätigkeit im Innern des Kindes wütet, und große Energiemassen verschwendet werden, kommt ein Zeitpunkt, in dem das Kind sich seiner Umgebung verschließen muß, um dieser Energie einen Riegel vorzuschieben, und das bildet das Segment des Verschließens in dem Zyklus. Aus dem lang anhaltenden Kampf des Bewußtseins gegen das Unbewußte kann sich ergeben, daß das Kind durch den Kampf verstört und unsicher wird. Es weiß nicht mehr, wie es sich verhalten soll, zieht sich daher zurück und wendet sich nach innen. Die Kinder in dieser Untergruppe von *Stramonium* sind entweder ständig sehr introvertiert oder erleben Phasen der Introvertiertheit. Diese Kinder waren womöglich früher aggressiv und gingen stärker aus sich heraus, wenn auch in geringerem Maße als das gewalttätige *Stramonium*-Kind, haben sich aber plötzlich oder im Laufe der Zeit nach innen gewendet.

Ein Typus des introvertierten *Stramonium*-Typus ist das Kind, das mißhandelt oder vernachlässigt wurde. Die Mißhandlung löst einen

Prozeß aus, in dem die Angst das Herzstück der Psyche trifft und das Kind in einen Dauerzustand von Ängstlichkeit, Verlassenheit und Verwundbarkeit versetzt. So wendet es sich nach innen und wird vielleicht übermäßig wachsam. Dieser Kindertypus hat ein negatives Selbstbild und kann keine Freundschaften schließen. Ihm fehlen soziale Fähigkeiten, es weiß nicht, wie man mit anderen umgeht und kommuniziert und ist daher still und zurückgezogen. Es ist dieser Kindertypus, der am stärksten an ein autistisches Kind erinnert oder sogar mit *Natrium muriaticum* oder *Staphisagria* verwechselt werden kann. *Schüchtern, reserviert, unsicher und ruhig scheint es in seiner eigenen Welt zu leben.*

Bei einem anderen *Stramoniumtypus* kann die introvertierte Empfindlichkeit mit den eigenen Wahrnehmungen des Kindes im Zusammenhang stehen. Obwohl die Eltern vielleicht versuchen, das Selbstwertgefühl des Kindes aufzubauen, reagiert es nicht darauf. In der Praxis scheint das Kind in einer Welt seiner eigenen Wahl zu stecken. Diese Stimmung wächst und behindert seine Kommunikations- und Ausdrucksfähigkeit mit und in der Außenwelt. Vielleicht ist es diese Isolation, die bei älteren Teenagern und Erwachsenen zu dem extremen Gefühl der Einsamkeit führt, zu dem Gefühl, von aller Welt verlassen zu sein. „Wie ein einsamer Soldat, der auf den Feind einschlägt, völlig allein, unfähig, mit irgend jemandem zu reden. Es gibt da draußen niemanden für mich." Man kann sich leicht vorzustellen, wie diese Kinder und Jugendlichen immer mehr in ihre eigene Welt hineingleiten. So in ihre Gedanken eingeschlossen beginnen sie, von Wahnvorstellungen beherrscht zu werden, die bei solchen Kindern immer in greifbarer Nähe liegen. „Menschen haben mir Angst gemacht, aber ich konnte immer mit den Dämonen reden. Ich wußte, wie man mit ihnen redet."

Nicht alle diese introvertierten Kinder entwickeln Wahnvorstellungen. Aber es ist klar, daß sie um so verschlossener werden, je länger die Introvertiertheit anhält, und umso wahrscheinlicher ist es, daß Wahnvorstellungen entstehen, und ihre Erlebnisse von dieser fremdartigen Welt intensiviert werden. Ein solches Kind beginnt, das Leben wie von der Zuschauerbank aus zu betrachten. Weil es dort aber so zutiefst allein ist, geht es vom Beobachtungsposten zur Interaktion über und fängt an, Impulsen nachzugeben, die sich auf unangemessene Art und Weise ausdrücken. Zum Beispiel kann es gegenüber Erwachsenen oder Fremden sehr schüchtern sein, aber gegenüber Familienmitgliedern offene Gewalttätigkeit zeigen, so daß bereits ein dreijähriges Kind seine Familienangehörigen boxt.

Nach einer Zeit der Schwankungen zwischen Extraversion mit Gewalttätigkeit und Verschlossenheit mit Verdrießlichkeit und Kommunikationsmangel werden diese Kinder zunehmend unberechenbarer. Ihre stark beeindruckbare Natur veranlaßt sie dazu, sich zu verschließen, sich zu isolieren. In jedem Falle öffnet sich das Kind gegenüber seinem Unbewußten, wobei es entweder Schrecken verspürt oder merkt, wie es selbst zum Schrecken seiner Umgebung wird. Ich sehe es als ein Kind, das vorübergehend besessen ist, dabei aber noch in der Lage ist wahrzunehmen, was mit ihm geschieht. Es spürt, wie andere auf es reagieren, wenn es zum Schrecken wird, aber sobald es aus diesem Zustand herauskommt, ist es am Boden zerstört und versucht zu begreifen, was gerade mit ihm geschehen ist. Es kann das alles nicht verstehen. Es ist ihm ein Rätsel, warum Menschen, die es liebt und denen es vertraut, so schlechte Gefühle ihm gegenüber haben können. In diesem gedämpften Zustand kehrt es sich wieder nach innen und wird introvertiert, weil es von dem Strudel der Emotionen völlig überwältigt ist: Erschöpfung (nach dem soeben Erlebten), Verstörtheit (durch die Bemühungen, zu begreifen und zu verarbeiten, was es soeben erlebt hat), Schamgefühl (über sein Verhalten), Kummer (über die Reaktion seiner Angehörigen) und Furcht (daß es wieder geschehen könnte, daß es sich so verhält). Kurzum, das Kind erinnert an einen verschlossenen Kriegsveteranen, der an posttraumatischer Überbelastung leidet.

Aber dieser gehemmte Zustand hält nicht an. Bald verliert das Kind die Beherrschung und tritt wieder in den anderen Zustand ein, in dem sich bestürzende Visionen bilden, es seine Hemmungen verliert und wieder völlig wild wird. Hemmung ist ein gutes Wort, um zu beschreiben, wie man selbst sich in Gegenwart solcher Kinder fühlt. Man vermutet vielleicht sogar, daß sie von Natur aus eigentlich nicht introvertiert sind, sondern sich absichtlich hemmen. Vielleicht hoffen sie, daß sie damit besser die Kontrolle über sich selbst behalten können, zumindest über ihre gewalttätige Seite.

Eine andere mögliche Szenenfolge ist die eines Kindes, dessen Hauptcharakteristikum Wildheit war. Doch nach einiger Zeit ist die Wildheit vergangen. Nun sieht man, daß es sich zunehmend nach innen wendet und nicht in der Lage ist, sein vorheriges Verhalten zu verstehen, es gleichzeitig aber auch nicht völlig loslassen kann. Zu diesem Zeitpunkt befindet es sich im allmählichen Übergang vom Segment der Überreaktion in das Segment des Verschließens.

Ich würde gern ein Letztes zum Thema Introvertiertheit sagen. Wenn ein *Stramonium*-Kind aufhört, *Stramonium* zu sein, entweder weil es das Arzneimittel bekommen und diese Ebene verlassen hat, oder weil es aus anderen Gründen zu einer Schichtverlagerung gekommen ist, dann wird es aud die Welt, die es erwartet, unvorbereitet sein. Nachdem es eine Zeitlang wild war, merkt das Kind vielleicht jetzt zum ersten Mal, daß seine Eltern es nicht mehr mit derselben Liebe behandeln wie vorher. Während es sich in dem *Stramonium*-Zustand befand, hat es von den Eltern alles genommen, was diese zu geben hatten. Nun haben sie sich völlig verausgabt. In dieser Phase kann es vorkommen, daß manche Eltern grob mit dem Kind umgehen oder es sogar mißhandeln, während andere sich in kühler Zurückhaltung als ‚besorgte' Eltern üben.

Die Einsamkeit, die das Kind in dieser Zeit erlebt, kann es in tiefe Traurigkeit versetzen. An diesem Scheideweg, an dem es sein einsames Leben wahrnimmt, kann es in einen *Natrium muriaticum*- oder *Staphisagria*-Zustand eintreten. Ich halte diese beiden Arzneimittel für Ergänzungsmittel zu *Stramonium*. Ich rate Familien in dieser schwierigen Zeit dringend zu therapeutischer Beratungen. Nachdem das Kind nun die gewalttätige Schicht hinter sich gelassen hat, müssen auch die Eltern von ihren schlechten Gefühlen Abschied nehmen und neu beginnen, um eine liebevolle Beziehung zur gegenseitigen Bereicherung aufzubauen. Dies kann für die Eltern tatsächlich sehr schwierig sein, aber es ist unabdingbar, daß sie während der kritischen Übergangszeit aus der dunklen Welt, in der das Kind gelebt hat, in die Welt, in der wir wohnen, diesen Schritt tun.

Depressionen

Auch wenn dies in der Literatur nicht häufig erwähnt ist, so kann *Stramonium* dennoch leicht in schwere Depressionen verfallen. Es gibt zweierlei Formen dieser Depressionen. Die eine steht dem Gewalt Segment des *Stramoniumzyklus* näher, die andere ist dem Segment der Verschlossenheit/Leblosigkeit näher.

Die erste Form kann entweder inmitten eines Tobsuchtsanfalls oder nach Raserei auftreten oder während einer Periode extremer Aggressionen oder Gewalt, wenn das Kind die Folgen seiner Handlungen zu spüren bekommt. Es kann eine so starke Frustration erleben, daß es von Selbstmord spricht.

Der zehnjährige Monroe ist ein gutes Beispiel für den ersten Typus. Seine Familie ist an diese Depressionen gewöhnt. Sein Großvater und sein Onkel hatten beide Selbstmord begangen, und andere Familienmitglieder waren wegen Depressionen und manisch-depressiver Störungen in Behandlung. Weil Monroe sehr an seinen Eltern hing und unter Trennungsängsten litt, hatte er bereits Anzeichen dieser Depressionen gezeigt, als er in den Kindergarten kam. Sobald seine Mutter ihn dorthin brachte, warf er sich auf den Boden, trat und boxte sich selbst und schrie: „Ich hasse mich." Diese Wutanfälle wurden im Laufe der Jahre immer schlimmer. Immer wenn er einen Fehler machte oder zusätzliche Belastungen spürte, wurde er steif, knirschte mit den Zähnen und fing an, sich selbst zu schlagen und zu sagen: „Ich bin blöd. Ich will sterben. Ich bin an allem schuld." Er wurde zum Einzelgänger, blieb allein, hatte keine Freunde. Immer wenn seine Eltern irgendwohin fahren mußten und ihn für einen Abend oder Tag allein ließen, sprach er davon, daß er am liebsten tot sei oder sich verletzen wollte.

Ebenso wie andere Kinder hatte Monroe Phantasievorstellungen. Im Unterschied zu den angenehmen oder abenteuerlichen Vorstellungen anderer jedoch bestanden seine Phantasien aus Alpträumen vom Töten oder Getötetwerden. Die Kombination vom Drang, sich selbst Verletzungen zuzufügen, hochgradigen Ängsten und einem Verlassenheitsgefühl führte zu einer Verordnung von *Stramonium* mit heilender Wirkung.

Dieses Beispiel erinnert so stark an die Beispiele in dem Kapitel über ***Gewalttätigkeit***, daß es auch als weitere Ausdrucksform für das gewalttätige bzw. destruktive Segment gedeutet werden kann. Es ist wahr, daß diese Art von Gewalt vertraut erscheint, der Hauptunterschied hier besteht jedoch darin, daß die Abscheu gegenüber sich selbst und die Depressionen dazu führen können, daß sich das Kind verschließt und die Gewalt sich nach innen wendet, was mit der Zeit seine Spuren hinterläßt. Mit seinen suizidalen Impulsen steht dieser Zustand zwar einem Wutanfall näher als einer depressiven Verdrießlichkeit, aber die Kinder, die ein solches Verhalten zeigen, sind eindeutig auf dem Weg in eine Langzeitdepression. Diese Art von Depression erinnert mit seinem Wechsel von Wutausbrüchen mit Depressionen und suizidalen Neigungen stark an *Medorrhinum*.

Die zweite Form der Depression ist stärker mit dem Segment der Introvertiertheit und Verschlossenheit/Leblosigkeit des *Stramonium*-Zyklus assoziiert. In dieser Phase kann das Kind über das expressive Stadium der Depression hinaus sein und zunehmend introvertierter und deprimierter werden. Jetzt fängt es an, wie ein Einsiedler zu leben und verbringt immer mehr Zeit für sich allein. Seine Sanftheit setzt sich zusammen aus einem Minderwertigkeitskomplex und morbiden Gedanken wie vorher, aber jetzt entstehen aus der Morbidität Gedanken, die um Selbstverletzung und Selbstzerstörung kreisen. Zu diesem Zeitpunkt kann *Stramonium* Phantasievorstellungen darüber haben, wie man sich mit einer Rasierklinge verletzt oder umbringt. Das Kind empfindet vielleicht das Leben als zu schwierig und glaubt tatsächlich, daß es der Familie zu viele Probleme macht. Es meint, daß es für alle Beteiligten einfacher wäre, wenn es mit dem Leben abschlösse.

Häufig wird die Depression als Begleiterscheinung anderer Segmente von *Stramonium* auftreten und somit die Arzneimittelauswahl einfacher gestalten. Die Furcht zum Beispiel kann nach wie vor vorhanden sein. Und selbst wenn die Gewalttätigkeit zu diesem Zeitpunkt verschwunden ist, können immer noch Bilder von Gewalt vorhanden sein. Die Filme, die sich das Kind ansieht, werden höchstwahrscheinlich Gewaltszenen enthalten. Auch in seinen Träumen wird wahrscheinlich Gewalt vorkommen. Selbst seine Geschichten oder Gedichte werden gewalttätige Motive haben.

Zurückgezogen, deprimiert, erfüllt von morbiden und gewalttätigen Gedanken und Furcht, wendet es jetzt all die Seelenangst nach innen, was möglicherweise zu schweren Depressionen oder Suizidneigung führt. Bei diesem Patiententypus kann die Differenzierung gegenüber *Natrium muriaticum* in tiefer Depression schwierig sein. *Stramonium* jedoch nimmt sich selbst nicht wichtig, er genießt diesen Zustand nicht so wie *Natrium muriaticum.* Dies ist nicht das Gefühl: „Ich bin so elend dran und suhle mich darin." Es ist wirkliches Elend, zu dem es keinen Zugang gibt. Dieses Kind ist in einem Kampf mit den dunklen Mächten eingesperrt, in den Klauen von Seelenangst und der quälenden Frage, ob dieses Leben überhaupt lebenswert sei. Dies ist ein ernstzunehmender Zustand, eine schwerwiegende Störung, die auch als solche behandelt werden muß.

Das Autismus-Element

Die Furcht und Isolation, die von Kindern (besonders von autistischen Kindern) wahrgenommen werden, die in diesem Segment von Verschlossenheit/Leblosigkeit festsitzen, entlocken häufig Eltern, Bezugspersonen und Homöopathen eine überängstliche Liebe. Die Qualen dieser Einsamkeit werden in den Worten von T.S. Eliot spürbar:

Steige tiefer, steig hinab nur
In die Welt fortwährender Einsamkeit,
Welt nicht Welt, sondern was nicht Welt ist,
Innere Dunkelheit, Entbehrungen
Und jeglichen Besitzes bar
Verdorrt die Welt der Vernunft
Entleert die Welt der Phantasien
Funktionsunfähig die Welt des Geistes;
Dies ist der eine Weg und der andere
Ist derselbe, nicht Bewegung,
Sondern Unterlassung von Bewegung; derweil sich die Welt bewegt
Dahinstrebt auf ihren Asphaltstraßen
Der Zeiten der Vergangenheit und Zukunft.

aus *Vier Quartette*

Stramonium ist ein Arzneimittel, das bei der Behandlung autistischer Kinder häufig gebraucht wird. Obgleich Autismus allgemein schwer zu behandeln ist, habe ich festgestellt, daß die homöopathische Behandlung häufig positive Veränderungen mit sich bringt, so daß sich das aggressive und selbstbezogene Verhalten, die Stereotypien und die Kommunikationsstörungen des Kindes bessern. Manchmal geschieht ein Wunder. Das Kind kommt zurück und ist in der Lage, sich verbal auszudrücken. Zwar habe ich eine Reihe von Arzneimitteln in der Behandlung von Autismus verwendet, doch ich werde hier nur diejenigen Autismus Fälle beschreiben, die gut auf *Stramonium* reagiert haben.

Eine Analogie ist vielleicht zur Darstellung des autistischen *Stramonium*-Kindes hilfreich, wie es in dem Segment von Verschlossenheit/Leblosigkeit des Arzneimittels in Erscheinung tritt, dem Element des Todes. Was würden Sie empfinden, wenn Sie von einer Übermacht gepackt, von angst- und schreckenerregenden Dingen überflutet, einer Manipulation Ihrer Wahrnehmungen unterzogen, in einen Sarg gelegt und bei lebendigem Leib vergraben würden?

Entsetzen. Nacktes namenloses Entsetzen ist das, was die meisten Menschen empfinden würden. Dies ist genau der Zustand, in den das *Stramonium*-Kind eintritt. Und in diesem Zustand springen alle erdenklichen schreckenerregenden Bilder der dunklen Seite des Lebens hoch, jedes Abbild des Bösen wird hier lebendig. Das Kind wird von absolutem Entsetzen ergriffen. Das Böse ist nicht mehr bloß ein Wort oder Gefühl, sondern eine Umgebung, die es umhüllt. Es fühlt sich wie beschmutzt von der Berührung durch eine unreine Hand, die es schließlich zerstören wird. In diesem Entsetzen, in dieser Dunkelheit, realisiert das *Stramonium*-Kind eine beunruhigende Wahrheit — daß wir allein geboren werden und allein sterben. Und diese Entdeckung bringt ein tiefes Gefühl von Isolation mit sich.

Eine der Auswirkungen von all diesem Entsetzen ist, daß das Kind von Bildern des Grauens und Todes gepeinigt wird. Manche *Stramonium*-Patienten haben diese Zustand mit einem ‚Leben in der Hölle' verglichen, und nach einer Weile können sie nicht mehr die Verhaltensweisen in jenem Leben von sozial akzeptablem Verhalten unterscheiden. Sie merken nicht einmal, daß sie die Gewalttaten dieser Hölle in die Realität umsetzen.

Um sich vor der entsetzlichen Hölle zu schützen, kann das Kind beginnen, sich psychisch nach innen zu wenden. Und so wird der Autismus eine Art Schutzmechanismus für das Kind – eine Art, sich zu verstecken. Es ist auch möglich, daß das Kind, das in einer Welt voller monströser Visionen feststeckt, in seinem Entsetzen so gefangen oder psychisch so gelähmt ist, daß es nicht mehr den Weg in seine Welt zurückfindet. Diese Lähmung ist vielleicht das, was die autistischen Züge hervorbringt, die man so häufig bei diesem Arzneimittel sieht. Beide Beispiele zeigen, wie der Wunsch, sich zu verschließen, über das Ziel hinausschießt und in ein völliges Abschotten führen kann.

Bevor ich den Autismus näher beschreibe, möchte ich dreierlei Aspekte klären. Erstens: Die Analogien von Hölle und lebendig Begraben sein, die in diesem Abschnitt vorkommen, sind nicht meine Erfindung. Es sind die Worte, die von diesen Kinder und jungen Erwachsenen verwendet werden, wenn sie die weniger ausgeprägten Zustände von Autismus beschreiben. Selbst die Eltern gebrauchen diese Sprache, wenn sie uns berichten, was ihnen bei den Kinder auffällt. Dies ist genau das Gefühl, was man von diesen Kinder vermittelt bekommt, während man sie beobachtet.

Zweitens: Manche *Stramonium*-Kinder sind tatsächlich autistisch, andere haben nur autistische Züge wie Stereotypien oder selbstzerstörerische Verhaltensweisen. Außerdem gibt es diejenigen, die autistisch wirken, die aber an einer fokalen epileptischen Erkrankung, dem Landau-Kleffner-Syndrom oder anderen neurologischen Beschwerden leiden.

Drittens, sobald sich die Eltern bewußt werden, was der *Stramonium* Zustand bedeutet, können sie vielleicht beginnen zu akzeptieren, daß das Kind nichts gegen seine gewalttätigen und haarsträubenden Verhaltensweisen tun kann. Dieses Verständnis mag dabei helfen, die Gefühle von Frustration oder Zorn zu mildern, welche die Eltern täglich erleben. Eltern und Geschwister eines solchen Kindes sollten vorgewarnt sein, daß sich die Behandlung des Syndroms schwieriger gestaltet, wenn sie irgendwelche Verhaltensweisen zeigen, die das Kind als bedrohlich auffassen könnte. Wenn sie sich jedoch umgekehrt darum bemühen, dem *Stramonium*-Kind ein so behütetes Umfeld zu schaffen wie nur möglich, werden sich die autistischen Züge nicht so schnell und nicht so tief entwickeln.

Autistische Züge

Die Gründe dafür, daß manche Kinder in einem nach innen gekehrten autistischen *Stramonium*-Zustand in die Welt kommen, sind unterschiedlich, aber eine der häufigsten Ursachen ist Schreck, vielleicht ein schwerwiegender Schrecken, den die Mutter während der Schwangerschaft erlebt hat. Die Mutter sagt vielleicht: „Ich frage mich, warum ich über diesen furchterregenden Typen in dem Film nicht hinwegkomme" – ohne zu merken, daß der Fötus den Schrecken vielleicht ebenfalls erlebt hat, und daß die übertriebene und lang anhaltende Reaktion die Reaktion des Babys ist und nicht ihre eigene. Später wird das Baby mit autistischen Zügen geboren.

Es ist auch möglich, daß der anfängliche Schrecken eines Babys von dem Gefühl stammt, das es empfand, als ihm die Nabelschnur um den Hals gewunden war oder als es im Geburtskanal feststeckte. Nach einem solchen Erlebnis kann das Baby nach der Geburt einen leeren Blick haben und wirken, als sei es nicht an seiner Umgebung interessiert. Von diesem Zeitpunkt an zeigt das Baby autistische Züge.

Eine Mutter beschreibt, wie sich das Nach-Innen-Wenden allmählich entwickelt hat. Brianna spricht über ihre dreijährige Tochter: „Das sagen wahrscheinlich alle Eltern, aber sie wirkte so aufgeweckt und intelligent. Sie hatte einen Glanz und ein Funkeln in den Augen und verfolgte alles, was im Zimmer gesagt wurde. Aber seitdem ihr Bruder sie an Halloween mit dieser Maske erschreckt hat, schien sie sich einfach immer stärker zu isolieren. Ich meine, sie sieht irgendwie richtig blöde aus. Sie wandert allein irgendwohin und spielt nicht mehr mit anderen Kindern wie vorher. Jetzt will sie nur noch allein spielen. Sie sitzt am Küchentisch und versucht zu zeichnen oder mit Wasserfarben zu malen, und ihr Kopf rollt von einer Seite zu anderen. Wir sprechen sie an, aber sie hört uns nicht. Wir müssen hingehen und sie von dem wegziehen, was sie gerade tut, bevor sie mit ihrer Aufmerksamkeit wieder in das Geschehen der Familie zurückkommt."

Eine andere Mutter schreibt die Wendung nach innen einem Verlassenheitsgefühl zu. „Nachdem sein Vater und ich uns getrennt hatten, hat sich der kleine Bill von allem abgeschnitten und in seine eigene Welt zurückgezogen. Er wurde so unerreichbar! Wenn er jemanden oder seine Umgebung nicht mag, verschwindet er in sich selbst hinein."

Es gibt eine ganze Reihe möglicher Szenarien, die dazu beitragen können, daß sich die Wahrnehmungen des Kindes ändern. Es könnte eine Hirnverletzung durch Trauma oder Infektion zugrunde liegen oder sogar die Reaktion auf eine Impfung sein. Das Kind kann zum Beispiel völlig normal geboren worden sein, aber nach einem bestimmten Ereignis, wie etwa einer Infektion, treten die autistischen Symptome von *Stramonium* in Erscheinung. Ein Vater sagte: „Seit der Bronchitis hört Steve mir nicht mehr zu. Meine Frau sagt, er scheint glücklich zu sein, wenn er in seiner eigenen Welt untertaucht."

Ein anderer Vater, ein anderes Kind — hier begann der Autismus nach einer schweren Grippe: „Er war so lieb, aber jetzt ist er richtig anstrengend." Der zweijährige Joe brüllt und brabbelt laut, schaukelt kräftig und schnell auf seinem Schaukelstuhl, und seine Mutter hält ihn fest. Während ich diese frenetische Energie beobachte, empfinde ich eine wilde Einbildungskraft in einem wilden Kind in einer wilden Welt — alles in seinem Kopf. Ein Kind wie dieses, gefangen in einer mit Gewalt gefüllten Welt, ist sich nicht einmal bewußt, daß es sich bizarr verhält. Es starrt ins Leere und scheint sich unserer Gegenwart gar nicht bewußt zu sein. Sein Vater bestätigt dies. „Er kommt nicht heraus, um uns mitzuteilen, was er erlebt."

Die Mutter greift den Gesprächsfaden auf: „Bis vor sieben Monaten, als er eine ganz schlimme Grippe hatte, setzte er sich auf, redete, bildete sogar Sätze mit vier oder fünf Wörtern. Aber seitdem verfällt er von Tag zu Tag stärker in diesen Zustand." Die Mutter muß ihn schütteln, damit er reagiert. Sonst hat er einen glasigen Blick, starrt mit glänzenden und weit aufgerissenen Augen ins Leere. Wenn es ihm gelingt, sich zu sammeln, sind seine Handlungen mehr im Einklang mit denjenigen dieser

Welt, allerdings sind es Verhaltensweisen eines hyperaktiven Kindes, das Bücher und Spielzeug über den ganzen Fußboden wirft.

Stereotypien/Beharrendes Wiederholungsverhalten

Ein häufiger Aspekt des Autismus ist stereotypes Verhalten. Bei *Stramonium* können diese Verhaltensweisen aus unterschiedlichen Ursachen angenommen werden. Am häufigsten dient es anscheinend der Linderung der Ängste und zur Selbstbeherrschung. Wenn das Bewegungsmuster, in dem das Kind verhaftet ist, durchbrochen wird, reagiert es erschreckt und unbeherrscht. Eine recht übliche Strategie zum Umgang mit Ängsten ist die der übermäßigen Kontrolle und übermäßige Kontrolle führt im Extremfall zum Verschließen und in der Folge zu Stereotypien. „Wenn Alexandria sich in irgendeiner Situation befindet, die ihr unangenehm ist, reagiert sie immer gleich. Erst klettert sie auf meinen Schoß und will, daß ich sie in den Arm nehme. Dann muß ich meine rechte Hand auf die linke legen (normalerweise halte ich sie mit der linken über der rechten Hand). Wenn ich es nicht genau so mache, fängt sie an zu schreien und läßt ihre Wut an mir aus. Wenn wir die Routine durchlaufen haben, fühlt sie sich sicher und sagt einfach: ‚Laß mich runter!', so als würde ich nicht mehr benötigt. Es ist beinahe als spürten wir keine Verbindung in der Umarmung, oder vielleicht ist es einfach, daß die Emotionen nicht über die Zeit hinausreichen, bis sie über ihre Ängste hinwegkommt."

Ein zweiter Grund steht mit dem tranceartigen Zustand im Zusammenhang. Dieser Kindertypus läuft wie unbewußt herum, anscheinend ohne das Leben wahrzunehmen. In diesem Zustand der Unbewußtheit kann das Kind weder denken noch spontan handeln, und so verfällt es in Stereotypien, wobei es dieselbe Handlung unzählige Male wiederholt.

Ein dritter Grund für die Stereotypien ist der Drang, andere zu beherrschen und/oder sie das Fürchten zu lehren. Wie Niccolo Machiavelli in *The Prince* geschrieben hat: „Liebe und Furcht können kaum nebeneinander existieren. Wenn wir uns schon für eines von beiden entscheiden müssen, dann ist es viel sicherer, gefürchtet zu werden als geliebt." Dieser Kindertypus entwickelt, ähnlich wie *Lycopodium*, Stereotypien, um Kontrolle auszuüben. Wenn Dinge nicht nach seinen Wünschen gehen, benimmt er sich daneben, wird unbeherrscht und gewalttätig.

So finden wir sogar im Bereich des Stereotypien die beiden Seiten von *Stramonium* wieder. Einerseits sehen wir die Seite, die leben will und die das Ritual benutzt, um die Ängste zu mildern und sich zu schützen; andererseits haben wir die dunkle Seite, die gewalttätige Rituale benutzt, um andere zu bedrohen und zu erschrecken und somit zu beherrschen.

Andrews Geschichte zeigt den vielfältigen Zweck des Rituals bei *Stramonium*. Als Ergebnis einer sehr traumatischen Geburt war bei Andrew die körperliche Entwicklung leicht verzögert, ähnlich wie in Fällen von leichter Hirnlähmung. Deswegen war er von den anderen Kindern isoliert, was wiederum eine Verzögerung der emotionalen Entwicklung zur Folge hatte. Er begann, zahlreiche Ängste zu entwickeln, unter anderem vor Hexen, Hunden und jedem Geräusch, das nicht unmittelbar erklärbar war. Als die Ängste zunahmen, brachte dies eine andere Seite von Andrews Persönlichkeit zum Vorschein. Er wurde starrsinnig, kämpfte körperlich und verbal mit seinen Eltern. Mit zunehmender Furchtsamkeit und Aggressivität begann er auch zwanghafte Verhaltensweisen und Stereotypien bezüglich seiner Kleidung, Nahrung, seines Zimmers und Spielzeugs zu entwickeln. Wenn irgend etwas anders war, als er es erwartete (das heißt, anders als es sonst immer war), zeigte er sich zunächst erschreckt und verfiel dann automatisch in den Modus der Gewalttätigkeit. Hier treffen wir also wieder auf Stereotypien, die zu Furcht, von dort in Gewalttätigkeit und wieder zurück ins beharrliche Wiederholen führt.

Stereotypes Verhalten kommt auch bei den Eß- und Trinkgewohnheiten des autistischen *Stramonium*-Kindes vor. Eine Mutter beschreibt die Muster ihres Sohnes wie folgt: „Wenn Stan etwas trinken will, gebe ich es ihm, aber er schleudert den Becher von sich und bekommt einen Wutausbruch, daran bin ich mittlerweile gewöhnt. Es kann bis zu zwanzig

Minuten dauern, bis ich verstanden habe, daß er Durst hatte, aber es war nicht der Becher, den er haben wollte. Er ist so leicht frustriert, so verletzlich. Ich muß das Essen für ihn jedesmal auf eine ganz bestimmte Art zubereiten, damit wir so etwas wie eine friedliche Mahlzeit genießen können. Er haßt Gerichte, bei denen verschiedene Zutaten vermischt sind. Wenn die Nahrungsmittel einander auf dem Teller berühren oder durcheinander sind, wie bei einem Eintopf, fängt er an zu mäkeln, und wenn wir es nicht im richtigen Moment auffangen, landet der ganze Teller auf dem Fußboden. Er bekommt einen Wutanfall, wenn ich zum Abschied sage: ‚Mach's gut mein Junge', denn ich muß sagen: ‚Tschüß, mein Süßer'. Als er erst fünf Jahre alt war, habe ich beobachtet, wie er die Treppe hochging und wieder herunterkam, um noch einmal ‚richtig' hinaufzugehen (d.h. was er für richtig hielt). Die Füße müssen immer ganz genau auf dieselbe Stelle und dieselbe Stufe treten."

Eine andere Mutter beschreibt ihre Besorgnis: „Alan hat sehr ausgeprägte Rituale bezüglich einiger ganz gewöhnlicher Dinge in seinem Tagesablauf entwickelt. Ich sehe, wie er in der Schule die Treppe herunterläuft, stehenbleibt, zu weinen anfängt und sagt: ‚Das habe ich nicht richtig gemacht.' Dann geht er zurück und wieder herunter, um einen Schritt zu tun, den er vorher ausgelassen hatte. Bei der Heimfahrt besteht er darauf, daß ich auf dieselbe Frage, die er jeden Tag am selben Ort zur selben Zeit stellt, jedesmal mit ‚ja' antworte. Bei jeder Heimfahrt, jeden Tag muß ich das durchmachen! Er hat auch begonnen, mich zu beobachten, und wenn er meint, daß er irgend etwas versäumt oder mißverstanden hat, schreit und weint er, und wir müssen das Ganze noch einmal durchgehen."

Ein anderes Kind entwickelte eine andere Variante von Stereotypien. „Bei Roberto hat das zwanghafte beharrende Wiederholen sehr früh begonnen. Sein fünftes Lebensjahr aber war das Jahr der großen Wende. Er verbiß sich regelrecht in bestimmte Interessen. Einmal waren es Gewehre und Schwerter. Er schnitt Messer und Gewehre aus Pappe aus und versteckte sie überall in seinem Zimmer. Er redete ständig nur davon, zeichnete sie, schnitt Bilder davon aus Zeitschriften aus, blieb beim Museumsbesuch die ganze Zeit über im Waffensaal. Wenn sie Roberto kennenlernen, denken viele Leute zunächst, es ist irgendwie süß, wenn Kinder ein so starkes Interesse an einer bestimmten Sache haben. Aber früher oder später merken sie, daß er regelrecht besessen davon ist, und dann wird es ihnen in seiner Gegenwart unbehaglich."

Außer den häufigeren autistischen Zügen, die bereits erwähnt wurden, wie etwa die eines Säuglings, der keinen Blickkontakt herstellt, gibt es weniger belastende Züge im Zusammenhang mit Autismus, die das stereotype Verhalten veranschaulichen. „Margie liebt Gerüche und Farben. Sie ist wählerisch geworden bezüglich der Dinge, die sie essen oder womit sie spielen will. Sie duldet nur ganz bestimmte Dinge. Vor allem andern muß alles, was sie anfaßt, einen angenehmen Geruch haben. Wir wissen nicht was das bedeutet, wie sie ihr Urteil fällt. Aber sie riecht an einem Spielzeug und beschließt anhand des Geruchs, ob sie damit spielt oder nicht. Ich meine, sie riecht Plastik."

Es gibt auch Kinder, bei denen die Störung weniger stark ausgeprägt ist. Ein solches Kind hat einen gesunden Sinn für Ästhetik, aber spielt allein in einer Welt ihrer eigenen Erfindung. „Mary spielt mit Spielzeug, das leuchtende Farben hat und sie riecht gern Blumen und Spielzeug. Sie hat eine ausgeprägte Einbildungskraft. Aber alles, womit sie spielt, auch die Legosteine, sind immer Segelschiffe." Es stellt sich heraus, daß ihre Mutter einmal bei hoher Windstärke auf einem Segelboot draußen auf dem offenen Meer war und dabei große Ängste ausgestanden hat.

Nachdem ihr Kind das Arzneimittel genommen hatte, berichtet eine andere Mutter: „Ich kann sehen, wie Sue aus ihrem Schneckenhaus kommt. Sie hat einige Dinge gelernt, die sie vorher nicht konnte, hat nicht mehr so viel Angst und nimmt zum ersten Mal seit langem andere Kinder wahr. Sie spielt jetzt gern mit uns (der Familie) und mit anderen Kinder in der Spielgruppe."

Pedanterie

Es gibt Kinder, bei denen man die Neigung zu Autismus oder Stereotypien in ihrer Pedanterie sieht. Die Eigenschaft ist im Zusammenhang mit diesem Arzneimittel nicht gut bekannt, und dennoch trifft man es bei einer Untergruppe von *Stramonium*-Kindern und -Erwachsenen relativ häufig an, daß sie ein starkes Reinlichkeitsbedürfnis haben. Es läßt sich auch bei Kinder beobachten, die bereits im Alter von einem Jahr sehr reinlich sind und es nicht ertragen können, wenn sie schmutzige oder klebrige Finger haben und fordern, daß man sie ihnen nach dem Essen abwischt. Oder man sieht es bei dem Zweijährigen, der sein Spielzeug aufhebt und die Unordnung, die er auf dem Fußboden angerichtet hat, aufräumt, oder bei Jugendlichen, die ihr Zimmer sauber machen, ohne daß man sie darum gebeten hat, die Möbel ständig zurechtrücken, und auf makellos sauberer Kleidung bestehen.

Dieser Aspekt sollte betont werden, denn er ist im Rahmen des *Stramoniumbildes* nicht gut bekannt, gleichzeitig ist es aber auch notwendig, gegenüber anderen Arzneimitteln zu differenzieren, welche dieselbe Pedanterie haben. Das Wesentliche ist nicht die Reinlichkeit, sondern eher, welche Bedeutung diese im Gesamtkontext des Arzneimittelbildes hat. Bei einem Kind, das von einer Welt voller Ungeheuer, Dunkelheit und grotesker Dingen umgeben ist, überrascht es nicht, wenn es durch Ordentlichkeit kompensiert. Es ist eine Art, das Gleichgewicht herzustellen, doch dann schießt dieses Verhalten über und wird zum Problem. Die andere Motivation für sein Reinlichkeitsbedürfnis ist die von Stereotypien beherrschte Seite des Kindes. So können wir sagen, daß es nicht so sehr auf die Sauberkeit aus sind, sondern daß es eher ihr Zwangsverhalten und ihre Rigidität sind, die sie zu diesem beharrlichen Wiederholungsverhalten drängen, wodurch sie nach Präzision und Klarheit streben. Sie wollen die Dinge schwarzweiß haben. In solchen Fällen kann ein Kind dieselbe Gewissenhaftigkeit in Kleinigkeiten entwickeln, die man normalerweise nur bei Erwachsenen sieht. Und somit paßt Rigidität, Verschlossenheit oder Flexibilitätsmangel in jeder Form in dieses Segment.

Vollständiger Autismus

Es gibt mehrere ausführlich beschriebene Untergruppen von autistischen Syndromen. Zwei davon, die häufig in das Sprechzimmer des Homöopathen kommen, sind: frühkindlicher Autismus mit Entwicklungsrückstand (Kanner-Syndrom) sowie Landau-Kleffner-Syndrom.

Das *Stramonium*-Kind mit frühkindlichem Autismus kann sein Leben genauso beginnen wie viele andere Kinder. Allerdings kann es an Hörschwierigkeiten leiden, denn diese Kinder neigen zu rezidivierender Otitis media und erhalten häufig Antibiotika und/oder haben Röhrchen in den Ohren. Obgleich sie meist zufrieden, glücklich und zärtlich sind, neigen sie dazu, mit der Zeit eine große Angst im Dunkeln, Platzangst und Furcht vor dem Baden zu entwickeln. In diesen Situationen werden sie schreien und kreischen. Die Eltern berichten häufig, daß sie mit diesem schreienden Kind schlaflose Nächte verbringen, mit ihm herumlaufen, um die Angst zu mildern oder die Schmerzen einer Otitis oder Kolik zu lindern. Wenn diese Kinder zwei oder zweieinhalb Jahre alt werden, sprechen sie vielleicht noch nicht, oder sind in ihrer motorischen/sensorischen Entwicklung auf der Stufe eines Einjährigen oder gehen mit drei Jahren noch nicht zur Toilette. Sie können Sensibilitätsstörungen entwickeln, so daß sie die Finger gespreizt halten, Gegenstände nicht berühren oder stattdessen gern mit Sand oder Rasierschaum spielen. Diese Kinder zeigen nicht unbedingt das vollständige *Stramonium* Bild — die Gewalttätigkeit kann fehlen —, aber der Rest des Bildes wird zu dem Arzneimittel passen. Somit können wir eine Progredienz bei dieser Krankheit beobachten: Infektion, durch die das Kind Schmerzen ausgesetzt ist, dann Furcht vor Schmerzen, Entzündung/Überreaktion führen zu Verschließen und Furcht; Infektionen die wiederum zu veränderten Wahrnehmungen führen, aus denen Szenen des Grauens entspringen.

Danach beginnt das Nach-Innen-Wenden der Persönlichkeit, was wiederum zu aggressiven Verhaltensweisen führt.

In der Praxis sehen Sie dieses Kind auf- und ablaufen, einen Gegenstand nach dem anderen anfassen, doch gewöhnlich nicht mit der intensiven Ruhelosigkeit autistischer Kinder, die andere Arzneimittel benötigen als *Stramonium*. Die Ruhelosigkeit ist für mich ein wichtiger Hinweis, denn das Hauptthema bei dem autistischen *Stramonium*-Kind wird normalerweise nicht Hyperaktivität sein. Der im Vordergrund stehende Eindruck ist vielmehr, daß das Kind in seiner eigenen Welt gefangen ist – einer Welt, angefüllt mit Gewalt, die nur darauf wartet, entfesselt zu werden. Aber wenn man in der Gegenwart des Kindes an einen Wirbelsturm von Energie, der ein Ventil sucht, erinnert wird, dann sollte man sich mehrere andere Arzneimittel ansehen, wie etwa *Veratrum album, Tarantula hispanica* oder *Lachesis*.

Eine der interessantesten Untergruppen von Autismus, die ich gesehen habe, ist das Landau-Kleffner-Syndrom. Es setzt gewöhnlich im Alter von drei Jahren ein, kann aber auch erst mit sechs Jahren auftreten. Es betrifft Kinder, die ihr Leben als normale oder überdurchschnittlich begabte Kinder beginnen und dann plötzlich anfangen, ihr Sprach- und/oder Kommunikationsvermögen zu verlieren. Oft zeigen sich hier Veränderungen im EEG in temporalen Regionen, und manchmal treten Krampfanfälle auf. Die Kinder, die ihre Kommunikationsfähigkeit behalten, sprechen oft in einem verkrampften abgehackten Telegrammstil. Kinder gehen von Fall zu Fall mit dieser Veränderung unterschiedlich um. Manche begreifen ihr Problem und kompensieren durch die Entwicklung besonders guter Schreibfähigkeit oder greifen sogar auf Zeichensprache zurück. Dies sind meist Kinder mit überdurchschnittlich hoher Intelligenz.

Bei anderen kann das verminderte Sprechvermögen zu veränderten Wahrnehmungen und von daher zu drastischen Veränderungen des Verhaltens führen. Manche Kinder entwickeln Stereotypien mit auf den eigenen Körper bezogener Stimulation. Bei diesen Kinder kann *Stramonium* eine wohltuende Wirkung haben. Sie werden vielleicht unberechenbar gewalttätig und können, ebenso wie *Hyoscyamus*, plötzlich anfangen, Gegenstände zu zerstören oder sogar versuchen zu töten. Es können nächtliche Ängste, einhergehend mit Krampfanfällen, auftreten. Manchmal entwickeln sie perfektionistische Verhaltensweisen und bekommen Wutanfälle, wenn die Eltern nicht haargenau das tun oder sagen, was sie von ihnen erwarten. Außerdem können diese Kinder hyperaktiv werden. Hier kommen verschiedene Arzneimittel in Betracht, doch *Stramonium* steht oben auf der Liste.

Mit zunehmenden Verständnis- und Sprachschwierigkeiten wird das Kind zunehmend frustrierter darüber, daß es die Kontrolle über seinen bewußten Verstand verliert, es isoliert sich immer mehr und wird immer ängstlicher in bezug darauf, was mit ihm geschieht. Wieder läßt sich bei Kindern mit solchen Störungen dieselbe Progredienz beobachten: die zunehmende Kommunikationsstörung führt zu veränderten Wahrnehmungen in irgendeiner Form, dann zu Frustrationen, Ängsten, einem Nach-Innen-Wenden der Psyche und Rückzug aus dieser Welt und schließlich zu einem vollständigen *Stramoniumbild* — der Herrschaft des Unbewußten, die das Kind in eine Verkörperung des Schreckens verwandelt.

An dem Landau-Kleffner-Syndrom interessiert mich besonders, daß bei einem Kind, das sprachlich durchschnittlich oder überdurchschnittlich begabt war, plötzlich dieser Teil abgetrennt wird, ohne daß seine Intelligenz dadurch beeinträchtigt wird. Es war faszinierend zu hören, wie solche Kinder den Prozeß des Verlustes und die Wiedererlangung ihres Sprechvermögens beschrieben haben. In dieser Übergangswelt bilden sie eine Art Zwischenstadium zwischen uns und den autistischen Kindern, die überhaupt nicht kommunizieren. Dies ist eine Erinnerung an den Zustand, der in dem Abschnitt über nächtliche Panikanfälle im Kapitel ***Schlaf*** erörtert wird – ein Zustand, in dem das Kind ebenfalls zwischen Wachbewußtsein und Schlafbewußtsein feststeckt, ja gewissermaßen in der Falle sitzt.

Der Krieg, der in *Stramonium* wütet, hinterläßt ein Waisenkind. Allein, verlassen, den Elementen ausgeliefert — die Widersprüche in seinem Innern sind zu groß, als daß es sie ertragen kann. Es tritt bereits verwundet in den Kampf ein. Der Kampf hält an, und die Verhaltensstörungen beginnen. Eine dieser Verhaltensstörungen ist Autismus.

Häufig werden, nachdem die Wirkung von *Stramonium* eingesetzt hat, Worte aus dem Kind kommen, und bald danach können kurze Sätze gebildet werden. Ein Wunder geschieht. Manche Kinder machen in einem kurzen Zeitraum phantastische Fortschritte, kommunizieren wieder und erlangen emotionale Reife. Anderen gelingt es nur, besseren Kontakt herzustellen. Sie scheinen sich stärker dessen bewußt zu sein, was von ihnen erwartet wird, aber die Verzögerung hält an. Statt drei Jahre im Rückstand zu sein, sind es jetzt vielleicht nur noch zwei Jahre, aber sie sind weiterhin im Rückstand.

Unglücklicherweise können wir nicht voraussagen, welche Fortschritte ein solches Kind nach der Arzneimittelgabe machen wird. Ich habe früher angenommen, die Prognose sei umso schlechter, je schwerwiegender der Ausgangszustand ist. Doch ich bin von solchen Wundern überrascht worden. Andererseits habe ich Kinder behandelt, bei denen eine eher geringfügige Störung vorlag und bei denen der Heilerfolg zwar positiv war, mich aber nicht recht zufriedengestellt hat. Ich konnte nicht umhin zu denken, daß ein besseres Ergebnis möglich sein müsse. Aber Wunder geschehen durchaus, und manchmal mit Hilfe von *Stramonium*.

Schlaf

... in der Stunde der größeren Wahrheit, da meine Augen, die sich den Dingen der äußeren Welt verschlossen hatten (an deren Grenze Verstand und Wille, kurzzeitig gelähmt, nicht länger danach streben konnten, mich aus der Grausamkeit meiner wirklichen Eindrücke zu erretten) die qualvolle Vernichtung in der geheimnisvoll leuchtenden Dunkelheit meiner Organe widerspiegelten und in Refraktion brachen. Die Welt des Schlafs, in der unser inneres Bewußtsein, in Knechtschaft an den Aufruhr unserer Organe gebunden, seinen Platz hat, beschleunigt den Rhythmus des Herzens und der Atmung, weil eine ähnliche Dosis Schrecken, Traurigkeit, Reue mit einer Kraft wirkt, die um ein Hundertfaches stärker ist, wenn sie auf diese Weise unseren Venen injiziert wird; sobald wir uns, um die Arterien der unterirdischen Stadt zu überqueren, auf einer uns innewohnenden Lethe, dem Strom, der Vergessenheit beschert, eingeschifft haben, der sich sechsfach dahinwindet, erscheinen uns gewaltige feierliche Formen, nähern sich uns und gleiten davon, um uns in Tränen zurückzulassen.

Marcel Proust, *Sodom und Gomorrha*

Nach der geistig-emotionalen Sphäre und dem Nervensystem bietet der Schlaf den tiefsten Einblick in den *Stramonium*-Zyklus. Dieser Bereich liefert so viele bestätigende Symptome, daß ***Stramonium*** **höchstwahrscheinlich nicht das richtige Mittel ist, wenn ein Kind keinerlei Schlafsymptome zur Bestätigung der Verschreibung hat.**

Es ist nicht verwunderlich, daß die Schlafsymptome so vielfältig sind, zumal das Bewußtsein während des Schlafes und im Verlauf des Einschlafens seine Kontrolle aufgibt und das Unbewußte die Führung übernimmt. In der Nacht kommt all das zum Ausdruck, was während des Tages in Schach gehalten wurde. Der intensive Kampf zwischen Bewußtsein und Unbewußtem, der während des Tages unentschieden bleibt, verlagert sich im Verlauf der Nacht, da eine Seite ihre Kampfkraft verliert und die andere eine stärkere Machtposition bekommt. Während die Bilder vom Tod zunehmen, werden die Segmente der Stille, der Leblosigkeit stärker, und dies verstärkt das Angstsegment in dem Kind.

Dieser Kampf läßt sich in drei verschiedenen Bereichen beobachten. **Symptome in einem der folgenden Bereiche können die Indikation von *Stramonium* bestätigen:**

- Ängste vor dem Schlafen (zeitl.)
- Alpträume und nächtliche Panikanfälle
- Allgemeine Schlafsymptome

Jede dieser Kategorien soll getrennt besprochen werden, doch zuvor möchte ich den Leser auf ein wertvolles Buch zum Verständnis des Schlafes bei Kindern aufmerksam machen. Richard Ferbers *"Solve your Child's Sleep Problems "* (= Lösen Sie die Schlafprobleme Ihres Kindes), erschienen bei *Simon and Schuster*, ist äußerst hilfreich, um ein tieferes Verständnis für Schlafzyklen und Schlafstörungen zu entwickeln. Ich empfehle ganz besonders die Kapitel Eins, Vier und Fünf, für Eltern und Therapeuten gleichermaßen.

Ängste vor dem Schlaf

Die Furcht vor dem Zubettgehen ist ein recht charakteristisches Symptom, das die meisten *Stramonium*-Kinder haben. Die meisten kleinen Kinder sind nicht in der Lage, einen bestimmten Grund zu nennen, aber wenn sie alt genug sind, werden die folgenden Ängste am häufigsten angegeben: **Furcht vor Dunkelheit, vor Ungeheuern, alleingelas-**

sen zu werden und Ängste in Verbindung mit **Filmen und Geschichten, die sie kurz vorher gesehen oder gehört haben.** Ein noch wichtigerer Grund, ganz gleich, ob das Kind ihn angibt oder nicht, ist, daß es bereits furchterregende Träume erlebt hat. Aufgrund der **panikartigen Furcht, daß sich diese Träume wiederholen könnten,** hat das *Stramonium*-Kind in den darauffolgenden Nächten Angst vor dem Einschlafen. Man bekommt den Eindruck, daß ein Kampf zwischen den Mächten des Lichts und einer dunklen dämonischen Seite im Innern des Kindes wütet. Jede Nacht hat das Kind auf irgendeiner Ebene seines Seins das überwältigende Gefühl, daß es im Begriff ist, dieselben schrecklichen Bilder erneut zu durchleben — Visionen von Horror, Folter, Entsetzen — somit sträubt sich das Kind jede Nacht gegen die Bemühungen der Eltern, es zu Bett zu bringen und wehrt sich verzweifelt gegen das Einschlafen.

Viele Fachleute auf dem Gebiet von Schlafstörungen glauben, daß nächtliche Ängste auf Streß oder Angst während des Tages zurückzuführen sind, die aber nur in der Nacht an die Oberfläche kommen. Diese können in *äußeren* Belastungen ihren Ursprung haben, wie zum Beispiel Furcht vor Trennung von der Mutter oder Ängste in Verbindung mit einer Trennung der Eltern. Es kann auch eine gerechtfertigte Furcht vor Schlägen oder Verletzungen irgendeiner Art vorliegen, die nach Mißhandlungen entstanden sein mag. Selbst eine einmalige Ohrfeige kann solche Ängste auslösen.

Die Belastungen können auch im *Inneren* des Kindes ihren Ursprung haben. Während sich die Kontrolle von Impulsen entwickelt, kann das Kind, wenn es sich ungezogen verhalten will, gegen seine verinnerlichte kontrollierende Seite zu kämpfen beginnen. Die meisten Kinder schaffen cs, diesen Kampf zu bewältigen, das *Stramonium*-Kind jedoch nicht. Es versucht nun, seine Impulse unter Kontrolle zu bringen, und Eltern oder Therapeuten können die folgende Reaktionskette beobachten, die sich in dem introvertierten *Stramonium*-Kind abspielt: Das Kind empfindet einen starken Impuls zur Ungezogenheit (das Segment der heftigen Überreaktion); Schuld wegen dieses Impulses steigt auf (das Segment des

Verschließens/Introvertiertheit); übermäßige Kontrolle setzt ein; schließlich wird das Kind übervorsichtig und ängstlich darum besorgt, die Kontrolle zu behalten (das Segment der Abgeschlossenheit/Leblosigkeit). Kein Wunder, daß die Angst vor dem Zubettgehen zunimmt und das Kind soviel Schwierigkeiten mit dem Einschlafen hat. Es macht sich ständig Sorgen, ohne jedoch begreifen zu können, worum es sich eigentlich Sorgen macht. In Wirklichkeit macht sich dieses Kind Sorgen wegen seiner eigenen Impulse. **Die Ungeheuer oder die Dunkelheit, die diese Kinder fürchten, sind** in Wirklichkeit **ihre eigenen Impulse, die tief im Unterbewußtsein begraben liegen.** Die grauenhaften Alpträume und nächtlichen Panikanfälle entspringen aus diesen vergrabenen Impulsen. Herman Melville hat dies in *Pierre* gut in Worte gefaßt: „Man erzittert, wenn man an jenes mysteriöse Ding in der Seele denkt, das keinerlei menschliches Recht und Ordnung anzuerkennen scheint, sondern dem unschuldigen Selbst des Menschen zum Trotz entsetzliche Träume träumt und unaussprechliche Gedanken murmelt."

Es gibt zahlreiche Verhaltensmuster um die Schlafenszeit, die für das *Stramonium*-Kind typisch sind. Viele dieser Verhaltensweisen veranschaulichen auf die eine oder andere Art die Rubrik **Gemüt; Anklammern**. Im präverbalen Alter, zwischen acht und fünfzehn Monaten, schreit das Kind vielleicht, wenn es zu Bett gebracht wird. Selbst wenn die Eltern sich um einen sanften, liebevollen Übergang vom Wachzustand in den Schlaf bemühen, führen diese Bemühungen höchstwahrscheinlich zu vorübergehender Taubheit der Eltern durch das laute Geschrei des Kindes. Die Eltern geben sich alle Mühe, das Kind zu beruhigen, aber *Stramonium* kneift die Augen zusammen und schreit sich die Lungen aus dem Hals. Die beruhigenden Worte und der liebevolle Klang der Stimme erreichen es nicht. Das Geschrei zur Schlafenszeit bei diesem Kind kann an *Medorrhinum, Tuberculinum, Lycopodium, Chamomilla, Borax, Cina* oder *Calcarea phosphorica* erinnern.

So beginnt jeden Abend ein zähes Tauziehen: Wenn es auf den Arm genommen wird, kämpft das Kind und strampelt sich von den Eltern los, bis diese verärgert sind. Gleichzeitig bittet es darum, im Bett der Eltern schlafen zu dürfen, wo es am besten schläft, am allerbesten in Körperkontakt mit den Eltern. Manchmal ist es zufrieden, wenn sich Mutter oder Vater mit ihm in seinem Bett hinlegen, sobald die Eltern aber versuchen, ganz leise aufzustehen und sich davonzuschleichen, fährt das Kind im Halbschlaf zusammen und fängt erneut an zu schreien.

Ältere Kinder drücken ihre Furcht vor dem Einschlafen durch Kämpfe und Widerstand gegen alles aus, was abends von ihnen verlangt wird und was auch nur entfernt auf Zubettgehen hinweist. Wenn sie eine einfache Forderung an das Kind stellen, wie zum Beispiel: „Putz' dir die Zähne", explodiert es wie eine Bombe. Die Eltern beginnen zu glauben, ihr Kind sei verrückt. Der Therapeut kommt vielleicht zu dem Schluß, das Kind sei irrational, impulsiv oder widerspenstig. In Wahrheit jedoch verliert es den Verstand aus Angst, aber ihm fehlt die Reife, dies verbal auszudrücken. Weil sie das nicht erkennen, versuchen die Eltern häufig, das Kind zum Schlafen zu zwingen. Das Kind, das nicht ausdrücken kann, was es bedrückt, widersetzt sich, und es folgt ein ernster Konflikt, der die Harmonie der Eltern-Kind-Beziehung ins Wanken bringt.

Unglücklicherweise bezieht der Kampf zwischen Eltern und Kind auf dem Terrain der *Stramonium*-Psyche niemals den wahren Feind ein (Ängste, Isolation und Verwirrung), und daher wird der wahre Kampf unweigerlich fehlschlagen. Dieser Konflikt schmerzt das Kind nur noch mehr und verursacht eine Ausweitung des Loches oder der Lücke in dem Abwehrsystem seines Unterbewußtseins, was dazu führt, daß es tiefer in die Abwärtsspirale desselben Zyklus gerät. **Das *Stramonium*-Kind erlebt die Anordnungen und Handlungen seiner Eltern (wenn sie es etwa zum Zubettgehen zwingen) als Handlungen der Entfremdung und Isolation. Ja, schlimmer noch, es hat das Gefühl, als solle es mutterseelenallein seinem Schicksal überlassen werden — einer Nacht voller gräßlicher Visionen.**

Eine andere Strategie, die das Kind entwickeln kann, um mit seiner Furcht fertigzuwerden, und die beinahe das Gegenteil zu dem gerade beschriebenen Verhalten darstellt, ist übermäßige Kontrolle. Das Kind fängt an, rigides Verhalten oder **rituelle Hand-**

lungsweisen zu zeigen. Eine Mutter beschreibt das allabendliche Ritual ihrer Tochter zur Schlafenszeit: „Ich muß jeden Abend dasselbe Buch lesen. Dann muß ich ihr eine Zeitlang den Rücken im Uhrzeigersinn reiben, dann entgegen den Uhrzeigersinn. Danach dreht sie sich um, und sagt seufzend — ‚Geh!' Sie entläßt mich mit diesem Wort, als würden meine Dienste nicht länger benötigt."

Wenn das Kind etwas älter ist, kann es vielleicht seine nächtlichen Ängste artikulieren. Danach gefragt, wird das *Stramonium*-Kind vielleicht spezifische Ereignisse in seinem Leben erwähnen, die es erschreckt haben. Manche Kinder hatten ein Schreckerlebnis infolge eines Angriffs durch Personen oder Tiere, und bei Einbruch der Nacht steigt die Furcht, daß sich dieses Erlebnis wiederholen könnte. Die häufigsten Ängste, die im heutigen Nordamerika angesprochen werden, haben ihren Ursprung in **Gewaltszenen, die Kinder im Fernsehen oder in Filmen sehen und die ihr Gefühl von Unsicherheit in der Welt verstärken. Dadurch wird eine Ätiologie geschaffen, die eine stärkere Abwärtsspirale im Zyklus des Kindes erzeugt und zunehmend schlimmere Symptome hervorbringt.**

Wie im Kapitel *Gemüt: Ängste* erwähnt, hat das *Stramonium*-Kind **große Angst im Dunkeln**. Diese Angst kommt besonders stark in der Nacht zum Ausdruck, häufig in Form von intensiver Furcht, **verlassen zu werden und im Dunkeln allein zu sein**. Um diese Ängste zu lindern, lassen die Eltern vielleicht ein Nachtlicht brennen, um das Kind zu beruhigen. Ein Unterscheidungsmerkmal, wie von George Vithoulkas erwähnt, ist, daß *Stramonium*-Kinder sogar, nachdem sie eingeschlafen sind, oft aufwachen und schreien, wenn man das Licht ausschaltet; viele andere Arzneimitteltypen wachen nicht auf, wenn es plötzlich im Raum dunkel wird.

Stramonium hat sehr spezifische **Modalitäten** bezüglich der Ängste. Sie werden **verschlimmert**, wenn das Kind einen **beängstigenden Film sieht, eine furchterregende Geschichte hört** oder abends **duscht oder badet. Wenn das Kind allein in einem dunklen Raum**

schläft, können dadurch die Ängste ebenfalls intensiviert werden.

Schlafen bei dem Elternteil, zu dem es die engste Beziehung hat, **ebenso wie Schlafen bei Licht helfen dem Kind, diese Ängste zu lindern**. Doch meiner Erfahrung nach ist es nicht ratsam, das *Stramonium*-Kind, das unter nächtlichen Ängsten leidet, dazu zu ermutigen, im Bett der Eltern zu schlafen. Bei diesem Kindertypus schlägt das ‚Familienbett'-Arrangement nicht nur fehl, sondern es schlägt irgendwann zurück. Der enge Kontakt zu den Eltern kann das Kind vorübergehend beruhigen, doch gleichzeitig wird das Kind dadurch mit der Zeit zum Leidwesen der Eltern zunehmend abhängiger von ihnen. Das Kind spürt, daß dies kein Dauerzustand sein kann und daß es früher oder später wieder einsam und verlassen in seinem eigenen Zimmer sein wird. Dies dient nur dazu, seine Ängste zu verstärken. Nach mehreren Monaten kann das Kind sogar einen Elternteil von seinem Platz verdrängen, da das Bett auf die Dauer für drei Personen nicht groß genug ist — ein Ergebnis, das sicher nicht beabsichtigt war.

Man kann einiges tun, um dem Kind bei der Überwindung seiner Ängste zu helfen. Viele Psychologen betonen die Wichtigkeit, daß das Kind tagsüber soviel wie möglich qualitativ wertvolle Zeit in seinem eigenen Zimmer zubringt. Es kann dort spielen, oder die Eltern können ihm dort etwas vorlesen. Das wird dem Kind helfen, sich in seinem eigenen Zimmer sicherzufühlen, bis es ein sicherer Hafen für das Kind wird, ein Ort, an dem es weiß, daß es behütet ist und sich fallenlassen kann.

Was die Furcht des Kindes vor einem dunklen Zimmer angeht, so rate ich Eltern oft, eine Lichtquelle im Raum anzulassen; die meisten Kinder schlafen besser bei gedämpftem Licht, und wenn sie nachts aufwachen, haben sie auch genügend Beleuchtung, um sich zu orientieren.

Alpträume und nächtliche Panikanfälle

> Der Traum ist die kleine verborgene Pforte in das tiefste und intimste Allerheiligste der Seele, die sich öffnet in jene ursprüngliche kosmische Nacht, welche Seele war, lange bevor es ein bewußtes Ego gab und Seele sein wird weit über das hinaus, was ein bewußtes Ego je erreichen kann.
>
> aus Carl Gustav Jung: *Die Bedeutung der Psychologie für den modernen Menschen*

Vorausschickend möchte ich Eltern wie Therapeuten gleichermaßen darauf hinweisen, daß dieses gesamte Kapitel über ***Schlaf*** zwar wichtige Informationen enthält, um *Stramonium* zu erkennen, aber der nachfolgende Abschnitt über nächtliche Panikanfälle ist noch aufschlußreicher. Im Gespräch mit Ärzten und Eltern ist mir aufgefallen, daß viele kein klares Verständnis von Alpträumen, nächtlichen Panikanfällen und anderen Schlafstörungen haben. Wenn die Eltern die Prozesse verstehen können, die stattfinden, dann können sie vielleicht das Muster der nächtlichen Panikanfälle ihres Kindes und die damit verbundenen Verhaltensstörungen durchbrechen. Wenn bereits ein Teufelskreis von Schimpfen und Bestrafung zur Eingrenzung der nächtlichen Panikanfälle besteht, wird es den Eltern helfen, solche ungeeigneten Maßnahmen zu beenden oder zumindest zu verringern.

Die Verabreichung des richtigen Mittels ist sicher von höchster Wichtigkeit, um den Zyklus zu durchbrechen. Doch es gibt außerdem bestimmte Techniken, die vielen Eltern von Nutzen waren. Ich hoffe, daß die folgende Besprechung von Alpträumen und nächtlichen Panikanfällen Eltern dabei helfen wird, ihren Kindern bei der Bewältigung seines Problems behilflich zu sein.

Ein **Alptraum** ist ein sehr beängstigender Traum, der im Schlaf *während der REM-Phase* auftritt. Bei den meisten Kindern treten Alpträume in Zeiten auf, in denen das Kind einer emotionalen Belastung ausgesetzt ist oder nachdem es während des Tages einen Schreck erlebt hat, der in seiner Natur den Ängsten ähnelt, die nachts vor der Schlafenszeit erlebt werden, wie etwa Furcht vor Gespenstern oder Hunden. Der Alptraum selbst ist nicht die Wurzel des Übels, sondern spiegelt vielmehr die Belastungen wider, denen das Kind während des Tages ausgesetzt ist. Der Alptraum dient als Spiegel für diese Belastungsfaktoren.

Die angespannte Wachsamkeit des Kindes in der Nacht, die es wegen seiner Ängste entwickelt, färbt seine Träume und läßt erschreckende Bilder entstehen. Wenn das Kind nachts aufwacht, versteht es nicht den Unterschied zwischen Traum und Wirklichkeit (das Segment der Verwirrung). Es ist entsetzt und sucht bei den Eltern Geborgenheit und Schutz; die Eltern sollten mit allen Mitteln diesen Trost spenden und dem Kind versuchen zu vermitteln, daß es in Sicherheit ist.

Bei den Alpträumen von *Stramonium* geht es um **Unheil, Verletzung, Bedrohungen, Tiere und Bilder aus furchterregenden Filmen.** Die folgenden Beschreibungen sind typisch für Alpträume bei Kindern: Alan schreit auf: „Tiere kommen in mein Zimmer!" Lynne weint und schluchzt: „Ein Hai kommt aus dem Wasser und frißt meine Familie." Harry brüllt: „Wölfe kommen und wollen mich töten". Duane kreischt im Schlaf: „Ein Hund jagt mich!" Jerry ist sich ganz sicher: „Ein gräßliches Ungeheuer taucht aus dem Wasser auf, und ich weiß, daß es mich sucht." Bruce erzählt mir: „Ich habe vor einem Jahr eine Gespenstergeschichte gehört. Jetzt kann ich sie nicht aus dem Kopf bekommen. Ich träume oft davon. Darum geht es immer in meinen Alpträumen. Sie enden immer auf dieselbe Art – mit Nägeln, die sich mir in die Augen bohren."

Noch dramatischer als diese Träume jedoch sind die **nächtlichen Panikanfälle**. *Es ist ganz wichtig, zwei Aspekte im Zusammenhang mit dem nächtlichen Panikanfall zu verstehen. Erstens, nächtliche Panikanfälle entziehen sich sowohl der Kontrolle als auch dem Willen des Kindes. Zweitens, Anschreien, Schlagen oder jede Art von Bestrafung wird nicht helfen, sondern das Kind verletzen und die Episoden von nächtlichen Panikanfällen noch weiter verschlimmern, d.h. sie werden entweder häufiger auftreten oder länger anhalten.*

Nächtliche Panikanfälle treten auf, *während das Kind teilweise aus dem Tiefschlaf erwacht.* Das Kind taucht aus einer der tiefsten Schlafphasen auf, einer Non-REM-Phase, in der es sich eine bis eineinhalb Stunden lang befindet. Gegen Ende dieser Zeit wechselt das Kind plötzlich in einen leichteren Schlaf und wacht gelegentlich sogar auf. Dieser Übergang findet plötzlich statt, ist natürlich und verläuft normalerweise ohne Komplikationen, doch bei *Stramonium* ist dies nicht immer der Fall. **Bei manchen Kindern verläuft der Übergang zwischen den Schlafphasen nicht glatt oder kurz und führt selbst zu einem nächtlichen Panikanfall.**

Dies ist zum Teil auf die Tatsache zurückzuführen, daß der Schlaf des Kleinkindes sehr tief ist (tiefer als der Erwachsenenschlaf) und das Kind möglicherweise seinen Einsatz zum Wechsel der Schlafphasen nicht erkennen kann. Dann bleibt es teilweise im Tiefschlaf und tritt teilweise in einen wacheren Zustand ein. *Laut Ferber ‚klemmt' das Kind, das nachts Panikanfälle hat, während dieser Zeit zwischen den zwei Phasen fest und zeigt gleichzeitig Gehirnmuster und Verhaltensweisen von Schlaf- und Wachzuständen.* Dies ist vergleichbar mit der Situation, wenn ein Erwachsener durch einen Notfall aus dem Schlaf gerissen wird und sofort handeln muß, aber seine Handlungen sind für einige Sekunden oder sogar Minuten verwirrt. Bei einem nächtlichen Panikanfall kann die Verwirrung des Kindes von wenigen Minuten bis zu einer Stunde lang anhalten. Dieser Verwirrungszustand, der sich daraus ergibt, daß man sich auf zweierlei verschiedenen Ebenen befindet, ist typisch für das Segment der Verwirrung in dem Zyklus und führt das Kind rasch in das Angstsegment.

Das Kind steckt zwischen diesen beiden Zuständen fest und verhält sich, als sei es in Gefahr. Was es sagt oder tut, wird in Beziehung stehen zu dem Versuch, vor etwas zu entfliehen oder etwas in Schach zu halten. Das Kind ist eingeklemmt zwischen zwei Ebenen. Während des Überganges vom Teilschlaf zum partiellen Wachzustand erlebt das *Stramonium*-Kind aller Wahrscheinlichkeit nach eine Flut all dieser furcht-, angst- und entsetzenerregenden Ereignisse aus dem Unterbewußtsein, die zuvor unterschwellig vorhanden waren, aber die nun alles übertönen, was das

Kind sieht oder hört. Somit kann ein Licht als Feuer gesehen werden, ein Elternteil als Ungeheuer, ein Bild als Gespenst, oder ein einfaches Geräusch hört sich an wie das Brüllen eines wilden Tieres. So schlägt es entsetzt und wild um sich, in dem Bemühen, vor diesen furchterregenden Bildern zu entfliehen. Die Rubriken, die all diese Verhaltensweisen beinhalten sind: **GEMÜT; Entfliehen, versucht zu** und **GEMÜT; Furcht vor Verletzung** bzw. **GEMÜT; Wahnidee, glaubt, verletzt zu werden.**

Wie in dem Kapitel über den ***Stramonium*-Zyklus** erwähnt, ist der Kampf zwischen Unbewußtem und Bewußtsein ein zentrales Thema von *Stramonium*. Es ist ein Tauziehen zwischen zwei Realitätszuständen, ein Kampf, der sowohl Furcht als auch Verwirrung im Kind auslöst. Diese Dualität tritt in seinem Schlafmuster noch deutlicher zutage. Alle Eigenschaften der nächtlichen Panikanfälle deuten darauf hin, daß *Stramonium* das primäre Mittel für diese Beschwerde ist. *Calcarea carbonica* ist das zweite der beiden häufigsten Mittel für nächtliche Panikanfälle bei Kindern.

Ein Kind während eines nächtlichen Panikanfalls zu beobachten ist ein unglaublich intensives Ereignis. Wir können nicht genau wissen, was das Kind während der panikartigen Ängste erlebt, da es sich, zumal es noch schläft, nicht richtig mitteilen kann, und am Morgen kann es sich nicht mehr daran erinnern. Die einzigen Anhaltspunkte, die wir haben, lassen sich von Alpträumen ableiten, die in Erinnerung gerufen werden und anhand derer wir versuchen können, den Inhalt der nächtlichen Panikanfälle zu extrapolieren.

Die folgenden Beschreibungen der nächtlichen Panikanfälle von *Stramonium* können Eltern helfen, ähnliche Situationen zu identifizieren. John beschreibt die Anfälle seines Sohnes: „Plötzlich setzt er sich auf und schreit mit weit offenen Augen, die durch mich hindurchblicken, ‚Es frißt meine Beine,' oder… ‚NNNEIEIEINNN, töte mich nicht!' oder, ‚AAAHHH, der Hund hat Jessy [seine Schwester] gefressen' oder ‚Der Wolf frißt mein Herz!'"

Laura und Peter erzählen eine etwas andere Geschichte: „James wacht schreiend auf und will, daß wir bei ihm sind, weil er Angst hat, im Dunkeln allein zu sein. Meistens sind es Träume davon, daß jemand einen von uns tötet." Bei näherer Überprüfung stellt sich heraus, daß es sich bei dem, was die Eltern als Träume bezeichnen, um nächtliche Panikanfälle handelt. „Während der ganzen Episode sind seine Augen geschlossen, und er schläft. Er steigt aus dem Bett und fängt an, die Wände zu boxen oder versucht, am Vorhang hochzuklettern. Er uriniert auf den Fußboden, dann läuft er herum und schreit die ganze Zeit. Wenn wir versuchen, ihn zu halten, stößt er uns fort, tritt und boxt uns, manchmal kratzt er uns. Wir schütteln ihn und geben ihm Ohrfeigen während des Anfalls, um ihn herauszuholen. Aber er wacht nie auf, nicht einmal von einer Ohrfeige, er schläft dann einfach wieder ein, dann legen wir ihn in sein Bett und decken ihn zu."

Alex beschreibt ein Erlebnis mit seinem dreijährigen Sohn Michael: „Wir gingen zu Freunden zum Abendessen. Unterwegs schlief Michael ein. Nach etwa dreißig Minuten kamen wir dort an. Ich nahm Michael hoch und trug ihn in das Schlafzimmer unserer Freunde, das Licht war stark gedämpft, aber es war an. Nach zehn Minuten hörte ich ein Geräusch aus dem Zimmer. Ich ging hinein und sah ihn aufrecht sitzen. ‚Hallo, Mike', sagte ich. Er fing an zu weinen, wand sich und trat um sich, es eskalierte schnell. Nichts schien ihn zufriedenzustellen, er schrie immer lauter. Er verlangte nach seinem Fläschchen. Ich rief Alice, die eine Flasche mit Saft brachte. Aber es war nicht sein Saftfläschchen, sondern das unserer Gastgeber. Er warf es zu Boden und schrie noch lauter, nun mit blankem Entsetzen in den Augen. Ich versuchte, ihn in die Arme zu nehmen, aber er stieß mich fort, kratzte mich dabei, schrie und kreischte aus vollem Hals. Ich nahm ihn hoch, obwohl er sich wehrte, und trug ihn in den Wagen. Draußen war es dunkel. Er bekam so große Panik, er war völlig außer sich, schlug um sich und schrie so laut, daß ich das Gefühl hatte, ihm würde die Seele aus dem Leib gerissen. Und dann, ebenso plötzlich, hörte er auf, blickte um sich, um zu sehen, wo er war, und sagte irgend etwas Nettes über die Lichter an einem Haus, an dem wir vorbeifuhren. Es war ebenso plötzlich vorüber, wie es begonnen hatte. Er schien sich nicht dessen bewußt zu sein, was er durchgemacht hatte, obgleich er eindeutig erschöpft war, matt, seufzend und schwach. Eine Viertelstunde später schlief er ein, und ich weinte mich in dieser Nacht in den Schlaf."

Aaron beschreibt seinen Sohn Leo: „Die Nächte waren einfach, bis Leo zwei Jahre alt wurde. Er fing an, sehr intensive Träume zu haben. Richtig erschreckend. Er liegt im Bett und schläft, und plötzlich höre ich ein Geräusch aus seinem Schlafzimmer. Ich schaue zur Uhr, es ist Mitternacht. Ich gehe in Leos Zimmer. Er bewegt die Arme und stöhnt. Dann hört er auf, sich zu bewegen. Etwa dreißig Sekunden später schreit er auf. ‚Mami! Mami! Nein! Nein! Nein!' Dabei schlägt er um sich und wälzt sich hin und her. Er biegt den Körper nach hinten durch. Seine Augen sind manchmal geöffnet und manchmal geschlossen. Die Angst steht ihm im Gesicht geschrieben, als ob er sterben müßte. Er fuchtelt und strampelt so sehr, daß er aus dem Bett fällt, und dieser Schock regt ihn noch mehr auf. Ich möchte ihm helfen. Ich gehe zu ihm und versuche, ihn zu beruhigen, aber er fängt an, gegen mich zu kämpfen. Ich mache ihm zu der Zeit Angst. Er schreit lauter und fuchtelt noch mehr. Ehrlich gesagt, es zerreißt mir das Herz. Es ist so schmerzhaft mitanzusehen, wie dein Sohn durch die Hölle geht, und du kannst nichts tun als danebenstehen und zuschauen. Nach einer Weile beruhigt er sich, und schließlich schläft er wieder ein. Was mache ich falsch? Warum muß er das durchmachen? Warum kann ich ihm nicht helfen? Ich habe mich niemals so machtlos gefühlt."

Ben ist acht Jahre alt und hat einen Zwillingsbruder. Er hatte einen Alptraum, der die meisten *Stramonium*-Bilder umfaßt: Isolation, Entsetzen, Tod, halb Lebendigsein, das Wasserelement. Dies ist der Traum: „Ich war in einer Stadt. Es war eigenartig und furchterregend. Da waren seltsame Geräusche überall. Ich sah in ein Gebäude und hörte seltsame Stimmen. Dinge bewegten sich, die sich nicht bewegen sollten. Da waren eklige Sümpfe. Und Fallen. Etwas kroch heraus und versuchte, mich zu schlagen, wenn ich in die Nähe von einem Spinnennetz oder so etwas kam. Mein Bruder war bei mir. Eigenartige Statuen überall. Wenn ich näher hinschaute, wurde die Statue immer älter und älter... ekelhaft und die Haut wurde faltig, bis man die Knochen sah, wie wenn jemand gestorben ist. Es war wie ein Geisterland. Ein furchterregender Typ mit einem Motorrad kam auf mich zu und machte mir Angst. Mein Freund wußte, wo es ein Versteck gab, aber ich nicht, so hab' ich mich zusammengekauert. Dann ging ich zu einem Baum, und der war voller Spinnweben. Ich ging auf dem Gehsteig, und die Straße war sumpfig, sehr tief, und ich wußte nicht, was im Wasser war. Ich hatte die ganze Zeit Angst, außer wenn ich mit meinem Bruder und meiner Schwester zusammen war. Ich habe immer Angst, wenn ich allein bin."

Nächtliche Panikanfälle sind so dramatisch und beängstigend für die zuschauenden Eltern, daß sie oft das Gefühl haben, sie müßten etwas tun, um es beenden – was die Situation manchmal nur verschlimmert. Eine Szene kann beispielsweise damit beginnen, daß die Eltern leise auf Zehenspitzen in das Zimmer ihres Kindes gehen und das Kind liebevoll besser zudecken wollen. Die Bewegung weckt das Kind teilweise auf und löst einen Panikanfall aus. Das Kind schreit und rasch eskaliert die Situation zum Drama, wenn die Eltern dem Kind sagen, es solle aufhören, was den Anfall·nur verstärkt. Aus Frustration schreien die Eltern das Kind schließlich an. Das Kind gerät immer mehr in Panik, aber reagiert ansonsten nicht. Die Eltern schütteln das Kind, aber es entzieht sich ihnen und schreit dabei aus vollem Hals.

Zu diesem Zeitpunkt kommt der Nachbar die Treppe hoch, um nachzusehen, was los ist, oder die Eltern denken dankbar daran, daß sie in einem Einfamilienhaus wohnen, so daß niemand ihr Kind schreien hören und denken kann, daß sie es mißhandeln. Wenn es immer schlimmer wird, beginnen die Eltern nach einigen Minuten u.U. tatsächlich, das Kind zu mißhandeln. Es beginnt mit einem leichten Schlag, dann Schütteln, dann feste Schläge. Dann verlieren die Eltern vielleicht die Kontrolle. „Hör auf, hör auf! Wach auf, wach auf!" schreien die Eltern das Kind während des Panikanfalls an. Ich kenne Leute, die an diesem Punkt kaltes Wasser über das Kind geschüttet haben, um es aufzuwecken. Diese Interventionen bleiben nicht nur völlig erfolglos, sondern verschlimmern die ganze Situation. Es ist interessant zu bemerken, wie der *Stramonium*-Zustand, wie ein Spiegel, eine ähnliche Wirkung bei den umgebenden Personen hervorruft. Die Eltern empfinden häufig, während sie ihr *Stramonium*-Kind in diesem Zustand beobachten, eine Mischung von Schrecken und Gewalttätigkeit und reflektieren damit den Schrecken und die Gewalttätigkeit, die das Kind fühlt und ausdrückt.

Die Ratschläge, die in der Fachliteratur für das Verhalten der Eltern gegeben werden, variieren je nach Alter des Kindes. Wenn das Kind klein ist, wird empfohlen, daß die Eltern sich in die Nähe setzen, aber nicht in den Panikanfall eingreifen. Dadurch daß sie in der Nähe sind, können die Eltern aufpassen, daß sich das Kind nicht verletzt. Bei älteren Kindern können emotionale Belastungen und übermäßige Kontrolle ihrer Impulse den nächtlichen Panikanfall hervorrufen. Diesen Kindern geht es besser, wenn die Konflikte und Belastungen in ihrem Leben offen besprochen werden, so daß das Kind mit der Zeit keine Schuldgefühle wegen seiner Impulse mehr haben muß, wegen derer es diese übermäßige Kontrolle ausübt.

Guarding (= ein Auf-der-Hut-sein), ist ein Terminus, den Ferber für diese übermäßige Kontrolle gebraucht. Auf der Hut sein oder erhöhte Wachsamkeit tritt auf, wenn Kinder soviel Angst haben, daß sie nicht entspannen können. Sie halten die Spannung während des Schlafs aufrecht und verfallen, wenn sie teilweise aufwachen, direkt in einen nächtlichen Panikanfall, ebenso, wie ein Erwachsener in der Nacht vor einem Vorstellungsgespräch ängstlich aufwachen kann. In beiden Fällen fließen die Tagesängste durch den Schlafzustand hindurch, und wenn der Schlaf oberflächlicher wird, holt die unterschwellige Strömung den Schläfer ein. Beim *Stramonium*-Kind tauchen (ähnlich wie bei der Angst des Erwachsenen vor dem Vorstellungsgespräch) die tagsüber unterdrückten Ängste an die Oberfläche, die Furcht vor Teufeln, Gespenstern und Tieren oder Furcht vor dem Verlassenwerden und Isolation.

Ich stimme zwar weitgehend den Empfehlungen für den Umgang mit nächtlichen Panikanfällen zu, allerdings habe ich die Erfahrung gemacht, daß diese Strategie des Abwartens bei *Stramonium*-Kindern nicht gut funktioniert. Diese Kinder entwachsen dem Zustand der nächtlichen Panikanfälle anscheinend nicht. Meist ist das Gegenteil der Fall: Das Kind leidet zunehmend mehr, da es jede Nacht in den *Stramonium*-Zustand eintritt und das Unbewußte immer wieder durchfließt und die Lücke zum Bewußtsein vergrößert.

Durch Zuhören habe ich mit meinen Patienten eine Methode entwikkelt und über mehrere Jahre hinweg erprobt, von der ich glaube, daß sie nicht nur zuverlässig hilft, mit dem Kind während des Panikanfalls zu kommunizieren und ihn zu beenden, sondern auch die Ursachen, aus denen die nächtlichen Panikanfälle überhaupt erst entstehen, zu eliminieren. Was ich Eltern vorschlage, hängt davon ab, was ich als Ursache für die Panikanfälle erkenne. (Der konstitutionelle Zustand des Kindes und das benötigte Mittel wird natürlich immer bei allen Vorschlägen berücksichtigt.) Wenn das Kind *Stramonium* braucht und die traditionellen Methoden die Anfälle nicht beenden, so ist die folgende Methode einen Versuch wert.

Mein Vorschlag ist ein Vierstufenprogramm, das helfen kann, die nächtlichen Panikanfälle zu beheben oder zu verringern. Es zielt darauf ab:

- **die belastenden Faktoren zu *bestimmen*, die einen nächtli chen Panikanfall auslösen**
- **die Auswirkungen des *Belastungsfaktors* zu *verringern*, in dem man ihn *beim Namen nennt***
- **belastende Faktoren zu *vermeiden***
- **eine Verbindung zwischen Bewußtsein und Unbewußtem herzustellen, indem man die *Auslöser beim Namen nennt*.**

Für das *Stramonium*-Kind sind die meisten Auslöser verbunden mit **einer Furcht vor dem Verlassenwerden oder der Furcht vor etwas Bösem, das die Absicht hat, sie zu verletzen.** Daher ist es wichtig, daß Sie als Eltern in der Lage sind, genau zu erkennen, **welche Streßfaktoren die nächtlichen Panikanfälle auslösen.** Bei manchen Kindern war es ein Film oder eine Haarewäsche am Abend; bei anderen war es Schwimmengehen, oder sie haben während des Tages einen Hund draußen spielen gesehen; ein drittes hat nicht gesehen, wie seine Mutter um die Hausecke gegangen ist, hat sich allein gefühlt und panische Angst bekommen.

Ein interessanter Aspekt, der nicht gleich ins Auge springt, ist, daß ***Stramonium*-Kinder nächtliche Panikanfälle bekommen, wenn sie im Schlaf Harn entleeren.** Das kann bei einem Säugling vorkommen, der uriniert und die Feuchtigkeit spürt oder bei einem Kleinkind, das so viel Harn läßt, daß er durch die Windel läuft und Bettwäsche und Matratze durchnäßt. Es kann auch bei älteren Kindern passieren, wenn sie das Bett nässen. In all diesen Fällen weckt entweder die Feuchtigkeit das Kind teilweise auf, oder umgekehrt uriniert das Kind, wenn es in eine halbwache Phase eintritt. Das *Stramonium*-Kind interpretiert dann den Harn als Bad, See oder großes Gewässer (**GEMÜT; Furcht vor Wasser**) und der Panikanfall setzt ein.

Der erste Schritt zur Behebung der nächtlichen Panikanfälle ist es, den Eltern zu helfen, auf mögliche Auslöser in den Erlebnissen des Kindes aufmerksam werden, die den Panikanfall verursachen könnten. Die Kenntnis dieser Streßfaktoren ist eine Voraussetzung dafür, daß die Eltern mit ihrem Kind während des nächtlichen Panikanfalls kommunizieren können. Schließlich ist es nach Aussage der meisten Eltern ein Gefühl der *Machtlosigkeit*, das sie empfinden, wenn sie ihr Kind in den Fängen eines Panikanfalls beobachten, „die Augen weit aufgerissen vor Entsetzen, als ob sie im Begriff sei, dem Teufel zu begegnen," wie ein Vater es beschrieb. Eltern drücken oft Frustration darüber aus, daß sie nicht wissen, wie sie mit ihrem Kind während eines solchen nächtlichen Panikanfalls kommunizieren können, wie sie in diese Domäne eintreten und dort etwas bewirken können.

Der zweite Schritt besteht darin, die Auswirkungen der Streßfaktoren zu verringern, indem man die Ängste und Auslöser erwähnt, bevor das Kind zu Bett geht. Im Laufe des Abends, während das Kind mit etwas anderem beschäftigt ist, können Sie beiläufig oder spielerisch alle Ereignisse des Tages erwähnen, von denen Sie annehmen, daß sie einen Pa-

nikanfall auslösen könnten. Indem dieser Auslöser beiläufig erwähnt wird, kann er seine Wirkung verlieren. „Das war aber ein hübscher Hund. Er sah etwas beängstigend aus, aber er war wie ein kleines Hundebaby, wie er sich so herumgerollt und mit dem Ball gespielt hat und auf dich gehört und alles getan hat, was du wolltest." Das ist schon alles! *Geben Sie nicht weiter auf das Thema ein, es sei denn, das Kind möchte darüber reden.* Akzeptieren Sie, daß Sie, nach der Erwähnung der Möglichkeit, nun abwarten müssen, ob das Kind den Ball auffängt und damit losrennt oder ihn fallen läßt. (Ich rate Eltern dazu aufzupassen, daß sie nichts größer machen als es ist; indem wir etwas unverhältnismäßig aufbauschen, erreichen wir unweigerlich, daß wir die Angst des Kindes nur verstärken.) Mit diesem zweiten Schritt, bei dem die Erlebnisse, die das Kind tagsüber hatte, bestätigt werden, erreichen wir zweierlei. Erstens vermindert die Bestätigung die Anzahl der nächtlichen Panikanfälle, indem die Eltern das Verhalten und den Ausdruck der Gefühle des Kindes formen. Zweitens bauen wir, vielleicht unterschwellig, einen Mechanismus ein, den das Kind im Halbschlafzustand erkennt.

Der dritte Schritt besteht darin, alle Einflüsse oder Streßfaktoren zu verringern, die Alpträume oder nächtliche Panikanfälle zu verursachen scheinen. Waschen Sie beispielsweise dem Kind morgens die Haare, anstatt am Abend, um somit das Ereignis zeitlich soweit wie möglich vom Schlaf zu trennen. Videospiele und Filme, die gewalttätige Szenen enthalten, sollten vermieden werden, sie sind völlig unangebracht für diesen Kindertypus. Auch sollte man darauf achten, daß das Kinderzimmer nie völlig dunkel ist, das hilft dabei, die nächtlichen Ängste zu reduzieren. Diese Maßnahmen haben nicht die Absicht, das Kind von seinen Panikanfällen zu heilen, sondern ihr Auftreten so weit wie möglich zu reduzieren. Nachdem das Mittel genügend Zeit hatte zu wirken, wird es häufig das Problem *von selbst* beheben. Nach einer Weile werden diese Ereignisse nicht mehr die Auslöser sein, die sie einmal waren.

Der vierte Schritt besteht in dem Versuch, eine Verbindung zwischen dem bewußten und dem unbewußten Zustand des Kindes während des nächtlichen Panikanfalles herzustellen, indem man die Dinge beim

Namen nennt, die als Auslöser in Frage kommen. Dieser Schritt kann dem Kind helfen, das immer noch Anfälle hat, nachdem die ersten Schritte unternommen wurden. Den Eltern stehen darüber hinaus wirkungsvolle Werkzeuge zur Verfügung, Werkzeuge, die sie durch diese drei ersten Maßnahmen entwickelt haben. Wie oben erwähnt ist einer der frustrierendsten Aspekte bei einem Panikanfall des Kindes die Unfähigkeit der Eltern, mit ihm zu kommunizieren. *Mit diesen Werkzeugen wird das nun möglich! Während des nächtlichen Panikanfalls können Sie ins Kinderzimmer gehen und, ohne das Kind zu behindern, beginnen, alle möglichen Auslöser für den Anfall zu erwähnen, Auslöser, von denen sie wissen, daß das Kind sie während des Tages oder der vorhergegangenen Tage erlebt hat. Wenn das nicht funktioniert, so hilft es vielleicht, den Auslöser zu erwähnen, auf den das Kind gewöhnlich empfindlich reagiert. Wenn dies nicht hilft, fangen Sie an, die Ängste des Kindes zu erwähnen, die meist mit den Auslösern übereinstimmen.* Sie werden keine lange Liste durchgehen müssen, denn meist wird das erste oder zweite Wort der relevante Auslöser sein. *Bitte listen Sie die potentiellen Auslöser nicht einfach nur auf: fassen Sie sie in Sätze, liebevoll mit ruhigem Tonfall gesprochen, der ein Gefühl der Sicherheit vermittelt.* Wenn Ihr Kind tagsüber von anderen Personen betreut wird, ist es vielleicht wichtig, die Betreuer zu fragen, ob im Verlauf des Tages irgend etwas passiert ist, das dem Kind Angst eingeflößt haben könnte.

Wenn die Mutter oder der Vater den Auslöser anspricht, der gerade seine Wirkung tut, werden sie feststellen, daß das Kind zum ersten Mal eine andere Bewegung macht oder daß sich die Gestik irgendwie verändert, und daß sie nun in der Lage sind, mit dem Kind Kontakt aufzunehmen, während es sich in dem nächtlichen Panikzustand befindet. Ein Zeichen eines solchen Kontaktes könnte sein, daß die Atmung des Kindes tiefer wird und sich entspannt, drei Sekunden, nachdem Sie die Dusche angesprochen haben, unter der es am früheren Abend gewesen ist. Sie können zum Beispiel sagen: „Liebling, es ist alles in Ordnung. Träumst du von der Dusche? Denkst du, daß du wieder im Wasser bist? Das bist du nicht. Du bist jetzt im Bett, alles ist trocken und sicher. Du träumst davon, daß du im Wasser bist. Papa ist hier. Wir haben dich lieb." Und die Atmung verändert sich, während sie sich beruhigt. Oder: „Träumst du von dem Hund? Denkst du, daß Fang hier ist? Hab keine Angst. Er ist nicht hier. Er kann dir nicht wehtun." Daraufhin verlieren die Augen vielleicht das weggetretene Starren, das Kind schaut Sie an, als sähe es Sie zum ersten Mal und schläft wieder ein. Oder Sie fragen: „Ist es das Ungeheuer aus der Geschichte? Siehst du die Gewehre aus dem Film?" Und das zu einer Grimasse verzerrte Gesicht entspannt sich, der Körper löst sich aus der Verspannung und sinkt in Ihre Arme.

Wie oben erwähnt, kann Harnentleerung im Schlaf einen Alptraum oder nächtlichen Panikanfall auslösen, selbst wenn das Kind eine Windel trägt, denn die Windel kann undicht und das Kind naß geworden sein. Das Kind kommt nicht ganz zu Bewußtsein, aber ihm wird das Unbehagen der Nässe bewußt. Obgleich die derzeitige medizinische Literatur empfiehlt, ein Kind, das sich mitten in einem nächtlichen Panikanfall befindet, nicht anzurühren, bin ich anderer Meinung, wenn es sich um ein nasses *Stramonium*-Kind handelt. *Das wichtigste ist, daß das Kind wieder trocken ist. Indem man die Windel oder der Schlafanzug und die Bettwäsche wechselt, lindert man das Unbehagen und verkürzt den Panikanfall. Dies gilt nur für den Fall, daß die Eltern das Kind nicht mit Gewalt festhalten müssen, und ihm somit noch mehr Angst einjagen, wodurch das Ganze seinen Sinn verlieren würde.* Nehmen Sie Ihr Kind dabei schützend und beruhigend in die Arme, murmeln Sie dabei liebevolle Worte der Sicherheit, daß Sie da sind und es beschützen werden, versichern Sie ihm, daß es nicht allein ist, daß es nur ein Traum von ... (nennen Sie das Schreckenerregende beim Namen) ist, oder daß es gerade genäßt hat und jetzt wieder trocken ist, daß es sicher ist und daß das furchterregende Objekt nicht hier im Raum ist. Dieser Strom von beruhigenden Worten, vermischt mit dem Benennen der Angst, wird dem Kind helfen, Ihnen zu glauben, Ihrer Gegenwart zu vertrauen und häufig die Furcht zum Verschwinden bringen. Durch das sorgfältige Auflisten der Ängste, die den Panikanfall verursacht haben könnten, wacht das Kind manchmal kurz auf und schläft dann wieder ein. Oder aber das Kind entspannt sich einfach im Schlaf in Ihren Armen, während Sie mit ihm reden und es wieder hinlegen.

Warum rate ich zu diesem vierten Schritt? Warum sollte das funktionieren? Eltern haben mir oft gesagt, daß sie schon früher versucht haben, ihr Kind in die Arme zu nehmen und es mit Küssen und Zuspruch zu beruhigen, aber daß dies fehlgeschlagen ist. Früher hat sich das Kind nicht nur dagegen gewehrt, sondern die Zärtlichkeit hat sein Verhalten sogar noch verstärkt. Wenn wir die Landschaft von *Stramonium* noch einmal betrachten, wie in diesem Buch beschrieben, sollte klar werden, warum die Umarmung vorher nichts bewirkt hat und warum es jetzt funktionieren könnte. Während des nächtlichen Panikanfalls von *Stramonium* ist das Kind gefangen zwischen der Welt, die es kennt und einer schreckenerregenden Hölle. Der Konflikt zwischen diesen zwei Seiten erzeugt das so entsetzliche Verhalten. Wenn Sie versuchen, dort einzugreifen — beispielsweise, indem Sie das Kind in die Arme nehmen — hat das Kind vielleicht das Gefühl, mit einer Kette gefesselt oder eingesperrt zu werden oder interpretiert Sie als einen Teufel oder ein Ungeheuer, daß es mit seinen Krallen festhält. Sie versuchen zu reden oder zu schreien, aber das Kind erlebt, sieht und hört stattdessen irgendeine entsetzliche Szene, die wir uns niemals in einem Film ruhig ansehen würden.

Wir werden vielleicht niemals erfahren, was ein Kleinkind erlebt, wenn diese Schrecken auftreten, doch aus den Gesprächen mit Eltern über ihre Wahrnehmung solcher Episoden ist das Wesentliche klar. Aus dem Panikzustand heraus interpretiert das Kind die Eltern als furchterregende Gestalten, und ihre Gesten werden, wenn überhaupt, als bedrohlich wahrgenommen.

Eine weitere Frage, die sich den Eltern vielleicht stellt, ist: „Warum soll ich die Angst beim Namen nennen?" Man wird vielleicht nie wirklich wissen, welche Wirkung die *Benennung der Angst* auf das Kind hat, aber aufgrund von Elternaussagen scheint das Verbalisieren der Furcht dem Kind einen Rettungsanker anzubieten. Vielleicht öffnet sich durch das Benennen eine Tür zwischen dem Unbewußten und dem Bewußtsein, durch die das Kind aus der Hölle austreten kann. Das Benennen scheint das Gefühl (Entsetzen) in Worte umzuwandeln. Was geht im Gehirn des Kindes vor? Der verbale Bezug zum Schrecken hilft dabei, die Hirnrinde zur Übertönung des Hypothalamus anzuregen. Mit anderen Worten, das Benennen löst aus, daß das rationale Gehirn die Oberhand über das emotionale oder instinktive Gehirn gewinnt. Daß es möglich ist, Worte zu interpretieren, während man schläft, ist vielfach erwiesen. Dies können wir auch durch die gängige Erfahrung von Eltern bestätigen: Ich wache nachts sehr leicht auf, wenn ich höre, daß es einem meiner Kinder nicht gut geht (normalerweise, muß man mir mit Trompeten ins Ohr blasen, um mich aus dem Bett zu bekommen). *Für Stramonium muß es ein Wort für ihre Angst sein, der genau passende Auslöser, den sie erkennen. Um die Tür zu öffnen, braucht man den passenden Schlüssel.*

Indem man die Furcht beim Namen nennt, kann man häufig den bestehenden Panikanfall beenden und zukünftige Episoden verringern. Dieser Prozeß hat auch einen verborgenen Nutzen. Angenommen, wir sehen hier, wie das Unbewußte verheerenden Schaden anrichtet, während es zur bewußten Ebene durchbricht, dann wird jeder folgende Panikanfall das Loch oder die Lücke vergrößern, durch die das Unbewußte hindurchdringt. Umgekehrt wird sich das Kind mit jedem verringerten oder verhinderten Anfall zunehmend sicherer fühlen. Je sicherer sich das Kind fühlt, desto weniger furchtsam und gewalttätig — umso weniger *Stramonium* — wird es. Eine Wiederversöhnung des Bewußtseins mit dem Unbewußten hat begonnen, die Lücke zwischen den beiden schließt sich.

Welche Auswirkungen hat das Arzneimittel auf das Kind, das unter nächtlichen Panikanfällen leidet? Es hat zweierlei potentielle Wirkungen. Die erste ist diejenige, die wir suchen — die einfache Heilung. „Nach dem Mittel konnte Paul zum ersten Mal allein einschlafen und mußte nicht mehr nach Ungeheuern suchen. Es fällt ihm viel leichter, nachts allein zu sein. Die Nächte sind besser. Er schläft allein ein und schläft durch. Er scheint jetzt ruhiger zu schlafen. Er schläft abends ein, und beim Mittagsschlaf muß ich mich nicht mehr mit ihm hinlegen." Monate später berichtet Joan, seine Mutter, weiter, daß ihr Sohn „gut einschläft, durchschläft, nicht mehr mitten in der Nacht aufwacht oder mit den Zähnen knirscht, keine Panikanfälle oder andere Ängste im Schlaf mehr hat."

Eine entgegengesetzte Reaktion kann bei sehr gewalttätigen Kindern beobachtet werden, die vor dem Mittel keine nächtlichen Panikanfälle hatten. Nach dem Mittel erlebt das Kind eine Phase von schrecklichen Alpträumen und Panikanfällen. Alexis sagt über ihre Tochter: „Sie schrie laut auf und weinte anschließend." Diese Träume treten auf, während die Gewalttätigkeit des Kindes abnimmt. *Mit Abnahme der äußeren Gewalt nehmen die nächtlichen Panikanfälle zu als Druckventil für das Unbewußte.* Vor dem Mittel hatte das *Stramonium*-Unbewußte völlige Herrschaft, und somit war das Kind gewalttätig. Auf halbem Weg auf dem Heilungsprozeß entwickelt das Bewußtsein ein wenig Kontrolle über die Impulse, und somit ist das Kind in der Lage, die Gewalttätigkeit während des Tages zu kontrollieren. Im Schlaf jedoch gewinnt das Unbewußte immer noch die Oberhand, denn dann wird die neu gewonnene Kontrolle schwächer, während die Impulse stark bleiben; ein Kampf wütet zwischen Unbewußtem und Bewußtsein, zwischen Hypothalamus und Hirnrinde und zwischen Tiefschlaf und völligem Erwachen. Während des Heilungsprozesses nehmen die nächtlichen Panikanfälle eine Zeitlang zu, bis die Impulse des Kindes nicht mehr so stark sind. Von diesem Punkt an können die Impulse vom Kind genügend integriert werden, und es fängt an, sich wesentlich ruhiger zu verhalten, ohne Gewalttätigkeit am Tage und Panikanfälle in der Nacht.

Zusammenfassung: ***Die nächtlichen Panikanfälle stellen*** *meines Erachtens* ***exemplarisch den Stramoniumzyklus dar****. Es gibt eine Zeit während des Schlafes, in der das Kind zeitweilig erwacht und durch diesen halbwachen, Halbschlaf-Zustand verwirrt wird (das Verwirrungssegment). Die Verwirrung führt dazu, daß sich Angst entwickelt (das Angstsegment). Um der Angst zu entfliehen, muß sich das Kind bewegen. Dies führt zu allen auffallenden Verhaltensweisen und zu Harnentleerung (das Segment der heftigen Überreaktion), was zu einem Verlangen führt, sich zu verschließen und nicht berührt zu werden (das*

Verschlossenheitssegment) wegen grauenhafter Bilder (das Leblosigkeitssegment).

Allgemeine Schlafsymptome

Zu den Ängsten vor der Schlafenszeit und den nächtlichen Panikanfällen können weitere nächtliche Beschwerden hinzutreten. Der **Schlaf** des Kindes kann sehr **unruhig** sein, es **wirft sich herum, dreht sich von einer Seite auf die andere und wacht häufig auf.** Das Aufwachen ist zwar meist mit Unruhe verbunden, es kann aber auch friedlich aufwachen, nach Wasser verlangen, bis zur Dämmerung wach bleiben und dann wieder einschlafen. Ich habe entdeckt, daß *Stramonium* eine **auffallende Verschlimmerung um Mitternacht und zwei Uhr morgens** hat. Dies sind auch die beiden Zeiten, zu denen das Kind mit größter Wahrscheinlichkeit aufwacht oder einen Panikanfall erlebt.

Wegen der Ruhelosigkeit gibt es keine beständige Schlafhaltung. Einige der Kinder schlafen auf dem Rücken, in Knie-Brust-Lage oder auf dem Bauch (so wie *Medorrhinum*). Andererseits kann man feststellen, daß das Kind, das vorher keine bevorzugte Schlafhaltung hatte, kurz nach der Mittelgabe auf dem Bauch schlafen will. Darüber hinaus kann das Kind, ebenso wie *Medorrhinum*, so warm sein, daß es unruhig schläft und oft den ganzen Körper abdeckt.

Ebenso wie *Tuberculinum* knirscht das *Stramonium*-Kind, das sich in großem emotionalen oder neurologischen Aufruhr befindet, im Schlaf mit den Zähnen. Dies läßt sich vor allem bei Atemwegsinfektionen beobachten. Wenn es das Gefühl hat, verlassen zu werden, kann es oft im Schlaf stöhnen oder „Mami" jammern. Obwohl sie keinen richtigen Alptraum haben, scheinen sie gewisse Verlustängste zu erleben.

Wie zuvor angesprochen, ist es möglich, daß diese Kinder bis zu fortgeschrittenem Alter das Bett nässen. Dies ist ein Problem, nicht nur, wegen der kritischen Reaktion der Umgebung, der sie dadurch ausgesetzt sind, sondern auch, weil die Nässe ihre Furcht vor Wasser auslöst und einen nächtlichen Panikanfall hervorrufen kann.

Sie laufen herum, weinen und reden im Schlaf, unabhängig von einem nächtlichen Panikanfall. Sie können seltsame Dinge tun, wie etwa im Schlaf laute Gespräche führen oder aufstehen und im Zimmer auf dem Fußboden Harn entleeren. *Stramonium* kann im Schlaf die Bettwäsche abziehen oder auf allen Vieren auf dem Fußboden kriechen.

Wenn sich das Kind unsicher fühlt, kann es sich in seine Decken eingraben. Dabei kann es stark schwitzen – zumeist am Kopf und am Oberkörper. **Im allgemeinen findet man bei dem Mittel Schwitzen im Schlaf, vorwiegend am Kopf.**

Das *Stramonium*-Kind kann einige neurologische Symptome während des Schlafes haben. Am häufigsten sind **Zucken** und **Rucken** ebenso wie **Krampfanfälle.** Diese ‚neurologischen' *Stramonium*-Kinder schlafen in leicht opisthotonischer Stellung, den Kopf nach hinten und zur Seite gezogen.

Wenn das Kind eine aufwühlende Nacht erlebt, so schlägt die Aufregung unglücklicherweise am Morgen den Eltern entgegen. ***Stramonium* kann ebenso reizbar am Morgen sein wie *Tuberculinum*, *Medorrhinum* oder *Nux vomica*.** Die Eltern kommen in das Zimmer ihres fünfjährigen Sohnes und sagen: „Guten Morgen, Ernie." Ernie knurrt: „Sprich mich nicht an. Geh aus meinem Zimmer." Die Eltern werden entmutigt, weil sie wissen, daß ihr Kind nun eine Stunde lang schreien, sich selbst oder andere schlagen, mit Gegenständen werfen und mit allem unzufrieden sein wird. „Warum versetzt er sich selbst in solche Aufruhr?" fragen sie den Homöopathen. „Er macht nicht den Eindruck, als mache es ihm Spaß, uns wehzutun. Vor allem scheint er sich selbst zu quälen." Doch es ist kein Wunder, daß sich das Kind am Morgen so fühlt. Während es aufwacht, erlebt es vielleicht immer noch Aspekte seines unbewußten Halbschlafzustandes. Somit steckt es vielleicht noch zwischen bewußter und unbewußter Ebene, gefangen in dieser Dualität, ebenso wie während eines nächtlichen Panikanfalls.

Das *Schlaf*-Kapitel hat mit dem Kommentar begonnen, daß der Schlaf des Kindes eine solche Fülle an Bestätigungssymptomen bietet, daß es ungewöhnlich wäre, ein *Stramonium*-Kind zu finden, das nicht einige dieser Züge aufweist. **Wir haben gesehen, daß das Gezerre von Bewußtsein und Unterbewußtsein in entgegengesetzte Richtungen die Symptome von Angst, Entsetzen und die grauenhaften Träume erzeugen, von denen diese Kinder nachts heimgesucht werden, denn nachts verlagert sich das Gleichgewicht von Bewußtsein und Unterbewußtsein. Die bewußte Seite wird schwächer und die unbewußte Seite stärker. Die bewußte Seite wird wild, während sie die Kontrolle verliert, und dann können sich die *Stramonium*-Symptome frei entfalten.**

Körper

KOPF

Stramonium ist als eines der Hauptmittel für Kinder mit **organischen Gehirnerkrankungen** in Betracht zu ziehen, **insbesondere, wenn sie irgendwelche Verhaltensweisen entwickelt haben, die in den Kapiteln *Gemüt* oder *Schlaf* erwähnt sind.** Kinder, die an **Hydrocephalus, Meningitis** oder **Hirnschlag** erkrankt sind und an den jeweiligen Folgeerscheinungen leiden, brauchen womöglich *Stramonium.* **Kopfverletzungen** sind ebenfalls eine häufige Ätiologie, allerdings habe ich beobachtet, daß es vor allem *linksseitige Kopfverletzungen* sind, die bei Patienten einen *Stramonium*-Zustand auslösen. Ein Bestätigungssymptom ist es, wenn sich nach dem Ereignis die Persönlichkeit verändert, wobei der Patient einzelne oder alle Aspekte der Verhaltensweisen entwickelt, die oben beschrieben wurden. Meist zeigen sie autistische Züge, gewalttätige Ausbrüche oder Themen, die mit dem Bösen zu tun haben.

Die 15-jährige Molly ist ein extremes Beispiel dafür. Mit 12 Jahren erlebte sie einen Autounfall. Sie knallte mit der linken Kopfseite in die Windschutzscheibe, danach war sie einen Tag lang bewußtlos. Seither leidet sie an Krampfanfällen. Ihre Eltern machen sich zwar Sorgen wegen ihrer Krampfanfälle, was sie aber am meisten beunruhigt, ist ihr Verhalten und ihre Persönlichkeit seit dem Unfall. Ihr Vater berichtet: „Sie war ein durchschnittliches Kind, vielleicht eher ein wenig zu ruhig. Jetzt ist sie anders als alle anderen Kinder, die mir je begegnet sind. Womit man sie am ehesten vergleichen kann, ist ein Vampir. Sie geht sehr spät ins Bett und verbringt die Nächte allein in ihrem Zimmer. Sie wacht morgens sehr spät auf und mag keine Sonne. Vor drei Jahren hat sie die Rollos vor dem Fenster zugezogen, und sie sind seither nicht wieder aufgemacht worden. Sie hat keine Freunde mehr; alle halten sie für schrullig. Das kümmert sie nicht. Sie liest täglich Horrorromane und schreibt dann kleine Theaterstücke und Geschichten, die richtig gruselig sind. In allen Geschichten, die sie schreibt, kommen Leichenschändung, Blutbäder, Gemetzel und Fallenstellerei vor, richtig krankes Zeug, das da aus einer Fünfzehnjährigen herauskommt, die ein durchschnittliches Kind war. Ich weiß, daß es von der Kopfverletzung herrührt, und daß ich es ebenso einstufen sollte wie die Krampfanfälle, aber wie sie sich verhält, ist richtig beängstigend, richtig krank. Was soll in drei Jahren aus ihr werden, wenn sie volljährig wird und von Gesetzes wegen allein leben kann? Was für eine Art von Leben wird sie wählen?" Mollys Geschichte, wenn auch extrem, zeigt beispielhaft die Reaktion von *Stramonium* auf eine Kopfverletzung; eine Änderung der Persönlichkeit, die zusammen mit den neurologischen Symptomen eine dämonische oder furchtsame Seite zum Vorschein bringt.

Es gibt zwei weitere Symptomengruppen, die *Stramonium* im Kopf abdeckt. Eine hängt mit dem Nervensystem zusammen, die meisten Symptome dafür sind im Kapitel ***Allgemeinsymptome*** am Ende dieses Buches aufgeführt. Die andere bezieht sich auf die Kopfschmerzen.

Kopfschmerzen

Stramonium, ebenso wie *Belladonna,* greift das Gehirn insofern an, als es Stauungen auslöst und Kopfschmerzen verursacht. Meistens sagt das Kind den Eltern nicht, daß es Kopfschmerzen hat. Es kann daher sehr schwierig sein zu erkennen, daß das veränderte Verhalten des Kindes auf der Tatsache beruht, *daß es unter Schmerzen leidet.* Was man bei dem Kind beobachten kann, ist ein Wutanfall, in dem es schreit und sich in alle Richtungen herumwirft. Gelegentlich drückt das Kind mit den Fingern in die Kopfpartien, in denen die Schmerzen am häufigsten auftreten — Schläfen, Hinterhaupt oder Stirn — und versucht damit, das Unbehagen zu lindern. Die Schmerzen scheinen so stark zu sein wie bei *Chamomilla, Lachesis, Tarantula hispanica* oder *Lyssinum,* was das Kind zu irrationalem Verhalten veranlaßt. Manche Kinder schlagen sich auf Kopf und Nacken, rollen sich auf dem Boden herum und werden so wild, daß sie sich selbst und andere beißen. Ab einem Alter von etwa acht Jahren sagen *Stramonium*-Kinder, die unter Stauungskopfschmerzen leiden, daß sie sich wegen der Schmerzen das Leben nehmen wollen.

Kinder, die eine Meningitis, einen Hirnschlag, Hydrocephalus oder Kopfverletzungen hatten, leiden unter derselben Art von Kopfschmerzen, aber sind möglicherweise nicht in der Lage, dies zum Ausdruck zu bringen. Das Kind schreit und will sich gar nicht beruhigen lassen, es schlägt mit dem Kopf gegen Wand oder Möbel, es gräbt die Hände in den Schädel ein – all dies können Signale dafür sein, daß es unter Kopfschmerzen leidet. Manchmal geben die Eltern versuchsweise ein Kopfschmerzmittel, ohne sich der Ursache des Problems bewußt zu sein, und setzen damit dem Verhalten ein Ende. Dies ist eine weitere Bestätigung dafür, daß das Kind unter Kopfschmerzen leidet, und nicht einfach ‚außer Rand und Band ist'.

Während der Kopfschmerzen kann der Kopf gestaut und heiß werden. Die Extremitäten, Hände und Füße können auskühlen. Dies kann extrem verwirrend sein, zumal genau dieselbe Beschreibung auf die *Belladonna*-Kopfschmerzen zutrifft. Ein Differenzierungspunkt kann sein, daß Blut und Hitze bei der Stauung ungleichmäßig verteilt sind, was ganz charakteristisch für *Belladonna* ist. Dies kann bei *Stramonium* auch vorliegen, allerdings weniger stark ausgeprägt.

Die Modalitäten der Kopfschmerzen hängen von der Ursache ab. Beim Stauungskopfschmerz, wie bei der Mehrzahl der *Stramonium*-Kopfschmerzen, werden warme Umschläge und Erhitzung durch beliebige Ursache, wie etwa Aufenthalt in einem warmen Zimmer, die Schmerzen verschlimmern. Bei den neuralgischen Schmerzen hilft Hitze manchmal, während Kälte verschlimmert. Licht verschlimmert alle Kopfschmerzen. Um das Unbehagen so niedrig wie möglich zu halten, möchte das Kind in einem abgedunkelten Zimmer sein und will sich lieber nicht bewegen, zumal Erschütterung das Kopfweh verschlimmert.

Zufälliges Schlagen oder Stoßen des Kopfes ist ein interessantes Element dieses Arzneimittels. Die meisten Kinder weinen und machen Aufhebens davon, wenn sie zufällig mit dem Kopf irgendwo anstoßen. Bei *Stramonium*-Kinders kommt es sehr häufig vor, daß sie daraufhin völlig außer sich geraten und sogar einen völlig unbeherrschten Wutausbruch bekommen können. Für den Beobachter sieht der Wutanfall ähnlich aus wie das Verhalten des Kindes während eines nächtlichen Panikanfalls.

Manche *Stramonium*-Kinder sind überempfindlich gegen Schmerzen, andere scheinen völlig unempfindlich zu sein. Die Eltern sagen dann etwa, daß das Kind sich relativ stark stoßen kann und es nicht zu spüren scheint; dies ist eine Illustration des berühmten Symptoms **Schmerzlosigkeit von Beschwerden, die normalerweise schmerzhaft sind**.

***Stramonium* hat entgegengesetzte Schmerzreaktionen – die Überempfindlichkeit und die Unempfindlichkeit gegen Schmerzen.** Beide sind recht einfach zu verstehen. In der einen Situation löst die Verletzung die unbewußte Reaktion aus, die bereits erwähnt wurde. In der anderen Situation ist das Kind so sehr in sich selbst versunken, daß die Verletzung nicht registriert wird; sie betrifft den Körper, dringt aber nicht bis zu der Welt durch, in der die Organe der sinnlichen Wahrnehmung des Kindes zu dem Zeitpunkt gerade aktiv sind.

In gewissem Sinne spiegeln die beiden Verhaltensweisen das vertraute Bild eines Konfliktes wieder, bei dem zwei Seiten miteinander im Widerstreit liegen. Einerseits haben wir hier ein Kind, das tief im Unbewußten lebt, gleichsam in der Hölle, als sei es tot. Diese Seite empfindet keine Schmerzen. Die andere Seite versucht der Hölle fernzubleiben, sie versucht, nach dem Leben zu greifen und hat schreckliche Angst. Diese Seite empfindet den Schmerz zu intensiv.

Symptome innerhalb des Nervensystems

Die Symptome im Nervensystem hängen meist damit zusammen, was mit dem Kopf während der Anfälle geschieht. Wie am Anfang des ***Kopf*-**

Kapitels erwähnt gibt es mehrere Ursachen, die das Gehirn traumatisieren, und viele dieser Traumata lösen eine Kettenreaktion aus, die später zu Krampfanfällen führt. Wenn das Kind alt genug ist oder die Eltern aufmerksame Beobachter, bemerken sie vielleicht, daß die Anfälle mit einer Art Aura beginnen. Das Kind kann sich an den Kopf greifen oder schlagen und sagt vielleicht, daß es sich im Kopf ‚komisch' fühlt.

Während oder nach einem Trauma oder einer Entzündung mit nachfolgenden Krampfanfällen kommen bestimmte Kopfbewegungen häufig vor. Zum einen kann der Kopf zur Seite oder nach hinten gezogen oder gedreht werden (wie etwa in einem lokalisierten motorischen Bereich) oder, wenn eine schwerwiegendere Schädigung vorliegt, biegt sich der ganze Rücken nach hinten durch (wie beim Opisthotonus).

Hochrucken des Kopfes aus dem Kissen ist ein bekanntes Schlüsselsymptom des Arzneimittels. Wenn Sie bei einem Kind oder einem Erwachsenen beobachten, daß sich der Kopf im Schlaf aus dem Kissen hebt, ziehen sie *Stramonium* in die engere Wahl. Es soll jedoch angemerkt werden, daß dieses Symptom nicht so häufig oder so verläßlich vorkommt, wie dies laut mancher Arzneimittellehren den Anschein hat.

Eine Verhaltensweise, die man bei *Helleborus* und *Tuberculinum* beobachten kann, ist auch hier möglich: das Kind schlägt mit dem Kopf auf den Fußboden oder rollt den Kopf in das Kissen. Für dieses Verhalten im Zusammenhang mit einer Meningitis ist *Helleborus* so gut bekannt, daß man automatisch an dieses Mittel denken könnte. Aber das *Helleborus*-Kind wird oft bewußtlos und schläfrig sein, das *Stramonium*-Kind hingegen ist wild und voller Ängste.

SCHWINDEL

Die Schlüsselsymptome von *Stramonium*, die mit Schwindel zusammenhängen, insbesondere das Symptom *Schwindel beim Eintreten, Stehen oder Gehen im Dunkeln* sieht man gewöhnlich nicht bei Kindern.

Eine Verhaltensweise jedoch, die sich beobachten läßt, und die dem Schwindel am nächsten kommt, ist das Kind im Alter von zwei bis fünf Jahren, das zu schwanken scheint, während es herumalbert, zur Decke hinaufsieht und zur eigenen Erheiterung Witze macht, anscheinend ohne den Homöopathen oder die Mutter zu bemerken, die das Kind festhält, um zu verhindern, daß die Praxiseinrichtung zu Schaden kommt.

AUGEN

Ausdruck

Die Augen liefern mehrere Schlüsselsymptome sowie auch häufig vorkommende pathologische Veränderungen. Die stärkste Besonderheit sind die verschiedenen Ausdrucksformen, die man in dem starren Blick von *Stramonium* lesen kann. Es gibt das **autistische Starren**, bei dem die Augen fortschauen oder mit starrem weit geöffneten Blick durch einen hindurchsehen, als ob der Patient einen nicht wahrnimmt oder sich in einer Welt befindet, zu der man keinen Zugang hat. Bei dem **entsetzten Starren** sind die Augen weit aufgerissen mit vollständig geweiteten Pupillen, als sei dem Patienten soeben die Seele aus dem Leib gerissen worden. Und schließlich können die Augen auch einen **bösartigen Ausdruck** haben.

Bei dem bösartigen Blick werden die Augen wild, glänzend, nahezu glühend. Die Pupillen sind geweitet und das Augenweiß glitzert. Es gibt auch einen spielerischen Aspekt bei dem Starren, wie bei einem Wahnsinnigen, der einen Unschuldigen in die Ecke gedrängt hat (in diesem Falle die Eltern) und mit seinem Opfer spielt, während er im Geiste eine Reihe von Foltermethoden durchgeht, bevor er sich entscheidet, welche er diesmal anwenden wird. Dies ist der Blick von Raserei eines Besessenen kurz vor der Entfesselung. Es ist wahrhaftig ein Blick, der jedem, der ihn gesehen hat, eisige Schauer durch die Adern treibt. In diesem Blick versteht man die Not der Eltern, deren Gefühl gerechtfertigt ist, daß sie ihr Baby ‚an ein Ungeheuer verloren' haben. Ich sehe mir das Kind immer sehr aufmerksam an, da ich der Meinung bin, daß der Ausdruck der Kindes und seine pathologischen Veränderungen irgendwie miteinander übereinstimmen sollten. Bei diesem Kind zeigt der Gesichtsausdruck selbst die beiden Seiten von *Stramonium*. Das Starren paßt zu der ‚wie toten' Seite. Das Entsetzen paßt zu dem Kind, das sich in einem Zustand von Schock oder Unglauben darüber befindet, daß es im Begriff ist, besessen zu werden. Der bösartige Blick schließlich ist der Ausdruck von jemandem, der bereits von bösen Mächten besessen ist.

Nervensystem

Andere Symptome von *Stramonium* hängen mit Störungen des Nervensystems zusammen. Bei milder Ausprägung kann ein nervöses **Zukken** um die Augenlider vorliegen; bei einer schwereren Störung kann starkes **Zwinkern** vorhanden sein. Recht häufig läßt sich beobachten, daß das Kind schielt, am häufigsten liegt konvergenter **Strabismus** vor. All diese Indikatoren sind noch nützlicher und ganz besonders relevant, wenn ein Kind mit normalem Sehvermögen nach einem Schreckerlebnis angefangen hat zu schielen oder Sehstörungen wie Doppelsichtigkeit bzw. starkes Zwinkern entwickelt hat. Strabismus, der nach einer DPT-Impfung auftritt, wird wahrscheinlich ebenfalls auf *Stramonium* reagieren. Einige wenige Kinder können von kleinauf entweder weit- oder kurzsichtig sein.

Als Randbemerkung: Im Hinblick auf all die Verhaltens- und psychologischen Störungen ist das *Stramonium*-Kind ein perfekter Kandidat für eine Behandlung durch einen Verhaltensforschungs-Optiker. Diese Ärzte formen das Gesichtsfeld neu und helfen damit dem Kind, Vordergrund und Hintergrund zu verstehen und voneinander zu unterscheiden. Ein solcher Eingriff kann Wunder wirken. Oft lassen die ‚Aufgedrehtheit' und Gewalttätigkeit schon kurz nach Beginn der Behandlung nach.

Es ist möglich, daß diese Störungen in der Anamnese des Patienten entdeckt werden. Das heißt, das Kind hatte von Geburt an Augenbeschwerden, ebenso wie irgendein anderes Geburtstrauma, die nach zahlreichen Therapien oder operativen Eingriffen verschwunden sind oder stark abgenommen haben. Es ist auch möglich, daß irgendwelche dieser nervösen Störungen schubweise nur bei Verletzungen, Fieber, Krampfanfällen, Schreck oder beim Stottern auftreten.

Manchmal kann man beobachten, daß das Kind die Kontrolle über die Bewegung seiner Augen zu verlieren scheint. Seine Augen scheinen zu rollen und sich in verschiedene Richtungen zu bewegen. Dies geschieht besonders dann, wenn dem Kind schwindelig oder es zornig ist oder die Beherrschung verliert. Verlust der Augenkontrolle kommt auch häufig als Begleiterscheinung von fieberhaften Erkrankungen und Krampfanfällen vor.

Anstatt daß sich die Augäpfel von einer Seite zur anderen bewegen, flattern manchmal die Augenlider, so daß es aussieht, als würden sich die Augen von selbst öffnen und schließen. Im Schlaf, während eines nächtlichen Panikanfalls oder im Fieber gehen die Augen auf. Die Augen sehen aus, als ob sie auf etwas starren, das in der Vorstellung des Kindes existiert, etwas, das sie nicht in Worte fassen können, es sei denn, es gelingt Ihnen zu erraten, was es ist. Wenn es einem gelingt zu erraten, was es ist, und den Gegenstand der Angst benennt, beginnen sich die Augen zu schließen. Es ist, als ob das Furchterregende allein dadurch, daß es beim Namen genannt wird, seine Gewalt über das Kind verliert. Beim Mutmaßen sollte man besonders an Tiere denken und an alles, was schwarz ist. **Die Farbe Schwarz hinterläßt einen so intensiven Einfluß auf das Kind tagsüber, daß es den *Schrecken* des schwarzen Gegenstandes in irgendeiner Form nachts erneut erlebt.**

Wenn das Kind die Augen geschlossen hat, kann man auch das Gegenteil von dem beobachten, was soeben beschrieben wurde, ganz gleich, ob es die Augen absichtlich schließt oder nicht. Man kann zum Beispiel bei einem Dreijährigen erleben, daß er während der Konsultation eines oder beide Augen schließt (meiner Erfahrung nach ist es häufiger das linke Auge). Er dreht den Kopf, um mit dem rechten Auge den Homöopathen, die Wand oder die Zimmerdecke anzustarren und läßt dabei die ganze Zeit über ein dämonisches Kichern vernehmen.

Licht und Wasser

Ein wichtiges Schlüsselsymptom von *Stramonium* ist sein Verhältnis zu Licht. In vielen Arzneimittellehren wird die hochgradige **Photophobie** hervorgehoben. Tatsächlich sind die meisten Kinder nicht extrem lichtscheu. Unter manchen Umständen jedoch kann das Kind darüber klagen, daß ihm das Licht in den Augen wehtut, und es kneift im Licht die Augen zusammen. So kommt es häufig vor, daß die Reflexion des Sonnenlichts von den Glasscheiben im Auto die Augen des *Stramonium*-Kindes irritieren. Wenn es älter ist, kann das Kind in einer solchen Situation sogar Kopfschmerzen bekommen und sich über das grelle Licht beklagen. Kleinere Kinder im Kindersitz schreien „SSSOOONNNNNNEEE" und halten sich mit verzerrtem Gesicht die geschlossenen Augen zu. Eine weitere Situation, in der das Kind lichtscheu sein kann, ist im Fieber, wenn die Pupillen bereits geweitet sind und ein leichtes Delirium besteht. Eine Bindehautentzündung schließlich verstärkt die Lichtempfindlichkeit der Augen.

Ein sonderbares Symptom, das mir mehrmals begegnet ist, ist **vorübergehende Blindheit.** Das kann in verschiedenen Situationen vorkommen, am häufigsten aber wird man es antreffen, wenn das Kind aus dem Schlaf hochfährt und nur halbwach ist. Das Kind wacht auf und schreit nach der Mutter: „Mama. Hilf mir. Komm her. Mach' das Licht an!" (dabei brennt das Licht). Das Kind schreit, es könne nichts sehen, und dieser Zustand kann eine halbe Stunde lang anhalten. Auch bei hohem Fieber kann Blindheit auftreten. Ein Kind hat eine Streptokokkeninfektion und entwickelt währenddessen Kopfschmerzen. Bis auf die Kopfschmerzen läßt sich an der Infektion nichts Ungewöhnliches feststellen, bis das Kind aus einem Schläfchen erwacht und vor Entsetzen schreit, weil es nichts sehen kann.

In diesem Zusammenhang spielt auch die Angst vor Wasser, die oben im Kapitel ***Gemüt; Angst*** bereits erwähnt wurde, hier eine Rolle. **Das Kind hat große Angst, es könne Wasser in die Augen bekommen**, sogar beim Spielen im Schwimmbad oder in der Badewanne. Es empfindet und fürchtet den vorübergehenden Verlust des Sehvermögens, der durch das Wasser verursacht wird. Wie bereits angesprochen, ist es interessant für mich, daß das Kind auch hier in bezug auf das Licht beide Seiten des Mittels zeigt. Eine Seite ist ‚halb tot', hier sieht der Patient nichts, scheut das Licht und ist lichtempfindlich, die bewußte Seite aber hat Angst im Dunkeln und Verlangen nach Licht, dies veranschaulicht die duale Natur von *Stramonium* im Bereich der Augen.

Infektion

Auch wenn dies in keinem Buch erwähnt ist, so habe ich doch festgestellt, daß viele *Stramonium*-Kinder für Konjunktivitis anfällig sind. Ich habe das so häufig gesehen, daß ich bei der Behandlung eines Kindes mit starken Aufmerksamkeitsstörungen (mit oder ohne Hyperaktivität), das gleichzeitig an häufigen Konjunktivitiden leidet, nicht nur sofort an *Medorrhinum*, sondern auch an *Stramonium* denke. Weil man normalerweise bei dieser Beschwerde nicht an *Stramonium* denkt, können Homöopathen häufig den Fehler machen und annehmen, das Kind habe eine akute Beschwerde, die mit einem anderen Mittel behandelt werden müsse. Die drei häufigsten fehlverschriebenen Mittel in dieser Situation sind *Euphrasia*, *Pulsatilla* und *Sulfur*. Von diesen dreien ist *Sulfur* bei weitem der häufigste Fehler, wegen der Symptome, die es mit *Stramonium* bei einem solchen Kind gemeinsam haben kann. Beide Arzneimitteltypen können extravertiert sein. Sie können beide unabhängig und heißblütig sein, Durst auf kalte Getränke, Verlangen nach Süßem und rege Darmtätigkeit haben. Wenn sie alt genug sind, beschreiben sie beide eine Empfindung von Sand oder Körnern in den Augen. Die Augen können sehr rot werden, stark jucken und soviel Eiterabsonderung produzieren, daß die Augen am Morgen völlig verklebt sind. Der Eiter und die Tränen verstärken die Rötung im Augenbereich. Im warmen Zimmer werden die Augensymptome verschlimmert.

OHREN

Infektion und Schmerzen

Rezidivierende Ohrenentzündungen sind häufig eine Hauptbeschwerde bei *Stramonium*-Patienten. Ich erwähne dies, weil man häufig in Versuchung gerät, zu dieser Zeit ein anderes Mittel zu geben, ein Arzneimittel, das zu dem Ohr selbst paßt und nicht zu dem Patienten. *Stramonium* kann für eine akute Otitis, rezidivierende Otitiden sowie die Folgeerscheinungen einer Otitis verschrieben werden.

Obwohl *Stramonium* im Kapitel *Ohren* im Repertorium selten vorkommt, habe ich es häufig bei akuten Ohrenschmerzen verwendet. Der Allgemeinzustand des Patienten kann an eine Kombination von *Arsenicum album* und *Belladonna* erinnern, mit Schwergewicht auf dem Letzteren. Bei sorgfältigem Hinsehen wird man viele Symptome finden, die *Belladonna* ähneln. Das plötzliche Einsetzen der Symptome, schreiendes Aufwachen, hohes Fieber, rotes Gesicht, Geräuschempfindlichkeit, pochende Ohrenschmerzen und, bei schwerwiegenden Symptomen, ein Bewußtseinszustand, der auf ein Delirium zusteuert. Die Tatsache, daß Ohr und Trommelfell rot sind, verstärkt die Verwirrung nur noch mehr. Dieses letztere Symptom kann ein Schlüsselsymptom für mehrere Mittel sein, *Stramonium* ist in den Rubriken nicht einmal erwähnt, sollte aber in den folgenden Rubriken stehen: **OHREN; Verfärbung, gerötet. OHREN; Entzündung, innen. OHREN; Entzündung, Otitis media.** In meinem Repertorium habe ich es nachgetragen.

Glücklicherweise gibt es drei Hauptunterschiede, die helfen, *Stramonium* von *Belladonna* zu unterscheiden. Erstens, wenn die Schmerzen neuralgischer Natur sind und durch Hitze und warmes Einpacken gelindert werden, passen sie zu *Stramonium*. Sind sie kongestiver Natur und werden durch Hitze verschlimmert, so passen sowohl *Belladonna* als auch *Stramonium*.

Zweitens, und dieser Aspekt ist wichtiger, liegen viel mehr Furcht und Ruhelosigkeit vor, und die nächtliche Verschlimmerung ist bei *Stramonium* stärker ausgeprägt. In dieser Hinsicht ähnelt *Stramonium Arsenicum album*. Zwar kann *Belladonna* im Fieberstadium Angst haben, doch die Ängste von *Stramonium* sind sehr viel intensiver und grenzen an eine Art Entsetzen oder Panik. Die Angst wird häufig nicht nur verbal ausgedrückt, sondern läßt sich an dem entsetzten Gesichtsausdruck des Kindes ablesen. Das Kind kann auch extrem anhänglich werden, so daß es von den Eltern ständig im Arm gehalten oder herumgetragen werden möchte. Gleichzeitig jedoch kann es eine Abneigung gegen Küsse und Zärtlichkeit haben und kann sogar bösartig oder gelegentlich den Eltern gegenüber gewalttätig werden. Somit sehen wir auch bei den Ohrenschmerzen wieder die beiden Seiten von *Stramonium*; die angstvolle Seite, die sich anklammert und nicht allein sein will und die halb dämonische Seite, die quälen will und das Alleinsein genießt. Bei Kindern, die unter Schmerzen leiden, würde ich *Stramonium* ganz sicher in die folgenden Rubriken einfügen: **GEMÜT; Gesellschaft; Abneigung gegen; jedoch schreckliche Furcht vor dem Alleinsein.** Und **GEMÜT; Gesellschaft; Verlangen nach; aber behandelt sie abscheulich**.

Drittens hat *Belladonna* als Schlüsselsymptom bei Ohrenentzündungen mit Fieber einen heißen Kopf und kalte Extremitäten. *Stramonium* kann den heißen Kopf haben, aber die Extremitäten sind nicht so kalt wie bei *Belladonna*. Wenn der Homöopath das Temperaturverhältnis von Gesicht und Extremitäten überprüft, wird die Verwirrung darüber, welches Mittel gegeben werden sollte, verringert.

Ein perfektes Beispiel für *Stramonium*-Ohrenschmerzen ist die zweijährige Sally. Es fing damit an, daß Sally um 2.00 Uhr morgens aufwachte mit Erbrechen und Husten und schrie, sie hätte Schmerzen im linken Ohr. Bei jedem Husten mußte sie sich erneut übergeben. Sie hatte offensichtlich Angst; die Angst stand ihr im Gesicht geschrieben, die Augen waren weit aufgerissen. Sie klammerte sich an ihren Vater. Sie war launisch, wollte mal dies, mal jenes, nichts stellte sie zufrieden. Sie kommandierte ihre Eltern herum, erst wollte sie beim Vater sein, dann bei der Mutter und verlangte, daß der Vater das Zimmer verlassen sollte. Sie saß und starrte wie ein Zombie, eine lebende Leiche, die Wand an, dies wechselte mit einem energiegeladenen Zustand, in dem sie von einem Ort zum anderen lief. Sie schlief nicht wieder ein (und schlief auch im Laufe des Tages nicht). Die einzige Begebenheit, die den Eltern als ungewöhnlich aufgefallen war, hatte sich am Vortag ereignet, und zwar hatte Sally einen Erwachsenen mit einer Maske gesehen und dadurch Angst bekommen. In diesem Fall finden wir **die folgenden Aspekte zur Bestätigung von *Stramonium*: Schreien, Furcht, Schrecken und Anhänglichkeit als eine Seite von *Stramonium* und das Fordernde und die Bösartigkeit von der anderen Seite des Mittels.** Das launische Verhalten wird dadurch hervorgerufen, daß die beiden Seiten in ihr darum kämpfen, die Oberhand zu gewinnen, doch sind beide gleich stark in ihr vorhanden.

Die Furcht im Gesicht des *Stramonium*-Kindes hat zweierlei Ursachen. Erstens können die Schmerzen so stark sein, daß es den Grund nicht versteht und somit nicht in der Lage ist, damit umzugehen. Doch selbst, wenn das Kind alt genug ist zu verstehen, woher die Schmerzen kommen, sind diese womöglich so qualvoll, daß dies eine Tür zum Unterbewußten öffnet. Das Kind hat vielleicht so große Angst wie ein Gefangener, der in irgendeinem gottverlassenen Gefängnis gefoltert wird. Es windet sich auf dem Fußboden in dem Versuch, den intensiven Schmerzen in seinem Kopf zu entkommen, aber es gelingt ihm nicht. Kinder können während einer solchen Entzündung auch einen regelrechten Krampfanfall haben. Eltern und Ärzte sind sich oft nicht sicher, ob der Anfall auf das Fieber zurückzuführen ist oder auf die extremen Schmerzen, unter denen das Kind zu leiden scheint und lassen daher eine Lumbalpunktion durchführen, um sicher zu sein, daß keine Meningitis vorliegt. Diese Prozedur aber kann das Kind noch tiefer in den *Stramonium*-Zustand hineintreiben. Von diesem Augenblick an ist das Kind verändert und bleibt in diesem Zustand stecken, auch nachdem die Ohrenschmerzen und das Fieber abgeklungen sind; es hat weniger Selbstvertrauen, ist ängstlicher und kommuniziert weniger.

Der andere Grund für den ängstlichen Blick ist der, daß das Fieber einen Teil des Hormonzentrums im Gehirn angreift und das Kind in ein halluzinatorisches Delirium verfällt. Hier sieht es ‚beängstigende, haarige, gespenstische' Dinge, die ihm lebensbedrohlich erscheinen.

Ich denke, daß wir uns als Ärzte und Eltern nur für einen Augenblick einmal in das Kind hineinversetzen sollten. Können wir wirklich von einem Zweijährigen erwarten, daß es im Fieber unterscheiden kann, ob er Opfer einer rituellen Mißhandlung ist und am Ohr/Kopf geschlagen wird oder ob es starke Ohrenschmerzen hat? Die Ängste, Unsicherheit oder Gewalttätigkeit, die sich aus dem Foltererlebnis (durch diese Schmerzen) entwickeln, können selbst Grund genug für eine *Stramonium*-Indikation sein, da dieses Erlebnis eine Empfindung von und Angst vor Verletzung verursacht: Siehe Rubriken **GEMÜT; Furcht vor Verletzung. GEMÜT; Wahnidee: meint, verletzt zu werden.**

Zwar können die Ohrenentzündungen Umständen zugeschrieben werden wie, daß das Kind zuviel Süßigkeiten ißt, mit der Flasche schläft oder zuviel Saft trinkt, doch würde ich auch die These vertreten, daß Ohrenentzündungen häufig dann anfangen, wenn die Mutter wieder arbeiten geht. Vielleicht fühlt sich das Kind verlassen, was einen Belastungsfaktor für *Stramonium* darstellt.

Ein Grund dafür, daß *Stramonium* in der Rubrik **Allgemeines; Seiten; überkreuz, links oben und rechts unten** steht, besteht darin, daß *Stramonium* stärker für linksseitige Ohren- und Nasenbeschwerden und rechtsseitige Brust- und Bronchialsymptome verzeichnet ist. Wenn Ohrenschmerzen einseitig auftreten, so kann dies für die Differenzierung zwischen *Stramonium* und *Belladonna* hilfreich sein. Auch wenn *Belladonna* und *Stramonium* beide Ohren angreifen können, so neigt doch

Belladonna stärker zu rechtsseitigen Ohrenschmerzen, während *Stramonium* eher linksseitig ist.

Gehör

Eltern von Kindern mit ‚autistisch Zügen' können etwa erzählen, daß ihr Kind nicht mit anderen zu kommunizieren scheint. Eltern müssen ihre Fragen, Anweisungen oder Bitten mehrmals wiederholen, bevor das Kind darauf reagiert, vorausgesetzt es reagiert überhaupt. Die Eltern haben vielleicht auch das Gehör des Kindes überprüfen lassen, weil sie die Schwierigkeit mangelndem Hörvermögen zuschreiben, dem eine Flüssigkeitsansammlung im Ohr, eine seröse Otitis media oder mangelhafte auditorische Integration im Gehirn zugrunde liegen könnte.

NASE

Stramonium scheint die Nase nicht auf irgendeine ungewöhnliche Art anzugreifen. Manche Kinder haben überhaupt keine Nasenbeschwerden, andere haben rezidivierende Erkältungen, die aufhören, nachdem das Mittel gegeben wurde. Wenn sie vorliegen, so sind diese Erkältungen im Gegensatz zu den anderen Sorgen der Eltern häufig unbestimmter Natur. Die Eltern klagen etwa, daß das Kind häufig eine Laufnase hat. Gewöhnlich trocknen die Absonderungen ein und behindern die Atmung des Kindes. Solches Unbehagen tritt vor allem nachts auf, allerdings können auch Absonderungen an kalter Luft oder beim Essen vorliegen. Während der anfänglichen ‚Hitzephase' einer schweren Bronchitis oder Pneumonie fühlen sich Nase, Hals und Bronchien sehr trocken an. Die Nase kann so trocken sein, daß das Kind Nasenbluten bekommt, besonders nachts.

MUND

Stottern

Einen der auffallendsten Aspekte von *Stramonium* sieht man beim Sprechen. *Stramonium* ist für die Behandlung von Stottern bei Erwachsenen und Kindern wohlbekannt. Vor allen anderen Arzneimitteln läßt sich bei *Stramonium* nahezu spürbar die Verbindung zwischen Zunge, Mund und Sprachzentren des Gehirns beobachten. Einen *Stramonium*-Patienten stottern zu sehen ist oft so erschreckend für den Beobachter, daß man fürchtet, die Person werde einen Krampfanfall bekommen.

Gewöhnlich liegt zu Beginn der Sprachentwicklung bei einem Kind kein Stottern vor. Das stammelnde Sprechen kann oft auf einen Schreck oder dessen Nachwirkungen zurückgeführt werden. Eine Mutter, die von diesem Symptom berichtete, sagte: „Mein Kind stottert seit vier Monaten, seitdem er eine Hexe in einem verwunschenen Haus gesehen hat. In der Regel stottert er am schlimmsten, wenn er Angst hat, zurechtgewiesen wurde oder aufgeregt ist. Er fängt an zu sprechen, bleibt aber dann mitten im Satz stecken. Während er stottert, sind seine Augen weit offen und er zwinkert viel." Manche Kinder werden beim Sprechen so aufgeregt, daß sie sehr schnell reden und dabei Luft schlucken.

Zähne

Die Zahnung ist eine Zeit, in der sich *Stramonium*-Symptome häufig verschlimmern. Während der Zahnung kann das Verhalten des Kindes ganz besonders schlimm werden. Es kann stundenlang untröstlich schreien, gewalttätig werden, der Mutter das Gesicht und die Brust zerkratzen, Krampfanfälle können zunehmen, oder es knirscht mit den Zähnen. Auch eine Diarrhœ oder Atemwegsinfektion können sich entwikkeln. Wie man anhand der oben genannten Symptome sehen kann, verhält sich *Stramonium* zu dieser Zeit ähnlich wie *Tuberculinum* und kann damit verwechselt werden, ebenso wie mit *Cina* und *Chamomilla*.

Zähneknirschen im Schlaf ist ein weiteres chronisches Symptom, das an *Tuberculinum* erinnert, besonders im Zusammenhang mit Infektionen der oberen Atemwege. Der chronisch trockene Mund, der starken Durst verursacht, erinnert an *Sulfur*. *Solange der Homöopath die Ursache der Störung des Kindes in den Mittelpunkt der Untersuchung stellt, beispielsweise den Grund für das Stottern oder die belastenden Auswirkungen der Zahnung, wird er auf Stramonium als Arzneimittel kommen.* Wenn man sich jedoch nur auf lokale besondere Symptome oder auch nur auf die körperlichen Allgemeinsymptome konzentriert, wird es häufig zu Fehlverschreibungen kommen, und man gibt *Tuberculinum*, *Cina*, *Chamomilla* oder *Sulfur*.

Aphthen

Manche der Kinder sind anfällig für Geschwüre im Mund. Es ist ein geringfügiger Anhaltsspunkt, aber er kann den ganzen Fall durcheinander bringen, weil diese Tendenz dazu führt, daß das Kind eine starke Abneigung gegen säurehaltige Nahrungsmittel hat, wie Tomaten und Zitrusfrüchte, was wiederum in der Analyse Verwirrung stiftet, wenn wir eine starke Abneigung gegen Saures annehmen. Wenn bei einem *Stramonium*-Kind eine solche Abneigung vorliegt, würde ich vermuten, daß der Verdauungsapparat empfindlich auf Säuren reagiert und daß es sich daher hier um eine lokale Verschlimmerung handelt und nicht um eine allgemeine körperliche Verschlimmerung, der in unserer Analyse des Patienten ein größeres Gewicht beigemessen würde.

GESICHT

Farbe

Ebenso wie bei den Augen können wir vielleicht an dem Gesicht des Kindes vieles von dem ablesen, was es durchmacht. Das Gesicht ist oft entweder sehr blaß oder aber hochrot, was genau die beiden Seiten des Mittels widerspiegelt. Einerseits besteht Blässe – das ist die Hälfte die zum Tod hin tendiert – andererseits Röte, das ist die Seite, die von Lebensenergie nur so strotzt. Blaß wird das Gesicht oft nach einer Infektion der oberen Atemwege. In den Worten der Eltern hört sich das etwa so an: „Mein Sohn hatte einen gesunden Glanz auf der Haut, bis er Mumps bekam. Seither ist er immer aschfahl." Dies kann auch nach Keuchhusten eintreten.

Die rötliche Farbe geht oft mit emotionaler Aufgewühltheit, Fieber oder Krampfanfällen einher, vergleichbar mit *Belladonna*. Ein kleiner Unterschied zu *Belladonna* ist der, daß das *Belladonna*-Gesicht während einer Atemwegsinfektion plethorisch gerötet ist, die Röte also durch Blutfülle entsteht, während das *Stramonium*-Gesicht gerötet ist, weil die Haut wund ist, eine mögliche Begleiterscheinung solcher Infektionen. Die wunde Rötung tritt auch bei Allergikern auf und wird durch unverträgliche Nahrungsmittel verschlimmert, gewöhnlich durch Milchprodukte, Zitrusfrüchte oder Weizen.

Infektion

An *Stramonium* kann man auch bei Mumps denken. Aus irgendeinem Grund kann das Verhalten eines *Stramonium*-Kindes nach einer Mumpsinfektion oder einer MMR-Impfung schlimmer werden. Auch Hautinfektionen im Gesicht sind denkbar, mit Rötung und Entwicklung zu Erysipel und Delirium.

Nervensystem

Nervöse Tics und Zuckungen im Gesicht können beobachtet werden. Manchmal treten sie auf, wenn das Kind ins Leere starrt, wie bei *Staphisagria*, aber häufig sind sie eine Begleiterscheinung eines Angstzustandes, etwa wenn der Vater das Kind anschreit oder wenn das Kind fürchtet, Wasser ins Gesicht gespritzt zu bekommen, oder wenn es nahe am Meer ist und sich fürchtet. Bei solchen Anlässen im Angstzustand nimmt das Gesicht des Kindes den Ausdruck eines völlig verschreckten wilden Tieres an. Wenn es jedoch die Beherrschung verliert und gewalttätig wird, verändert sich der Gesichtsausdruck zu dem eines bösartigen Tieres, sprungbereit und bereit zu töten. Das Kind zieht Fratzen und lacht, scheint in die große Unendlichkeit zu starren und hat den Mund weit aufgerissen.

Ein Symptom, das in älteren Arzneimittellehren häufig erwähnt wird, sind die Stirnfalten im Gesicht von *Stramonium*. Dies läßt sich am häufigsten beobachten, wenn das Kind an neurologische Störungen leidet (wie bei Krampfanfällen oder Bewußtlosigkeit) oder wenn das Kind während der homöopathischen Befragung emotional angespannt ist und sich ängstlich oder nervös fühlt, weil es die Fragen während der Konsultation nicht versteht. Dies kann zur Verwechslung mit *Lycopodium* führen. Bei *Lycopodium* ist der allgemeine Eindruck, den diese Stirnfalten vermitteln, ängstliche Besorgnis; bei *Stramonium* ist es Neugierde, Furcht und eine gewisse Spannung. Man hat vielleicht das Gefühl, der Junge werde einen anspringen, wenn man die Spannung nicht auflöst.

INNERER HALS

Die Halsschmerzen und **Mandelentzündungen** von *Stramonium* beginnen meistens damit, daß sich der Hals rauh anfühlt und sehr trocken ist. Die Stimme kann heiser werden, danach entwickelt sich eine Erkältung, wechselt vielleicht zu einer schlimmeren Beschwerde wie einer

Tonsillitis, mit geschwollenen Halsdrüsen oder einer **Bronchitis**. Die Tonsillitis ist begleitet von hohem Fieber, einem geröteten Hals, der an *Belladonna* erinnert und stechenden Schmerzen. Die Schwellung von Mandeln und Drüsen kann große Schmerzen beim Schlucken verursachen. Die Infektion kann mit Krampfanfällen einhergehen und Schlafstörungen verursachen. Das Kind erwacht durch Bettnässen, mit schlimmen Träumen (z.B. von Wölfen), oder mit starker Angst im Dunkeln. Für diesen Zustand können versehentlich *Pulsatilla* oder *Sulfur* verordnet werden. Obgleich es recht krank ist, kann es ziemlich weinerlich und anhänglich werden. Das Kind fragt flehend die Eltern: „Liebst du mich?" (und der Homöopath denkt: „Vielleicht braucht das Kind *Pulsatilla*?"). Doch dann fängt es an, die Eltern zu schlagen, und *Pulsatilla* wird verworfen. Oder das Kind wird plötzlich warm, bekommt sehr rote Lippen und Durst auf sehr kaltes Wasser (alles typische *Sulfur*-Symptome). Nachdem Sie in Betracht gezogen haben, *Sulfur* zu geben, fällt Ihnen auf, daß das Kind eine neue Angewohnheit entwickelt hat: es hält ständig seinen Penis. Da dies ein typisches Symptome für *Stramonium* ist, wird *Sulfur* verworfen.

Stramonium ist hochgradig für mehrere Formen von Lähmungen im inneren Hals verzeichnet, ferner für Spasmen, Einschnürung und Würgen. Dies kommt bei Kindern selten vor, und wenn eine solche Situation eintritt, sollte man zuerst an andere Mittel wie *Hyoscyamus* und *Lachesis* denken. Es gibt jedoch eine Situation, in der man an *Stramonium* denken würde, und zwar bei einem Kind, das infolge von Schluckbeschwerden Angst und Verhaltensstörungen entwickelt. Ein Beispiel dafür könnte ein Kind sein, das völlig gesund ist, bis es eine DPT-Impfung erhält. Bald darauf entwickeln sich Schluckbeschwerden mit häufigem Würgen, danach wird das Kind ängstlich und fängt an, gewalttätige Verhaltensweisen zu zeigen.

Alans Geschichte unterscheidet sich ein wenig davon. Er mußte aufgrund von Impetigo Antibiotika einnehmen und bekam eine anaphylaktische Reaktion, bei der sich sein Hals verschloß. Er wurde in die Notaufnahme eingeliefert, wo er Medikamente erhielt, die dieser Reaktion entgegenwirken. Unglücklicherweise trat er durch diese furchterregende Erfahrung in einen *Stramonium*-Zustand ein. Als Folge fing Alan an, sich zurückzuziehen, wollte nicht mehr mit anderen Kindern spielen, wurde nachts ängstlich und bekam häufig Tobsuchtsanfälle.

Geschwüre im Hals, die so schmerzhaft sind, daß das Baby nicht trinken und schlucken kann und es vor Schmerzen aufschreien lassen, können ebenfalls einen *Stramonium*-Zustand auslösen. Dies kann dem Schock zugeschrieben werden, den die Schmerzen verursachen und vielleicht auch der Tatsache, daß das Kind seine quälende Angst nicht ausdrücken kann.

Stimme

Viele *Stramonium*-Kinder entwickeln rezidivierende Atemwegsinfektionen. Häufig ist die Stimme angegriffen, wird heiser und kann den ganzen Winter über so bleiben. Wenn ich Eltern wegen dieser Heiserkeit befrage, stelle ich zu meiner Überraschung häufig fest, daß sie diese Eigenschaft oftmals gar nicht bemerken. Wenn sie darüber nachdenken, schreiben sie die Heiserkeit häufig dem ständigen Schreien und Kreischen des Kindes zu und meinen, daß sich vielleicht die Laryngitis bloß durch zuviel Geschrei entwickelt.

UNTERE ATEMWEGE

Bronchitis

In der **Anamnese** der meisten *Stramonium*-Kinder taucht **wiederholt Husten und Bronchitis** auf, mit zahlreichen Antibiotika-Behandlungen. Eine meiner Beobachtungen im Verlauf meiner Arbeit mit einer großen Anzahl von Kindern mit emotionalen Schwierigkeiten ist die, daß viele dieser Kinder einen bestimmten Husten entwickeln. Dies gilt nicht nur für *Stramonium*, sondern auch für die meisten anderen Arzneimittel, die für ausgesprochen gewalttätige oder hyperaktive Kinder in Frage kommen. Am stärksten fällt auf, daß der Husten meist an einen schleppenden Keuchhusten erinnert. Da die Ähnlichkeit zwischen den Hustensymptomen und einer Pertussis so auffallend ist, und zumal ich so viele Kinder gesehen habe, die entweder nach der Impfung oder nach einer Keuchhusteninfektion das *Stramonium* Bild entwickelt haben, habe ich angefangen zu erwägen, daß zwischen dem Pertussisimpfstoff und *Stramonium* eine Beziehung besteht. Interessanterweise wird Keuchhusten in verschiedenen Ländern auf der Welt der ‚schwarze Husten' genannt.

Das Kind, das *Stramonium* braucht, kann sehr wahrscheinlich als Hauptbeschwerde an Husten leiden. **Dieser Husten wird trocken, krampfartig und quälend sein**. Das Kind scheint sich dessen nicht bewußt zu sein und verhält sich wie sonst auch. Die Eltern machen sich jedoch Sorgen, weil der Husten nicht nachzulassen scheint. Sie gehen zu ihrem konventionellen Arzt, der ihnen sagt, das Kind habe eine Virusinfektion und es solle Antibiotika nehmen für den Fall, daß es eine bakterielle Superinfektion bekommt. Unglücklicherweise erzielt das Antibiotikum nicht das gewünschte Ergebnis oder scheinbare Besserungen verschwinden, sobald das Medikament nicht mehr gegeben wird. Die Eltern fragen sich dann, ob der endlose Husten vielleicht auf eine Nahrungsmittelallergie oder eine Allergie gegen Substanzen in der Luft zurückzuführen ist. Ich habe erlebt, wie alle diese Ursachen demselben Husten zugeschrieben wurden. Der unaufhörliche Husten kann sogar im Schlaf auftreten.

Viele *Stramonium*-Jungen, in manchen Fällen vom Säuglingsalter an, scheinen auch häufige Bronchitiden zu entwickeln. Oft findet man in der Anamnese, daß alles mit einem Krupphusten oder Keuchhusten angefangen hat, wonach das Kind entweder den bellenden Husten beibehalten hat oder aber rückfällig geworden ist, nachdem es zu viele Süßigkeiten gegessen hat, erschreckt wurde oder im Schwimmbad eine leichete Unterkühlung erlitten hat. Wieder erinnern manche Symptome an *Belladonna*, allerdings können sie auch Ähnlichkeiten mit *Spongia tosta, Drosera* oder *Nux vomica* aufweisen. Zunächst klingt der bellende Husten trocken und kruppartig und kann dazu führen, daß das Kind würgen muß. Der Jugendliche klagt vielleicht, daß sich seine ganze Brust von innen extrem trocken anfühlt und die Atmung schmerzhaft ist. Es gibt Begleiterscheinungen und Symptome wie hohes Fieber, aber was die Eltern am stärksten beunruhigt, und worüber sie am meisten klagen, ist wieder der intensive und hartnäckige Husten, an dem das Kind beinahe ständig leidet.

Der Husten kann sich beim Hinlegen, im Schlaf und durch Aufenthalt in kalter Luft verschlimmern. Er ist schlimmer am Abend, besonders nachts und schlimmer, wenn das Kind am Morgen aufwacht. Vielleicht ist er bereits mit verschiedenen akuten Arzneimitteln behandelt worden, wie etwa mit *Bryonia alba* oder *Drosera*. Diese Arzneimittel können den Charakter oder die Modalitäten des Hustens leicht verändern, aber er bleibt dennoch weiterhin bestehen. Mit der Zeit, wenn das Fieber besonders stark ist, wird das Kind nachts vermehrten Speichelfluß haben und schwitzen, woraufhin wir prompt an *Mercurius solubilis* denken. All diese akuten Arzneimittel sind inkorrekt, da hier als einziges das Konstitutionsmittel verlangt ist.

Im weiteren Verlauf des Hustens wird er periodisch schleimiger, manchmal mit lockerem gelbem Auswurf, dann wird er wieder trocken. Dieses Stadium kann monatelang anhalten. Viele Eltern klagen, daß ihr Kind den ganzen Winter hindurch gehustet hat. Ich habe festgestellt, daß *Pulsatilla* und *Sulfur* – Mittel, die häufig zu diesem Zeitpunkt gegeben werden, den Husten nur abschwächen, aber nicht verhindern können, daß er wiederkehrt. Ebenso ist es wahrscheinlich, daß das homöopathische Mittel einige der anderen Symptome verändert, während sich der Husten weiter hinschleppt.

Ein weiteres Arzneimittel, daß bei den Atemwegssymptomen mit *Stramonium* verwechselt werden kann, ist *Phosphorus*. Bei Bronchitis und Pneumonie haben diese beiden Arzneimittel das Symptom der Brustbeklemmung gemeinsam. Beide sagen vielleicht: „Es fühlt sich an, als ob mir jemand auf die Brust drückt, oder als hätte ich ein schweres Gewicht auf der Brust."

Nach einer akuten Bronchitis oder Luftröhrenentzündung ist das Kind verändert. Es entwickelt Ängste oder kann sich nicht konzentrieren und hat eine kürzere Aufmerksamkeitsspanne. Auch Appetit- und Gewichtsverlust können auftreten. Obgleich es viele Antibiotika bekommt, scheinen keine Medikamente dieses Karussell von Infektion, Antibiotika, Infektion, Antibiotika aufzuhalten, ein Kreislauf, der seit dem Keuchhusten zu bestehen scheint oder kurz, nachdem die Pertussis-Impfung gegeben wurde.

Ein solches Kind, Valerie, kam in unsere Praxis, als sie sieben Jahre alt war. Die Hauptbeschwerde waren nächtliche Panikanfälle, die eingesetzt hatten, als sie drei Jahre alt war. Kurz nach einer Impfung erlitt das Kind eine Infektion der oberen Atemwege. Es begann mit Heiserkeit, aber schlug schnell auf die Brust und entwickelte sich zu einer Bronchitis mit rasselndem Husten, hohem Fieber und Schlappheit. Die Bronchitis ließ schließlich nach, aber ein retronasaler Katarrh blieb bestehen. Bald danach fing sie an, mit den Zähnen zu knirschen und erlebte nächtliche Panikanfälle. Sie bekam eine Dosis *Stramonium* C200, und innerhalb von zwei Monaten ging es ihr wieder gut.

Pneumonie

Pneumonie kann ebenfalls erfolgreich mit diesem Mittel behandelt werden. Auch wenn das Repertorium *Stramonium* nur als Heilmittel für die rechte Seite angibt, so kann es doch auf beiden Seiten wirken. Nach einer typischen Pneumonie bekommt das Kind hohes Fieber von 40°C, begleitet von Erkältung, Husten oder einer Streptokokkeninfektion im Hals. Kurz danach wird die Atmung kurz, beschleunigt und mühsam.

In seiner trockenen Phase ist der Husten trocken, wie der krampfartige quälende Husten der Bronchitis, aber bei Pneumonie kann er außerdem starke Kopf- und Brustschmerzen verursachen. Die Brust fühlt sich an, als seien die Rippen geprellt, oder als ob sich die Rippen vom Brustbein lösen. Manche Patienten haben vielleicht das Gefühl, als ob jemand auf ihrem Brustbein sitzt oder sie klagen über ein Erstickungs- und Beklemmungsgefühl, möglicherweise mit Verschlimmerung im Dunkeln. Sie können in dieser trockenen Phase Stuhlverstopfung bekommen. Soweit hört sich die Beschreibung vielleicht wie *Bryonia alba* an, aber der Durst wird bei der Differenzierung behilflich sein. Zwar haben beide Mittel während der Infektion Verlangen nach eiskalten Getränken, doch *Stramonium* wird durch Trinken mehr husten.

Ein weiterer Differenzierungspunkt ist der, daß bei *Bryonia alba* ein Delirium entstehen kann, in dem der Patient nach Hause gehen will (selbst wenn er zu Hause ist), für *Stramonium* hingegen ist es charakteristisch, daß der Patient im Delirium auffallend große Angst im Dunkeln hat und anhänglich und verängstigt wird, weil er Gesichter, Dämonen und schwarze Tiere sieht. Er kann erschreckt aus dem Schlaf hochfahren, unfähig, das Entsetzliche zu beschreiben, das er erlebt hat. Im Delirium können diese Patienten von Angst erfüllt werden, sie wollen aus dem Bett springen, um ihrer Umgebung zu entkommen. Sobald man sie losläßt, stehen sie auf und versuchen fortzulaufen. Und dann stellt man fest, daß man dieses Kind ebenso in Schranken halten muß, als hätte es einen Wutanfall oder einen nächtlichen Panikanfall. Im weiteren Verlauf der Infektion wird der Nachtschweiß immer stärker, und ein dicker weißer Auswurf bildet sich, der mit der Zeit gelblich-grün wird und Blutspuren enthält.

Asthma

Dies ist zwar nicht die häufigste Hauptbeschwerde, dennoch kann Asthma vorliegen. Das Asthma besteht aus einem krampfartigen Husten und geht mit Brustbeklemmung einher. Die Kurzatmigkeit wird nachts, beim Hinlegen und durch kalte Luft und Getränke schlimmer, ebenso durch Schrecken und Tierhaare (z.B. Katzenfell). Ältere Kinder können ein Beklemmungsgefühl in der Brust beschreiben und nennen Schwierigkeiten beim Ausatmen.

Georges Geschichte ist typisch. George ist drei Jahre alt und hat Asthma. Seine Atemwegsbeschwerden haben mit einer Phase von rezidivierendem Krupphusten angefangen. Einmal bekam er für den Krupp Antibiotika, und bald danach fing er an, zu keuchen und zu husten und mußte in den Notaufnahme eingeliefert werden. Seither steckt er in einem Kreislauf fest, der drei bis sechs Wochen lang anhält. Der Kreislauf sieht folgendermaßen aus: Er bekommt eine Erkältung mit Fließschnupfen. Bald danach fängt er an zu keuchen und bekommt einen trockenen festsitzenden Husten, der zum Erbrechen führt. Er wacht mit Asthma auf, wird ängstlich, reizbar und außerdem pingelig. Er wird sehr widerspenstig, beginnt, zu schlagen, zu beißen, Gegenstände umherzuwerfen und Tieren gegenüber bösartig zu werden. Er verliert sein Konzentrationsvermögen, verhält sich wie ein Baby, wird sehr ordentlich, hat aber gleichzeitig Abneigung gegen Baden. Er bekommt auch Schlafstörungen; redet im Schlaf, schläft unruhig, wacht mit bösen Träumen auf. Auch wenn man in Fällen wie diesem Aspekte von anderen Arzneimitteln sieht, die vielleicht besser bekannte Asthmamittel sind, wird man bei Betrachtung des gesamten Falles viele Züge des *Stramonium*-Bildes finden.

Bei manchen *Stramonium*-Kindern ist schweres Asthma die Hauptbeschwerde. Viele dieser Kinder haben eine Vorgeschichte, die darauf schließen läßt, daß das Kind unrsprünglich *Tuberculinum* oder *Lycopodium* brauchte, aber bei dem ersten schweren Anfall hat die Asphyxie solche Angst ausgelöst, daß das Kind in den *Stramonium*-Zustand geraten und darin geblieben ist. Wenn das Kind hustet, fühlt es sich, als habe es ein Gewicht auf der Brust oder als müsse es ersticken. Dies setze ich mit der Seite von *Stramonium* gleich, die im Sarg liegt. Für diesen Typus wird das Asthma durch alles verschlimmert, was die Seite, die im Grab liegt, die tote Seite, akzentuiert, als Verschlimmerung durch Dunkelheit, nachts und im Schlaf.

Behandlung von Asthma

Wenn Homöopathen rückblickend ihre *Stramonium*-Fälle noch einmal durchsehen, so glaube ich, daß sie mehrere Fälle in den Krankengeschichten finden werden, in denen der Patient nach der Arzneimittelgabe eine Bronchitis bekam, während es ihm offensichtlich allgemein besser ging. Nach Behandlung der Bronchitis mit dem anscheinend angezeigten Mittel bekam der Patient einen Rückfall und brauchte wieder *Stramonium*. **Ich glaube, daß diese Rückfälle vorkommen und der Fall einen ungünstigen Verlauf nimmt, weil ein zweites Mittel gegeben wird, das nicht nötig wäre; eine Wiederholungsgabe von *Stramonium* wäre in vielen dieser Fälle ausreichend.** Doch unglücklicherweise ist *Stramonium* für solche Atemwegsinfektionen nicht gut bekannt. In meiner Praxis habe ich festgestellt, daß eine Wiederholungsgabe von *Stramonium* zu diesem Zeitpunkt, sofern das Allgemeinbild unverändert ist, es dem Patienten ermöglicht, die Infektion vollständig zu überwinden. Dies gilt für den Fall, daß der Patient überhaupt eine erneute Mittelgabe braucht und aus eigener Kraft nicht genesen kann.

Zum Abschluß dieses Abschnittes möchte ich die Beobachtung anfügen, daß in vielen Fällen die Atemwegsinfektionen eine wichtige Rolle für das Kind spielen, dessen Organismus darum kämpft, gesund zu bleiben. **Diese multiplen Infektionen dienen als Druckventil, durch welches das Kind sich bemüht, ein inneres Ungleichgewicht wiederherzustellen.** Dies erklärt, warum so viele Eltern sagen, daß ihr sonst unerträgliches, gewalttätiges erbarmungsloses Kind während dieser Infektionen ein Engel ist. Viele solcher Infektionen beginnen nach einem Schock – etwa, wenn sich das Kind verlassen fühlt, wenn beispielsweise Vater oder Mutter auf eine Geschäftsreise gehen oder wenn sich die Eltern scheiden lassen. Ein solches Ereignis wirft das Kind aus dem Gleichgewicht. Wenn ein allopathischer Arzt diese Krankheiten behandelt, versucht er, ein Ventil zu verschließen, welches den Sinn hat, ein Ungleichgewicht zu korrigieren. Mit solch antipathischer Behandlung kann man mit der Zeit bemerken, daß das Kind immer stärkere Symptome auf der geistig-emotionalen Ebene entwickelt. Als Homöopathen haben wir diesen unglücklichen Verlauf vielfach beobachtet.

Ebenso gilt, daß das Kind nach der Gabe des korrekten homöopathischen Mittels stark für Infektionen anfällig ist — es bekommt Ohrenschmerzen, Husten oder eine Bronchitis — während die geistig-emotionale Ebene heilt. Wenn es stimmt, was wir gesagt haben, dann sollte die Infektion in den meisten Fällen mit keinem anderen Mittel behandelt werden. Natürlich liegt uns das Wohlbefinden des Kindes sehr am Herzen, aber ich habe vielfach beobachtet, wie **vielversprechende Anfänge einer Heilung ihren wunderbaren Verlauf verloren, wenn der Homöopath ein homöopathisches Mittel gab, das nur teilweise paßte, um körperlichem Unbehagen entgegenzuwirken.** Gelegentlich ist es wirksam, einfach dasselbe Mittel zu wiederholen. Die beste Nachfolgebehandlung besteht darin, kein Arzneimittel zu geben, sondern stattdessen zu natürlichen Methoden zu greifen, die den Körper mit Nahrung versorgen, mit der er heilt, die aber den Heilungsprozeß nicht stören.

Ein Wort der Warnung. Die Behandlung mit homöopathischen Mitteln kann einfach und so auffallend wirkungsvoll sein, daß man am liebsten 24 Stunden am Tag, sieben Tage pro Woche praktizieren würde, um allen Menschen zu helfen. **Aber Asthma ist eine potentiell lebensbedrohliche Erkrankung, und viele Schwierigkeiten können auftreten, besonders dann, wenn das Kind eine komplizierte Form der Erkrankung hat. Die Behandlung überläßt man besser erfahrenen Homöopathen, die mit Arzneimittelbeziehungen und Langzeitbehandlung Erfahrung haben, um aus einem medikamentenabhängigen asthmatischen Kind ein Kind zu machen, das keine Medikamente braucht und kein Asthma mehr hat.**

MAGEN

Appetit

Sogar beim Appetit können sich die beiden Seiten von *Stramonium* zeigen: eine Appetitzunahme für die Seite, die leben will und eine Appetitabnahme für die Seite im tranceartigen Zustand. Bei den meisten *Stramonium*-Kindern jedoch wird der Appetit mit der Zeit abnehmen. Eine beachtenswerte Ausnahme ist es, wenn das Kind früher einmal Hunger gelitten hat. In solchen Fällen wird das Kind einen gefräßigen Appetit haben. Die Appetitabnahme in den übrigen Fällen kann vielfältige Ursachen haben. Das Kind kann an Konzentrationsstörungen leiden oder zu aufgedreht sein, um lange genug am Tisch stillsitzen und essen zu können, daher knabbert es im Stehen von seinem Teller. Ein Vater berichtet, daß sein Kind „ein guter Esser war, aber seit der DPT-Impfung glaube ich, hat er niedrigen Blutzucker, denn er verhält sich so gewalttätig und irrational. Beim Essen ist er so wählerisch geworden. Da ist es kein Wunder, daß er nicht ißt." Das Frühstück ist bei diesen Kindern die erste Mahlzeit, die ‚unter den Tisch fällt'. Sie sind launisch, sagen, sie wissen nicht, was sie essen wollen. Ältere Kinder sagen, ihnen sei morgens übel, und wenn sie Essen sehen oder daran denken, müssen sie vielleicht sogar würgen. Eines der wunderbaren Ergebnisse der Arzneimitteleinnahme ist, daß das Kind seinen früheren guten Appetit wiederbekommt.

Die Dualität bei Nahrungsmittelverlangen und -abneigung

Wenn das Kind Verlangen nach einem bestimmten Nahrungsmittel hat, so sind dies Süßigkeiten. **Die meisten *Stramonium*-Kinder haben ein sehr starkes Verlangen nach Süßigkeiten**. Bei der Anamnese wird dieses Symptom dick unterstrichen sein. Ich habe es in meinem Repertorium als dreiwertig nachgetragen. Die Süßigkeiten können das schlechte Verhalten des Kindes verstärken oder die Darmtätigkeit anregen. Ein weiteres starkes Nahrungsmittelverlangen, das allerdings weniger häufig vorkommt, ist Verlangen nach Milchprodukten aller Art: Käse, Speiseeis, Joghurt und Milch (vor allem kalte Milch). Manche Säuglinge spucken die Milch nach dem Trinken im Schwall wieder aus und haben Abneigung gegen oder Verschlimmerung durch Stillen. **Es kann starkes Verlangen nach Früchten bestehen, vor allem Zitrusfrüchten, Zitronen und Orangen**. Vereinzelt haben Patienten Verlangen nach rohem Gemüse oder nach Salz. Sie können auch Abneigung gegen Gemüse haben, meist gegen Tomaten oder Tomatensauce. Manche verlangen nach fettigen geräucherten Fleischwaren oder Salami, andere haben Abneigung gegen zähes oder festes Fleisch und gelegentlich gegen Eier. Charakteristischer für *Stramonium* jedoch, vor allem für den Untertypus mit beharrlichem Wiederholunsverhalten, ist eine starke Abneigung gegen vermischte Speisen, was sich ebenso, aus unterschiedlichen Gründen, bei *Natrium muriaticum, Calcarea carbonica* und *Tuberculinum* beobachten läßt.

Obwohl *Stramonium* in Arzneimittellehren und Repertorien sowohl als durstig als auch als durstlos verzeichnet ist, habe ich gefunden, daß **die große Mehrzahl der Kinder viel Durst hat, besonders auf sehr kaltes Wasser oder sogar Eiswasser, und sie trinken gern Saft, wie Orangen- oder Apfelsaft**. Hier muß man gegenüber *Sulfur, Medorrhinum* und *Veratrum album* differenzieren, die alle nach Eiswürfeln und Fruchtsaft verlangen. Wenn man zwei der erwähnten Charakteristika kombiniert, wird die Wahl zwischen *Stramonium* und *Sulfur* noch schwieriger, zumal bei beiden Mitteln der Durst in Verbindung mit Appetitmangel auftritt. Dies ist ein Leitsymptom für *Sulfur*, aber *Stramonium* sollte zweiwertig in der Rubrik **MAGEN; Appetit, mangelhaft, mit Durst,** nachgetragen werden. Auch das Verlangen nach Alkohol hat *Stramonium* mit *Sulfur* und *Medorrhinum* gemeinsam, vor allem Verlangen nach Bier; dies läßt sich bereits bei drei- oder vierjährigen Kindern beobachten.

Zum Abschluß dieses Abschnitts über Nahrungsmittelverlangen, -abneigungen und Durst sind zwei wichtige Faktoren zu nennen, die meiner Überzeugung nach klären werden, warum *Stramonium*-Kinder diese Nahrungsmittelverlangen haben. Erstens haben viele *Stramonium*-Patienten eine starke miasmatische Tendenz und teilen somit viele Symptome mit Nosoden oder mit den zentralen Mitteln innerhalb dieser Miasmen. Im Besonderen finde ich es einfach, die Begierden von *Stramonium* als eine Mischung oder Kombination von denen einzustufen, die sich bei *Medorrhinum*, *Tuberculinum* und dem großen Antipsoricum *Sulfur* beobachten lassen.

Der zweite Faktor hängt mit den widersprüchlichen Verlangen und Abneigungen zusammen, die oben aufgeführt sind. Viele *Stramonium*-Menschen haben ein besonders starkes Verlangen nach einem bestimmten Nahrungsmittel, gegen das andere eine Abneigung haben. Ich habe mir darüber mehrere Jahre lang immer wieder Gedanken gemacht, bis ich auf die Beobachtung stieß, daß die Kinder, die nach Licht und Trost verlangen und im Dunkeln und vor dem Alleinsein Angst haben, begierig auf Süßigkeiten, Milchprodukte und ‚Geborgenheitsnahrung' sind, während die gewalttätigeren und dämonischeren *Stramonium*-Kinder Verlangen nach Zitronen haben und Milch oder Milchprodukte ablehnen bzw. durch diese verschlimmert werden. Diese interessante Beobachtung soll neben vielen anderen in meinem nächsten Buch über die Behandlung von Aufmerksamkeitsstörungen bei Kindern im Einzelnen näher erforscht werden. An dieser Stelle habe ich die Absicht, mit der Auflistung der Nahrungsmittelverlangen nicht nur unbekannte Symptome mitzuteilen, sondern auch wieder das Konzept zu illustrieren, wie dieses Arzneimittel aus zwei diametral entgegengesetzten Seiten zusammengesetzt ist, was sich nicht nur in seiner Persönlichkeit, sondern sogar bei den Nahrungsmittelverlangen zeigt.

ABDOMEN

Abdominale Beschwerden sind meist auf Magenschmerzen begrenzt, die entweder die Hauptbeschwerde oder Begleitsymptom einer anderen Erkrankung sind. Es gibt nichts Besonderes an ihnen, und das Mittel wird sich selten in diesem Bereich bestätigen lassen. Allerdings habe ich bei *Stramonium* im Bereich des Abdomens eine häufige Szenenfolge beobachtet. Erstens gibt es die Bauchschmerzen, die eine somatisierte Angst darstellen. Diese treten in furchterregenden Situationen auf. Zum Beispiel können Kinder, die an nächtlichen Panikanfällen leiden, abends vor den Schlafengehen Bauchschmerzen haben. Solche Schmerzen hören auf, wenn die Angst nachläßt. Zweitens können sie Bauchschmerzen vor einer Darmentleerung haben, ein Symptom, das *Stramonium* mit *Medorrhinum* gemeinsam hat. Auch bei der im folgenden Abschnitt erwähnten regen Darmtätigkeit oder Diarrhœ können Bauchschmerzen auftreten. Je heftiger die Diarrhœ, desto stärker die Schmerzen. Schließlich gibt es Bauchschmerzen, die vermutlich mehr muskulären Ursprungs sind. Ich vermute dies, weil Hitze die Schmerzen bessert und weil sie gleichzeitig mit Rückenschmerzen auftreten.

REKTUM

Die meisten Jungen, die *Stramonium* brauchen, neigen zu regem Stuhlgang. Dadurch wird die Möglichkeit erhöht, daß *Stramonium* mit *Tuberculinum* oder *Sulfur* verwechselt werden kann, besonders wenn man es bei einem hyperaktiven warmblütigen Kind sieht, das nicht stillsitzen kann und wildes Verhalten zeigt. Der rege Stuhlgang kann bis zur Diarrhœ gehen, so daß das Kind dehydriert und schwer krank wird. Die Diarrhœ kann sauer und übelriechend sein und den Bereich um den Anus rot und wund machen. Diese letzteren Symptome, gemeinsam mit dem starken Durst und der Körperwärme des Kindes, erinnern uns immer mehr an *Sulfur*.

Der weiche, dünne und unvorhersehbare Stuhl des Kleinkindes macht die Sauberkeitserziehung sehr schwierig. Der Stuhl kann bei dem Kind ziemlich viel emotionales Unbehagen auslösen. Das Kind haßt es, die Windeln gewechselt zu bekommen, und es kämpft mit den Eltern und widersetzt sich. Es kämpft auch dann, wenn sein dünner Stuhl aus der Windel in seine Kleider sickert oder ihm die Beine hinabläuft. Manche dieser Kinder haben vor der Mitteleinnahme große Schwierigkeiten in diesem Bereich. Nach *Stramonium* wird der Stuhl wieder fest, und wir sehen ein Kind, das stolz ist, daß es schon aufs Töpfchen gehen kann. Innerhalb von einem Monat kann *Stramonium* die Sauberkeitserziehung völlig verändern. Wenn vorher die Eltern gegen ein widerspenstiges Kind kämpfen mußten, übernimmt nun das Kind selbst die Führung.

Kinder, die übermäßig kontrolliert, ängstlich und introvertiert sind und sich zwanghaft verhalten, wollen sich vielleicht nach einer Stuhlentleerung sorgfältig abwischen und sich extrem sauber halten. Sie wollen sich vielleicht sogar nach jeder Darmentleerung Anus und Hände waschen.

Unfreiwillige Stuhlentleerung ist möglich, wenn das Kind im Delirium ist. Im Repertorium tritt *Hyoscyamus* hier stärker hervor, aber bei *Hyoscyamus* liegt der Darmentleerung ein Schock zugrunde oder beruht auf fehlender Aufmerksamkeit wegen Gemütserregung. Bei *Stramonium* jedoch tritt es häufig bei Beschwerden auf, die das Gehirn angreifen, vielleicht bei einer Entzündung oder einem Fieber. Es ist keine Schockreaktion, sondern geschieht, weil sich das Kind dessen nicht bewußt ist.

Wenn das Kind aus irgendeinem Grund hohes Fieber hat, welches das Gehirn angreift, wird oft eine Verstopfung und fehlende Harnentleerung vorliegen, was uns an *Apis mellifica* erinnert. Der Differenzierungspunkt ist, daß das *Stramonium*-Kind in diesem Zustand meistens immer noch sehr großen Durst auf eiskalte Getränke haben wird, während der *Apis mellifica*-Patient durstlos ist. Die einzigen Ausnahmen sind Fieber, die mit Infektionen der oberen Atemwege einhergehen, während der die tuberkulinische Seite von *Stramonium* den dünnen Stuhl verursacht, wie in dem Kapitel ***Untere Atemwege*** beschrieben.

HARNWEGE

Bei fieberhaften Erkrankungen kommt es häufig vor, daß sich der Harn verändert. Manche Kinder werden vermehrte Harnentleerung haben, während sie bei anderen vermindert ist, bis hin zur Anurie — einem Aussetzen der Harnentleerung. Meist wird mit der Anurie gleichzeitig ein deliriöser Zustand einsetzen, bei dem das Kind gewalttätig oder angsterfüllt wird.

Im Kapitel ***Schlaf*** wurde darauf hingewiesen, daß für manche Kleinkinder reichliche Harnentleerung nachts charakteristisch ist. Oft ist es soviel, daß die Windel überläuft, und während der Urin Bettwäsche und Matratze durchnäßt, stöhnt das Kind und kann einen nächtlichen Panikanfall bekommen. Ein Hinweis zur Differenzierung sind Färbung und Geruch der Harnabsonderung. Im Unterschied zu anderen Mitteln, bei denen der Harn übelriechend ist oder die Bettwäsche verfärbt, ist der reichliche Nachtharn von *Stramonium* oft hell und geruchlos.

JUNGEN

Die Jungen fassen sich oft an die Genitalien, entweder offensichtlich oder indem sie eine Hand in die Hosentasche stecken. Dieses Symptom ist zwar für manche andere Arzneimittel (besonders *Hyoscyamus*) typischer, doch bei *Stramonium* kommt es auch vor. *Hyoscyamus* hat dieses Verhalten aus zweierlei Gründen — erstens und vor allem aus Exhibitionismus, um andere zu reizen und erst in zweiter Linie als Reaktion des Nervensystems auf Belastungen. Bei *Stramonium* ist es vor allem eine nervöse Reaktion. Es scheint, als befänden sich seine Hände ständig an seinem Penis. Dies sieht man vor allem bei gewalttätigen Jungen mit Aufmerksamkeitsstörungen und schwieriger Beherrschung der Impulse. Das Kleinkind kann von weiblichen Brüsten besessen sein, sowohl denen der Mutter als auch bei anderen Frauen. Dies läßt sich bei abgestillten Zweijährigen beobachten. Bereits mit sieben oder acht Jahren flucht das Kind viel und befaßt sich übermäßig mit sexuellen Dingen.

Eine der Schwierigkeiten, die im *Stramonium*-Zustand entweder beginnt oder verstärkt wird, kann durch zu kräftiges Anfassen der Genitalien entstehen. Ein Beispiel ist der achtjährige Jonathan. Nachdem er seinen unbeschnittenen Penis zu heftig gerieben hatte, bekam er eine Phimose und Balanitis, eine Infektion der Vorhaut, die sich später über den ganzen Penis ausbreitete. Er bekam Antibiotika, gegen die er allergisch reagierte. Sein Hals schwoll an, und er mußte mit hochgradiger Atembehinderung ins Krankenhaus gebracht werden. Durch diesen Zwischenfall wurde Jonathan nachts sehr ängstlich, fing an, furchterregende Geschichten zu lesen und sich als Superheld zu kleiden. Gestützt auf mehrere ähnliche Fälle, in denen *Stramonium* solche Infektionen geheilt hat, denke ich, daß *Stramonium* in den Rubriken für Infektionen des Penis nachgetragen werden sollte, als da sind: **MÄNNER; Entzündung — MÄNNER; Entzündung; Penis; — MÄNNER; Entzündung; Penis, Glans — MÄNNER; Phimose — MÄNNER; Rötung, Eichel — MÄNNER; Schwellung; Penis.**

Der *Stramonium*-Junge will vielleicht zu Hause nie Kleidung tragen, ist aber in Gesellschaft schüchtern und ordentlich gekleidet. Dies wurde bei einem Siebenjährigen beobachtet, der nach sexuellen Dingen fragte und aus Neugierde darüber Bescheid wissen wollte, ein deutlicher Unterschied zu *Hyoscyamus*, der derartige Dinge tut und sagt, nur um andere zu schockieren. Es ist überflüssig, darauf hinzuweisen, daß diese Kinder bereits früh sexuell aktiv werden.

Ein weiteres Symptom im Zusammenhang mit der Anatomie des Kindes kann in der Anamnese vorhanden sein, wo wir einen früheren Hodenhochstand finden, bei dem allerlei Behandlungsversuche fehlschlugen, bis ein chirurgischer Eingriff durchgeführt wurde. Sogar eine homöopathische Behandlung wurde versucht und versagte mit Arzneimitteln wie *Lycopodium* und *Baryta carbonica*. Nach der Operation tauchen die Ängste und Verhaltensstörungen auf. Vorher konnte kein Arzneimittel gefunden werden, weil das *Stramonium*-Bild unvollständig war. Nach dem chirurgischen Eingriff wurde es klar. In einer solchen Situation, wenn man mehrere Arzneimittel probiert hat, achten Sie sorgfältig darauf, ob nicht irgendwelche Leitsymptome von *Stramonium* vorliegen, auch wenn es unwahrscheinlich erscheint, daß dies das angezeigte Mittel ist, weil im Anfangsstadium viele Aspekte von dem Mittel fehlen können.

MÄDCHEN

Eine häufige Beschwerde, allerdings ohne deutliches Leitsymptom, hängt mit der Menses zusammen, die bei manchen Mädchen extrem schmerzhaft sein kann. Die Schmerzen ziehen sich bis in die Leistengegend und Oberschenkel hinein. Wenn der Regelfluß während einer fieberhaften Erkrankung einsetzt, können die Absonderungen unterbrochen, übelriechend und dunkel werden. Prämenstruelle Symptome können vorliegen, wobei sich das Mädchen mit Rasierklingen oder Messern Schnittwunden zufügt und gewalttätiges oder sexuelles Verhalten zeigt.

Sexueller Mißbrauch kann in der Anamnese dieser Mädchen vorliegen. Auch wenn dieses Thema meist erst bei der Behandlung von Erwachsenen aufkommt, so kann es auch bei jungen Mädchen angesprochen werden. Eine der folgenden Nachwirkungen werden auf einen solchen Mißbrauch folgen. Wenn das Mädchen durch den sexuellen Mißbrauch einen Schrecken erlebt hat, kann sie furchtbare Träume bekommen: Sie träumt vielleicht von gewaltsamem Eindringen in ihren Körper, Ungeheuern, die sich über sie hermachen, oder daß sie von bösen Mächten verfolgt wird. All das kann dazu führen, daß sie sich fürchtet, nachts ins Bett zu gehen. Wenn der Schock nach dem Mißbrauch dazu führt, daß alle Erinnerungen an das Ereignis völlig verdrängt werden, so ist es möglich, daß sie in eine andere Arzneimittelschicht übergeht. Nachdem sie das Mittel für die Schicht, in der sie sich gegenwärtig befindet, bekommen hat, wird plötzlich die *Stramonium*-Schicht zum Vorschein kommen können, mit all seiner Panik und den schlimmen Träumen.

Für ein solches Mädchen ist dies eine Schicht, die verdrängt wurde und die erst jetzt behandelt werden kann. Es ist nicht verwunderlich, wenn sie dann sagt, daß sie erst nach der Einnahme von *Stramonium* das Gefühl hat, daß sich ihr Leben positiv verändert hat. Die Tatsache, daß mit dem vorherigen Mittel ihr Asthma, ihre Migräne oder sonstige Beschwerden verschwunden sind, war offenbar von zweitrangiger Bedeutung. Ich erkläre mir die Situation so, daß die *Stramonium*-Schicht, die als Reaktion auf den Mißbrauch eingetreten ist, das Mädchen für andere Krankheiten und Schichten anfällig gemacht hat. Das erste Arzneimittel beseitigt die obere Schicht der Pathologie, aber nicht die Ursache, aus der diese Schicht vorhanden war.

Die andere Nachwirkung von einem sexuellen Mißbrauch ist die, daß das Mädchen nicht an ihre Angst herangelangt. Stattdessen wird ihre Sexualität sehr intensiv. Sie kann einen starken Sexualtrieb haben und masturbieren. Das junge Mädchen wechselt häufig den sexuellen Partner und verhält sich so, als spiele sie absichtlich mit dem Feuer. Der Gedanke eines sexuellen Rendezvous an einem riskanten Ort, auf offener Straße oder vor einem Club mit einem Fremden, der ein etwas wildes Aussehen hat, kann für sie sehr stimulierend sein. An dieser Sexualität ist nichts Weiches; sie ist letztendlich an ihre Wut gekoppelt, die aus der sexuell Verfolgten eine Verfolgerin macht.

Auch hier finden wir die beiden Seiten von *Stramonium*. Einerseits ist hier ein Teenager, der, ebenso wie *Hyoscyamus*, über den Sexualpartner herfällt, andererseits das junge Mädchen, das panische Angst vor sexuellem Kontakt hat und vor jeder Situation flieht, in der sie einen sexuellen Unterton wahrnimmt.

BEWEGUNGSAPPARAT

Rücken

Hier stehen die beiden interessantesten Indikatoren für *Stramonium* im Zusammenhang mit akuten Infektionen der oberen Atemwege und den Krampfanfällen. Die Krämpfe können einen Anfall verursachen, bei dem der Rücken steif wird und sich durchbiegt, manchmal bis zum Opisthotonus. Für eine ausführlichere Beschreibung siehe den Absatz *Krampfanfälle* im Kapitel ***Nervensystem***.

Infektionen der oberen Atemwege können bei *Stramonium* recht schwerwiegend sein. Bei solchen Anfällen kann eine älteres Kind zu den Eltern sagen, daß sich sein Rücken kalt anfühlt und daß es ihn zudecken muß. Man sieht vielleicht sogar, wie das Kind vor Kälte erschauert. Mit zunehmendem Verlauf der Infektion zu einem sehr trockenen rauhen Husten können Muskeln oder Zwerchfell überbeansprucht werden. Jetzt fängt das Kind an, an Rückenschmerzen zu leiden. Jedesmal wenn es hustet, empfindet es Schmerzen im Rücken. Später, mit Fortschreiten der Infektion, werden die Halsdrüsen größer und der Sternocleidomastoideus zieht sich zusammen und verursacht Schmerzen im Nacken oder äußeren Hals. Dies kann dazu führen, daß das Kind zusätzlich zu der Infektion, dem trockenen Husten und der miserablen Laune noch einen Schiefhals bekommt. In diesem Zustand kann es zu einer Verwechslung mit *Lycopodium* kommen, das ebenfalls viele der Symptome hat.

Extremitäten

Bei den Extremitäten gibt es drei Symptome, die *Stramonium* mit *Medorrhinum* teilt. Erstens besteht Verwirrung bei der Seitenwahl. *Stramonium* kann längere Zeit brauchen, bis es sich entschlossen hat, ob es Links- oder Rechtshänder sein will. Zweitens kauen viele Kinder an den Nägeln oder zupfen an der Nagelhaut. Drittens haben viele Kinder gern die Extremitäten unbedeckt, und zwar manche sogar dann, wenn sich die Füße kalt anfühlen.

FIEBER UND SCHÜTTELFROST

Stramonium wird in den Arzneimittellehren und im Repertorium sowohl für Fieber als auch Frostschauer besonders hervorgehoben. Meistens jedoch ist es Fieber, das bei Beschwerden in der Kindheit häufiger auftritt. Frostschauer können mit einer akuten Infektion einhergehen, normalerweise gehen sie ihr voran. Sie werden am stärksten im Rücken und in den Extremitäten empfunden.

Die Fieber sind oft so auffallend, daß dem Homöopathen klar ist, daß das Kind ein Arzneimittel braucht, das zu den Gemüts- und neurologischen Symptomen paßt und nicht nur zu den Modalitäten und gewöhnlichen Fiebersymptomen. Viele Atemwegsinfektionen haben Fieber als Begleitsymptom, und es kann ziemlich hoch ansteigen. Das Kind verfällt möglicherweise in ein Delirium, es weiß nicht, wo es ist; es kann eingebildete Dinge und Menschen sehen, die versuchen, ihm schreckliche Dinge anzutun. In diesem Zustand kann die Angst das Kind dazu treiben, daß es versucht zu entfliehen, und dabei wird es gewalttätig. In seiner Gewalttätigkeit kann es wirken wie ein wildes Tier. Wir erleben also, wie es aus dem Delirium im Verwirrungssegment in das Angstsegment übergeht und von dort in heftige Überreaktion.

Beim Fieber kann das Kind den Kopf in das Kissen bohren oder Zukkungen im Gesicht oder an den Extremitäten haben und möglicherweise sogar einen Fieberkrampf bekommen. Es hat womöglich ein gerötetes Gesicht, einen trockenen Mund, Durst auf kalte Getränke, wenig Harn- oder Stuhlentleerung, Photophobie und Kopfschmerzen.

Alecs Fall ist ein perfektes Beispiel für ein Fieber, das sich mit *Stramonium* behandeln läßt. Mitten in einer Streptokokkeninfektion bekam der fünfjährige Alec sehr hohes Fieber. Als seine Mutter ins Zimmer ging, um nachzusehen, wie es ihm ging, muß sie unbeabsichtigt ein leises Geräusch verursacht haben. Er erwachte schreiend und war sehr verängstigt. Er sagte, die Tapete wolle ihn angreifen. Er sagte, jemand drücke ihn nieder und hielte ihn im Bett fest. Er bettelte, seine Mutter solle ins Zimmer kommen, obgleich sie zu der Zeit im Raum war. Er weinte, er könne nichts sehen und seine Mutter solle das Licht anmachen, das bereits brannte. Er schrie: „Ich kann nicht sehen, ich kann nicht sehen." Er schrie etwas von Schnüren, mit denen er gefesselt und durch die er unten gehalten sei. Seine Muskeln waren hart und verspannt, die Augen glasig, die Angst stand ihm im Gesicht geschrieben. Er redete ständig, aber lauter sinnloses Zeug. Alecs Fieber illustriert einen beachtenswerten Aspekt. Das Fieber, das bei *Stramonium* zum Segment der heftigen Überreaktion gehört, ist normalerweise mit dem Angst-Segment verbunden, was entweder zu Gewalttätigkeit oder zu panikartigem Entsetzen führt.

In der Regel hat *Stramonium* wenig Schweiß – außer im Schlaf, dann kann der Patient stark schwitzen.

HAUT

Viele dieser Kinder können einen Hautausschlag haben, der als Ekzem diagnostiziert wird. Der Ausschlag solcher Kinder ist meist allergischer Natur und wird schlimmer, wenn das Kind Milchprodukte, Weizen oder Zitrusfrüchte ißt. Der Ausschlag selbst ist unbestimmt, aber seine Behandlung wird als höchst wichtig angesehen. Der Ausschlag neigt dazu, mehr an der linken oberen und rechten unteren Körperseite aufzutreten; die linke Hand ist häufig betroffen. Das wahrscheinlichste Ergebnis von allopathischen Medikamenten zu diesem Zeitpunkt ist es, sofern sie wirken und das Kind das Ekzem loswird, daß prompt Krampfanfälle, Tics, Ängste oder andere emotionale Veränderungen folgen.

Eine solche Szenenfolge erinnert auch an eine häufige Route, über die der Homöopath auf *Stramonium* als Simillimum kommt. Zumal viele dieser Kinder Symptome von anderen Arzneimitteln haben werden, ist es in der frühen Phase der Störung möglich, daß sich das vollständige *Stramonium*-Bild nicht erkennen läßt. Nachdem man irgendein anderes Mittel verschrieben hat, wie etwa *Sulfur*, und das Ekzem verschwindet, findet eine Unterdrückung statt, durch die ganz plötzlich die geistig-emotionalen Symptome vollständig ausbrechen und das Bild des Simillimums klar präsentieren: *Stramonium*.

Stramonium hat Pickel und Exanthemata mit den verschiedensten Diagnosen geheilt, die rot und trocken sind und dazu neigen, am Unterleib und in der Leistengegend sowie am Gesäß aufzutreten. Ebenso können Vitiligo oder Verlust der Hautpigmente mit diesem Arzneimittel geheilt werden. Mein Freund Vassilis Ghegas hat dies in einer seiner Vorlesungen einmal poetisch ausgedrückt, in Übereinstimmung mit meiner Auffassung von dem Mittel. Er wies darauf hin, wie das *Stramonium*-Kind, das so voll von Dunkelheit steckt, als Kompensation Vitiligo schaffen kann, um das Dunkel im Innern des Kindes mit Weiß auszugleichen.

Allergische Reaktionen lassen sich in Form von Nesselausschlägen beobachten, insbesondere als Reaktion auf Medikamente. Auch wenn der Nesselausschlag unbestimmter Natur sein kann, so ist der Aspekt, der uns an *Stramonium* denken läßt, der Umstand, daß der Nesselausschlag die Luftwege verschließt. Wenn das Kind anfängt, nach Luft zu schnappen, setzt der *Stramonium*-Zustand ein. Nach dieser Episode kann das Kind an chronischen Allergien, Asthma oder Neurodermatitis leiden. Was alle diese Kinder gemeinsam haben, sind die Ängste, stereotypes Verhalten und vielleicht Gewalttätigkeit.

Allergische Reaktionen können auch als eine Neurodermatitis in Verbindung mit Ekzem auftreten. Die Vorgeschichte kann dem oben erwähnten Fall von Ekzem ähneln. Die Geschichte des vierjährigen Roland ist typisch: Nahrungsmittelallergien in Verbindung mit Allergien gegen Wolle lösten sein Ekzem aus. Nachdem der Ausschlag große Flächen seiner Beine bedeckte, trugen seine Eltern steroidhaltige Salben auf, aber als das Ekzem zurückging, bekam er Neurodermatitis. Daraufhin kratzte er jeden Körperteil wund, der in Reichweite war. Sein Kratzen läßt zahllose Wunden am ganzen Körper zurück, die ihn für Staphylokokken- und Streptokokken-Impetigo anfällig machen. Rolands Eltern sind entmutigt, weil es mit jedem Schub schlimmer wird und sie jedesmal stärkere Medikamente geben müssen. Sie waren überzeugt, daß dieser Zyklus niemals enden würde und das Roland schließlich in eine lebensbedrohliche Situation geraten würde. Sie begannen, Kohlenteer-Lösungen, Steroide und Antibiotika gleichzeitig anzuwenden, um die Ausschläge unter Kontrolle zu halten. Die Ausschläge verschwanden nicht, sie traten weiterhin schubweise auf, nur waren sie abgeschwächt. Roland zerkratzte sich nach wie vor nachts das Gesicht ganz fürchterlich beim Einschlafen und beim Erwachen, als sei er ein wildes Tier. Seine Haut juckte auch im Bad, also badete er selten. Rolands Eltern waren zwar glücklich, daß er sich weniger kratzte als vorher, aber sie machten sich Sorgen über sein Verhalten, das sich verändert hat, seitdem die Ausschläge schwächer geworden sind. Wenn er aufwachte, war er zornig, und wenn er zornig war, kratzte er sich. Wenn er müde war und etwas verlangte, das ihm die Eltern nicht geben wollten, kratzte er sich und schrie. Er hat Alpträume bekommen, in denen er sich kratzt. Roland war ein angenehmes Baby, allerdings sehr anhänglich, und er spielte nicht gern mit anderen Kindern oder wollte nicht von den Eltern alleingelassen werden. Er weinte viel und wollte auf den Arm genommen werden. Als er sechs Monate alt war, mußte seine Mutter zwei Wochen lang von Zuhause fort, um ihre todkranke Mutter zu pflegen. Zu der Zeit begannen Ekzem und die Allergien.

Ich gab Roland *Stramonium* C 200, eine Dosis. Innerhalb von drei Wochen war sein Ausschlag weitgehend verschwunden, emotional brauste er nicht mehr so leicht auf, sein Kratzen war auf ein Minimum zurückgegangen, sein Sozialverhalten besserte sich, er wollte nicht mehr zu Hause bleiben. Er hatte sich mit anderen Kindern angefreundet und spielte gut mit ihnen. Bei einer Folgekonsultation fünf Monate später ging es Roland gut. Mittlerweile nahm er überhaupt keine Medikamente für die Haut mehr, es traten keine Ausschläge mehr auf, und es ging ihm emotional gut.

Ich möchte die Beschreibung von Roland mit einer Beobachtung schließen, die ich gemacht habe, als ich zusah, wie sich Roland das Gesicht und die Augen zerkratzte. Für mich sah es so aus wie ein Film, in dem der Schauspieler von Trauer so zerrissen ist, daß er an seinem Gesicht herumzerrt und sich die Augen ausreißen will. Als Roland mit dem Kratzen fertig war, oder vielmehr, als es seiner Mutter schließlich gelang, seine Hände unten zu halten, war sein Gesicht voll blutiger Kratzspuren, als sei ihm gerade ein Tier mit den Krallen durch das Gesicht gefahren. Mein Eindruck war der von einem Jungen, der Angst hatte, von seinen Eltern allein gelassen zu werden. Als seine Mutter ihn für zwei Wochen verließ, war der Schock groß genug, um die Allergien auszulösen und schließlich in ein Verhalten auszuufern, bei dem er aggressiv seinen eigenen Körper attackierte, als ob aller Schrecken und alle Gewalt, die *Stramonium* produzieren kann, gegen ihn gerichtet seien.

NERVENSYSTEM

Symptome des Nervensystems lassen sich in folgende Kategorien unterteilen:

1) Echte Krampfanfälle
2) Athetotische Bewegungen
3) Ruckartige Bewegungen
4) Allgemeine Ätiologie
5) Meningitis — sowohl als spezifische Ätiologie als auch Behandlung der Krankheit

Krampfanfälle

Epilepsie mit oder ohne abnormes EEG ist mit *Stramonium* behandelt und geheilt worden. Die Krampfanfälle sind unterschiedlich, haben aber einige gemeinsame Züge. *Stramonium* ist eines der häufigsten Arzneimittel für Fieberanfälle. Es ist oft das indizierte Mittel für Kinder, deren

Anfälle häufiger auftreten, wenn sie überhitzt sind oder während/nach einer heißen Dusche. Ein weiteres häufiges Charakteristikum ist meiner Erfahrung, daß die meisten EEG-Befunde linksseitig sind, als ob Kopfverletzungen auf der linken Seite eher einen *Stramonium*-Zustand auslösen. Eine weiterer gemeinsamer Charakterzug ist, wenn auch nicht bei allen *Stramonium*-Kindern vorhanden, daß das Kind während des Anfalls bei Bewußtsein bleibt.

Stramonium-Anfälle können mild sein, als ob das Kind nur erschauert und mit den Zähnen klappert, als sei ihm kalt. Solche milden Anfälle können Petit Mal-Anfälle oder Absenzen sein. Sie können auch an die Beschreibungen der nächtlichen Panikanfälle erinnern. Zum Beispiel beschreibt Lorraine einen Anfall ihrer 11jährigen Tochter. „Wir fahren so dahin, und plötzlich fängt Nancy an zu stöhnen. Dann bekommt sie so einen starren Blick, als ob sie mich zwar sieht, aber durch mich hindurchblickt, als ob sie mich nicht erkennt. Und plötzlich fängt sie an zu schreien:,Die Ungeheuer greifen mich an! Jag sie von mir weg! Nimm mich in die Arme! Halt mich fest!' Als ich Nancy danach fragte, sagte sie: ,Die Ungeheuer sind eigenartig, wie in einem Alptraum.'"

Der fünfzehnhährige Alan beschreibt, was er erlebt, und das erklärt weiterhin diese alptraumhaften Episoden. „Sie sind aus einem Traum oder verbunden mit einem Traum. Viele Male, unmittelbar bevor sie auftreten, bekomme ich so ein Gefühl, als hätte ich das schon einmal erlebt, direkt aus einem Traum, den ich letzte Nacht hatte, und dann bin ich ziemlich bald mitten in einem Anfall."

Auch andere beschreiben die Anfälle. „Ich bleibe währenddessen wach, ich weiß, daß es passiert. Ich bin mir sogar so sehr bewußt, daß ich versuche, ihn zu überspielen, wie wenn man stolpert, aber weitergeht, um nicht wie ein Idiot auszusehen."

Ein anderes Kind hat seine Anfälle in der Nacht. Wenn die Eltern seltsame Geräusche hören, rennen sie in das Zimmer. Der Junge sagt zu ihnen während des Anfalls: „Ich habe wieder einen." und ruckt dabei zu einer Seite und seine Arme fliegen zur anderen.

In gewisser Weise ähnelt diese Art von Anfall einem nächtlichen Panikanfall, bei dem sich die Botschaften im Gehirn überkreuzen und dazu führen, daß sich Teile des Bewußtseins und des Unterbewußtseins vermischen. Hier sehen wir die Relevanz der berühmten Rubrik von *Stramonium* – **Konvulsionen bei Bewußtsein.** Die Wirkung ist den nächtlichen Panikanfällen sehr ähnlich, die lebendige bewußte Seite ist erschreckt (daher übermäßig kontrolliert), während die dämonische unbewußte Seite mit ihren Konvulsionen und Verzerrungen wie besessen erscheint. **'Die Kampf- oder Flucht'-Reaktion ist im Gange und die beiden Pole des *Stramonium*-Kindes rücken noch weiter auseinander.**

In anderen Fällen können die Anfälle schockierend schwerwiegend aussehen wie bei tonisch klonischen Anfällen. Wie zuvor erwähnt kann der Patient während dieser Anfälle bei Bewußtsein sein, aber anders als bei den zuvor beschriebenen milden Anfällen ist sehr viel Bewegung damit verbunden. Das Kind kann lächeln, oder der Kiefer bewegt sich auf und ab, als ob es Kaubewegungen macht, die Zähne zusammenbeißt oder redet. Allerdings ist es unfähig zu antworten. Man kann vielleicht einen 'Jacksonmarsch' beobachten, wenn der Anfall im Fuß oder in der Hand beginnt und sich nach oben ausbreitet. Die Augen können weit offen sein oder zwinkern, verzerrt sein oder rollen. Der Kopf bewegt sich zu einer Seite oder ruckt von einer Seite zur anderen. Der Hals kann zur Seite gezogen sein, oder das Kind kann in einen Opisthotonus verfallen, mit geballten Fingern und Daumen. Schläfenlappenepilepsie paßt zu diesem Arzneimittel.

Ryans Anfälle sind ein Beispiel für diesen schwerwiegenderen Typus. Bald nach einer DPT-Impfung, im Alter von einem Jahr, begann Ryan, Anfälle zu haben. Diese wurden erst als gutartige infantile Spasmen diagnostiziert, später als fokale Anfälle. Sie waren ursprünglich mild. Ryan starrte geradeaus, und gelegentlich wurden die Extremitäten steif. Mit der Zeit bekam er sechs bis zwanzig Anfälle am Tag. Sie begannen mit einem Ausdruck von Angst im Gesicht mit Schreien, danach 'rastete er aus' vor seiner Familie. Er versuchte zu seiner Mutter zu rennen und auf ihren Schoß zu kommen, seine Arme und Beine zuckten, und er entwickelte Myoklonus. Während er rigide wurde, ruckte er mit Armen und Kopf und neigte den Kopf zu einer Seite, wobei sein Gesicht rot wurde. Schließlich wurden generalisierte klonische Anfälle diagnostiziert; sie konnten durch kein Medikament unter Kontrolle gebracht werden. Gleichzeitig litt er auch unter nächtlichen Panikanfällen, knirschte nachts mit den Zähnen und träumte von Hexen, hinzu kamen zahlreiche weitere Ängste, die für das Mittel typisch sind.

Bei den meisten Kindern, die an Krampfanfällen leiden und *Stramonium* brauchen, wird die Persönlichkeit auf dieses Mittel hinweisen; der Homöopath wird selten eine Arzneimittelwahl allein anhand der Krampfsymptome treffen müssen. Ein Extrem der Persönlichkeit ist zum Beispiel Sally, ein fünfjähriges Mädchen, das die introvertierte Seite von *Stramonium* zeigt und meist nur flüstert, wenn sie redet. Sie ist zu schüchtern, mit anderen zu spielen. Während der Anfälle jedoch ist sie geradeheraus gewalttätig und kratzt und reißt an anderen. Auf der anderen Seite des Spektrums haben wir Alice, die vierzehn Jahre alt ist. Das erste Mal, als ich sie sah, war sie völlig schwarz gekleidet und hatte Tätowierungen auf Ober- und Unterarmen. Sie las gern Romane, die vom Teufel oder von Gespenstern handeln. So haben wir als ein Extrem ein Mädchen, das darum kämpft, das perfekte brave Kind zu sein und unter ihrer eigenen übermäßigen Kontrolle leidet, und andererseits ein Mädchen, das in eine höllische Umgebung geschlittert ist und dies ganz fürchterlich unterhaltsam findet. Auch in dieser Symptomatik zeigen sich wieder die beiden herausragenden Pole des Arzneimittels.

Athetotische Bewegung

Vielleicht begegnet Ihnen einmal ein leicht autistisches Kind, das an übergreifender Entwicklungsverzögerung leidet, vielleicht etwas zu Gewalttätigkeit neigt, und das unfreiwillige Bewegungen zeigt. Bei einem Kind, das nur diese Bewegungen hat, würde man zuerst an *Hyoscyamus* denken, aber wenn es gewalttätig ist und dazu noch furchtsam, übernimmt *Stramonium* die Führung. Man kann, zum Beispiel, ein zweijähriges *Stramonium*-Kind beobachten, das seine linke Hand und Arm in choreatischen unfreiwilligen Kreisbewegungen vor dem Gesicht herumführt, beinahe so, als bewege sich die Hand von allein. Der Kreis beginnt weit und zieht sich dann in immer kleineren Kreisen immer enger zusammen. All dies ist dem Kind anscheinend völlig unbewußt, während es ein Buch zerreißt oder Dinge im Zimmer umherwirft. In einem anderen Fall schließt sich ein Auge, dann schließen sich beide Augen, dann öffnen sich beide. Das Kind starrt durch den Homöopathen hindurch und beginnt über irgendeinen grausigen Witz zu lachen, deren spaßigen Inhalt nur es selber kennt.

Wenn man einen Schaukelstuhl oder ein Schaukelpferd in der Praxis hat, kann man vielleicht beobachten, daß das Kind krampfhaft mit dem ganzen Körper hart und schnell schaukelt, dabei den Rücken nach hinten durchbiegt, zur Decke hinaufsieht, dann zum Fußboden hinunter, dann zur Decke, vor und zurück – so heftig, wie man es etwa bei *Tarantula hispanica* sehen kann. Das Kind lacht mit kehligen Lauten und rollt den Kopf von einer Seite zur andern, während die Arme unkontrolliert kreisen.

Die Hände können eine ganze Reihe von Bewegungen ausführen, es sind die beweglichsten der Körperteile bei diesen unwillkürlichen Handlungen. In einem Augenblick sind beide Hände oben vor dem Gesicht, die Handgelenke gebogen, so daß sie aussieht wie eine Gottesanbeterin. Im nächsten Moment kreisen sie im Uhrzeigersinn oder im entgegengesetzten Uhrzeigersinn vom Handgelenk aus. Etwas später hängen die Hände schlaff an der Seite herunter, oder die Arme sind hochgestreckt, und dann wieder vergräbt es das Gesicht in den Händen, doch nur solange, bis die Bewegungen wieder einsetzen. Das Kind verliert die Kontrolle über seine Arme und bewegt sie unfreiwillig und anmutig, als wolle es schwimmen.

Der Gang kann seltsam aussehen, entweder breitbeinig, wankend, stolpernd oder ataxisch. Gelegentlich läuft ein Kind nur auf den Fußballen und läßt die Fersen nie den Fußboden berühren. Dies hat eine neurologische Störung als Ursache, denn die Muskeln und Knochen sind alle gesund. Bezeichnenderweise nimmt die Störung mit zunehmender Gemütserregung zu.

Ruckartige Bewegungen

Manche der ruckartigen Bewegungen, wie bereits beschrieben, treten auf, während das Kind stottert. Zur gleichen Zeit zwinkert es viel mit den Augen, und es können Zuckungen im Gesicht oder sogar ruckartige Bewegungen der Arme auftreten, wenn das Stottern intensiv ist.

Die unfreiwilligen Bewegungen können auch im Zwerchfell stattfinden. Dabei saugt das Kind ständig lautstark und zwanghaft Luft ein und aus.

Unfreiwilliges Hochrucken des Kopfes aus dem Kissen, sobald es sich hingelegt hat, läßt sich beobachten. Wie im Kapitel ***Kopf*** sowie im folgenden Abschnitt über *Meningitis* besprochen, kommt dieses Symptom besonders im Verlauf von Infektionen und fieberhaften Erkrankungen vor.

Eine weitere Verhaltensweise erinnert wieder stark an *Hyoscyamus*, wenn das Kind aus Angst aufspringt und sich an den Penis greift.

Ein Gilles-de-la-Tourette-Syndrom kann durch die Anwendung dieses Mittels gebessert werden. Symptome können in der Kindheit beginnen mit etwa 7 bis 11 Jahren, mit multiplen Tics irgendwo im Körper. Mit Erreichen der Pubertät jedoch können bereits Gesichtszuckungen, Echolalie, Fluchen und unfreiwilliges Bellen begonnen haben, ebenso die Neigung, sich an den Penis zu greifen. All diese Symptome sind *Hyoscyamus* sehr ähnlich, wenn aber Gewalttätigkeit zusammen mit Ängsten vorliegt und diese den intensiven Gesichtsausdruck beim Sprechen begleiten, so würde dies *Stramonium* indizieren. Außer Tics und Echolalie können unkontrollierte Bewegungen vorkommen, einschließlich daß sich das Kind selbst schlägt oder den Kopf gegen den

Boden knallt. Noch eine Ähnlichkeit zu *Hyoscyamus* besteht darin, daß Gedanken automatisch und ohne dazwischengeschalteten Filter geäußert werden. Ein weiterer Hinweis auf das Mittel ist, daß oft vor dem Einsetzen des Gilles-de-la-Tourette-Syndroms eine *Stramonium*-Pathologie und -Ätiologie vorliegen. In solchen Fällen wird die einzige Differenzierungsschwierigkeit in den für die Störung üblichen Symptomen liegen, wenn man die Aufmerksamkeit nicht auf die Symptome konzentriert, die am stärksten den individuellen Menschen repräsentieren.

Ätiologie

Die Ätiologie für Störungen des Nervensystems umfaßt Hirnverletzungen, Meningitis, fieberhafte Erkrankungen und andere Infektionskrankheiten, die das Gehirn angreifen, schlimme Folgen von Impfungen, unterdrückte Hautausschläge und Geburtstraumen. Zum Beispiel eine Kopfverletzung bei einem Autounfall, die zu einer großen Persönlichkeitsveränderung führt, wonach der Patient nur noch in einer Welt des Bösen lebt, würde zu *Stramonium* passen.

Schreckerlebnisse gehören zu den häufigsten Auslösern für Krampfanfälle bei *Stramonium*. Schrecken durch Masken, durch erzwungenes Alleinsein oder dadurch, daß man von einem Tier angefallen wurde, all dies kann einen Anfall verursachen. Wir haben mehrere Kinder behandelt, die ihren ersten Anfall bekamen, als sie gezwungen wurden, ins Wasser zu gehen. Zum Beispiel schreit ein Kind, daß es nicht baden will, und wenn es unter Zwang ins Wasser gesetzt wird, bekommt es einen Krampfanfall. Ähnlich verhält es sich, wenn das Kind nicht schwimmen lernen will, aber es wird ins Wasser geworfen und hat vielleicht dann seinen ersten Anfall.

Meningitis

Wenngleich Meningitis eine Ätiologie für das Eintreten in den *Stramonium*-Zustand darstellt, so ist *Stramonium* doch auch ein gutes Mittel, das für die Infektion selbst zu erwägen ist. In manchen Fällen kann die Hirnhautentzündung von einer schlecht behandelten Ohreninfektion herrühren, die solange weiter bestehen durfte, bis sich eine Meningitis zeigt. Ein chirurgischer Eingriff kann ebenfalls der Meningitis vorangehen. Nicholas zum Beispiel terrorisiert seit einigen Jahren seine Familie. Vorher war er ein ganz sanftes Kind. Auf der Suche nach der Ätiologie fand ich heraus, daß er nach einer Strabismusoperation eine bakterielle Meningitis bekam. Die Verhaltensänderung folgte auf diese Infektion.

Während der Infektion kann das Kind schubweise das Bewußtsein verlieren, manchmal bis zum Delirium, gefolgt von Wiederkehren des Bewußtseins. Häufig liegt eine Progression vor von Frostschauern über Fieber zu Erbrechen, Kopfschmerzen und schließlich Konvulsionen. Frühzeitig werden die Augen und Ohren licht- bzw. geräuschempfindlich. Die Stirn kann in Falten gelegt sein. Das Kind bekommt Schlafstörungen und wird deliriös und zeigt eine Kombination von Furcht und Gewalttätigkeit. Seine Augen sind weit offen und der Blick starr. Lippen und Kiefer bewegen sich vor und zurück, als würde er sprechen. In dem Versuch, das, was ihn erschreckt, von sich zu stoßen, kann er anfangen, zu schreien, zu schlagen oder zu beißen. Oft besteht Angst vor glänzenden Gegenständen, einem Glas Wasser und Wasser im allgemeinen. Vielleicht faßt er sich während des Deliriums an die Genitalien, wie dies auch *Hyoscyamus* tut.

Wie bei *Helleborus* kann das Kind den Kopf in das Kissen bohren und im stuporösen Zustand mit den Zähnen knirschen. Zusätzlich kann ein Schlüsselsymptom von *Stramonium* vorliegen: das Kind hebt immer wieder den Kopf aus dem Kissen. Zwar kann niemand mit Sicherheit sagen, warum *Stramonium*-Menschen dies tun, doch wenn man solche Kinder und Erwachsene bei diesem Verhalten beobachtet, so bekommt man den Eindruck, daß sie versuchen, gegen den Schlaf anzukämpfen.

Es sieht aus wie eine Erweiterung der Taktiken, die sie anwenden, um wachzubleiben, in der Bemühung, all das Entsetzliche zu vermeiden, das ihnen im Schlaf wieder begegnen wird. Wenn sie mit ruckartiger Bewegung den Kopf aus dem Kissen heben, scheinen sie sagen zu wollen: „Um Himmelswillen, jetzt wäre ich beinahe eingeschlafen."

Luke ist ein gutes Beispiel für die *Stramonium*-Enzephalitis. Er war fünf Jahre alt, als die Infektion begann, anfangs eine Streptokokkeninfektion, die mit Antibiotika behandelt wurde. Bald danach wurde ihm sehr schwindelig, und er wurde lethargisch. Innerhalb einer Woche konnte er morgens nur schwer geweckt werden. Eines Morgens hatte er unter der Dusche einen Krampfanfall. Seine Eltern versuchten, mit ihm zu reden, aber er antwortete nicht. Ein anderes Mal saß er auf einem Stuhl und glitt einfach davon herab. Seine Augen rollten nach oben, sein Kopf ruckte nach hinten, und er verlor das Bewußtsein. Er wurde im Status epilepticus mit Blaulicht ins Krankenhaus eingeliefert und erhielt massive Dosen von Medikamenten, um den Anfall zu mildern. Er glitt wochenlang immer wieder ins Koma.

Seit dieser Episode vor zwei Jahren hat sich seine Persönlichkeit auffallend geändert. Vorher war er ein lieber Junge, jetzt ist er zornig und aggressiv. Er tritt, spuckt, beißt, zieht andere an den Haaren und hat nächtliche Panikanfälle, bei denen seine Augen einen glasigen und entfernten Ausdruck bekommen, wie 'eine Art Sadist'. Seine Intelligenz hat abgenommen; vorher lernte er leicht, jetzt lernt er Dinge nur unter Schwierigkeiten. Er war aufgeweckt und gesellig; jetzt hat er Abneigung gegen Menschen und Gruppen. Er hat immer noch mehrere Anfälle täglich. Nachts hat er Panikanfälle, in denen ihm der Teufel erscheint oder er glaubt, daß er bald sterben wird. *Stramonium* hat diese Persönlichkeitsveränderung rückgängig gemacht, und sein früheres Wesen wieder hergestellt und außerdem die Anfälle vermindert.

MUTTER, VATER, SCHWANGERSCHAFT, SÄUGLING

Der Zustand der Mutter vor oder während der Schwangerschaft kann das Kind dazu prädisponiert haben, daß es *Stramonium* braucht, und zwar aus zweierlei Gründen. Erstens ist es möglich, daß die Mutter ursprünglich *Stramonium* brauchte. Zum Beispiel kann die Mutter einige Jahre vor oder während der Schwangerschaft eine Enzephalitis gehabt haben. Die Mutter ist offenbar genesen, aber das Baby braucht vom Anfang seines Lebens an *Stramonium*. Es scheint, daß jede Krankheit, die entweder die Möglichkeit einer Hirnverletzung oder eine Funktionsstörung des Zentralen Nervensystems der Mutter in sich birgt, einen *Stramonium*-Zustand bei dem Säugling verursacht. Infektionen des Zentralen Nervensystems, Nierenerkrankungen, die das Gehirn angreifen wie Pyelonephritis oder Niereninsuffizienz oder fieberhafte Erkrankungen, die das Gehirn in Mitleidenschaft ziehen, können alle, sofern sie während der Schwangerschaft auftreten, eine Ätiologie für *Stramonium* in der Mutter und dann in dem Kind darstellen.

Zweitens können Schreckerlebnisse während der Schwangerschaft das Kind beeinflussen und einen *Stramonium*-Zustand verursachen. In dieser Situation ist die Mutter zwar nicht im *Stramonium*-Zustand, aber sie hat den Schreck erlebt. Zum Beispiel kann die Mutter *Calcarea carbonica* gewesen sein und den Schreck entsprechend erlebt haben. Wenn jedoch das Baby geboren wird, braucht es *Stramonium*, als hätte auch das Baby den Schreck erlebt oder zumindest die Reaktion der Mutter auf den Schreck und geriet als Reaktion darauf in den *Stramonium*-Zustand. Typischerweise wird die Mutter in einer solchen Situation die Angst empfinden, solange sie schwanger ist. Nach der Geburt ist diese bestimmte Angst verschwunden, aber sie läßt sich in dem Säugling wiederfinden.

Nachdem ich dies häufig genug erlebt habe, bin ich zu der Überlegung gekommen, daß wenn der Fötus die Reaktion der Mutter auf die Angst mitempfinden kann, warum sollte es nicht möglich sein, daß die Mutter die wiederholten Reaktionen des Kindes auf ihre anfängliche Reaktion mitempfindet. Somit empfindet sie für den verbleibenden Teil der Schwangerschaft Angst, aber nach der Geburt findet die Reaktion des Kindes außerhalb des Körpers der Mutter statt, und somit hat sie keine Angst mehr. Es ist interessant festzustellen, daß das Kind durch dieselben Dinge erschreckt wird, die den ursprünglichen Schreck während der Schwangerschaft verursacht haben (seien es Wassergeräusche oder bestimmte Arten von Menschen). Noch interessanter ist es, wenn dem Kind nichts von dem Schreck der Mutter gesagt wurde, und es reagiert trotzdem auf die gleiche Situation ähnlich wie die Mutter.

Es kann auch sein, daß es aufgrund einer Krankheit, und sei es auch nur hochgradige Übelkeit und Erbrechen oder ein Schreck, den die Mutter erlebt hat, **in den ersten drei Schwangerschaftsmonaten beinahe zu einer Fehlgeburt gekommen wäre.**

Es hat vielleicht **Komplikationen bei der Geburt** gegeben, so daß die Mutter von dem Baby getrennt wurde und die Mutter-Kind-Bindung erschwert war. Es ist möglich, daß das Verlassenheitsthema zu dem Zeitpunkt angefangen hat, als das Baby im Krankenhaus allein gelassen wurde.

Der Säugling ist vielleicht mit erheblichem Untergewicht geboren, scheinbar mangelernährt. Er mag erschreckt und hungrig gewirkt haben oder vorübergehende Tachypnœ gezeigt haben, wie bei *Aconitum napellus*. Es ist möglich, daß der Säugling schnell geboren wurde — in den Worten von Lucretius „wie ein Seemann von den grausamen Wellen auf die Küsten des Lichts geworfen" — mit der Nabelschnur um den Hals und/oder Prellungen am Kopf.

Oder die Mutter sagt, daß es eine schwierige Geburt war, die mehrere Tage lang dauerte und schließlich mit der Saugglocke beendet werden mußte, daß das Kind mit schwachem Puls und wenig Körpertonus geboren wurde und eine subarachnoidale Hämorrhagie hatte. Bald danach wird vielleicht eine weitere Diagnose gestellt, wie etwa Hirnlähmung oder gelegentliche Krampfanfälle.

Eine häufige Geschichte von *Stramonium*-Säuglingen sind wiederholte Erkältungen, Bronchitiden, Otitiden und eine Neigung zu reger Darmtätigkeit. Sie bekommen möglicherweise innerhalb der ersten zwei Monate ein Ekzem. Unter medikamentöser Behandlung kann dieses Ekzem nach mehreren Monaten verschwinden, und das Kind entwickelt mit einem Jahr Asthma und mit 18 Monaten Gewalttätigkeit und Ängste.

Was den Vater angeht, so neigt dieser vielleicht zu heftigen emotionalen Ausbrüchen oder hat früher einmal einen Nervenzusammenbruch erlitten. Eine solche Störung kann auch bei den Geschwistern des Vaters vorhanden sein. Sehr charakteristisch für diese gewalttätigen Väter ist Alkoholismus, vielleicht sogar über mehrere Generationen. Der Vater kann auch abwesend sein oder zuviel arbeiten, so daß er im Leben des Kindes nicht präsent ist. Oder der Vater hat eine Abneigung gegen das Kind oder ist ihm fremd. In all diesen Fällen erlebt das Kind ein Gefühl von Verlust oder Isolation, das beängstigend ist.

KÖRPERLICHE ALLGEMEINSYMPTOME

Stramonium ist nicht für irgendwelche typischen charakteristischen körperlichen Symptome bekannt. Dennoch habe ich die unten aufgeführten Symptome so oft beobachtet, daß ich sie häufig benutze, um das Mittel zu bestätigen, besonders zur Differentialdiagnose, wenn *Stramonium* einem anderen Arzneimittel in einem Fall stark ähnelt.

Trotz der Tatsache, daß die große Mehrzahl der Kinder entweder warmblütig ist oder an bestimmten Körperteilen friert, scheinen sie durch **Hitze verschlimmert** zu werden. Sie werden wilder, ruheloser, erleiden einen Hitzschlag und bekommen Krampfanfälle und schlafen schlechter in der Hitze. Sie sind vielleicht gern in kaltem Wasser, wie *Medorrhinum*.

Ich würde sagen, daß es recht charakteristisch für *Stramonium* ist, daß sie **kein Sonnenlicht mögen**; entweder klagen sie über die Hitze oder sie sagen, daß ihnen das Licht in den Augen wehtut oder sie bekommen Angst vor grellem Licht.

Ein sehr starker Zug, den ich bei vielen *Stramonium*-Kindern und Erwachsenen festgestellt habe, ist, daß die Augen, Ohren und Nasen Symptome auf der linken Seite sein können, aber weiter unten am Körper sind rechtsseitige Symptome charakteristischer. *Stramonium* ist im Repertorium einwertig in der Rubrik aufgeführt: **ALLGEMEINSYMPTOME; Seite; links; überkreuz; links oben und rechts unten**. Ich bin der Ansicht, daß es zweiwertig eingetragen sein sollte. Ich halte dies für ein sehr zuverlässiges Symptom. Das Mittel sollte auch in der Rubrik nachgetragen werden: **ALLGEMEINSYMPTOME; Seite, links.**

Allgemeine Verschlimmerung im Dunkeln oder im Schlaf sind häufig, wie es in diesem Buch immer wieder beschrieben ist. Bei manchen Kindern sind **Mitternacht und 2 Uhr morgens starke Verschlimmerungszeiten**. Obgleich Krampfanfälle in diesem zeitlichen Rahmen auftreten können, so sind ruheloser Schlaf, Kopfschmerzen und nächtliche Panikanfälle häufiger.

Wind und Regen können eine Verschlimmerung verursachen. Viele dieser Kinder werden durch den Wind erschreckt, da er soviel Unruhe in den Bäumen um sie herum zu erzeugen scheint. Dies trifft besonders auf ängstliche Kinder zu. Wenn das Kind jedoch aggressiver geworden ist und vielleicht etwas dämonisch, kann es sein, daß es stattdessen Wind und Regen besonders genießt, und sich vielleicht sogar bei Gewitter am wohlsten fühlt.

Diese Kinder können **den ganzen Tag lang energiegeladen** sein und nie einen Energieabfall spüren. Oder sie können am Nachmittag ein kurzes Nickerchen machen und bis spät in die Nacht hinein wach bleiben. Dennoch erfahren sie eine **Verschlimmerung, wenn sie nicht genügend Schlaf bekommen** und neigen zu sehr viel schlimmerem Verhalten, wenn sie nicht ausgeruht sind.

Süßigkeiten neigen dazu, das Kind aufgedrehter und gewalttätiger zu machen, **Milch** und **Rauch** verschlimmern das Asthma und die Symptome bei Atemwegsinfektionen.

Die Kinder können das berühmte Schlüsselsymptom von *Stramonium* haben: **Schmerzlosigkeit bei normalerweise schmerzhaften Beschwerden**. Irgendwie paßt es zu diesem Kindertyp, der sich verhält, als sei er bereits tot und keine Schmerzen empfindet. Der introvertierte übermäßig wachsame Typus jedoch wird normal Schmerzen empfinden und vielleicht sogar überempfindlich darauf reagieren.

Über dreihundertfünfzig Fälle liefern das Material für dieses **Monogramm**, und viele dieser Patienten **haben im Alter von etwa zwei Jahren begonnen, Symptome dieses Mittels zu zeigen**. Dies ist vielleicht das Alter, in dem das Kind klar empfindet, daß es sich von seinen Eltern unterscheidet, daß es irgendwie von ihnen getrennt ist. Zwar ist dies die normale Entwicklungsstufe, in der Zweijährige *etwas* Angst entwickeln, doch Ereignisse in dieser Zeit in der Entwicklung des Kindes scheinen ganz besonders für die Entwicklung des *Stramonium*-Bildes zu prädisponieren. Im Licht dieser Tatsache empfehle ich allen Eltern meiner jüngsten Patienten, darauf zu achten, das Kind so weit wie möglich vor erschreckenden Erlebnissen zu bewahren, die eine Entwicklung dieses Bildes auslösen können.

ÄTIOLOGIE

Säuglinge entwickeln oft **schlimme Reaktionen auf Impfungen**. Manche haben Krampfanfälle, andere hohes Fieber oder beides zusammen, und die meisten haben längere Schreianfälle. In solchen Zeiten leiden sie vielleicht unter Schlafstörungen, gleiten nur kurz in den Schlaf und fahren wie erschreckt wieder hoch. Manche scheinen nach einer Impfung ihre geistige Fähigkeit zu verlieren, dies trifft ganz besonders auf die DPT-Impfung zu.

Ich fragte eine Mutter nach Allergien, und sie sagte: „Oh ja, mein Sohn hat Allergien, besonders auf die DPT-Impfung. Nach der Impfung fing er an zu erbrechen, bekam Krampfanfälle, hohes Fieber und hat zwei Wochen lang nichts gegessen."

Ein **Schreck als Ätiologie** ist bei *Stramonium* sehr häufig. Eine Mutter erzählte eine Geschichte von ihrem Jungen, als er zwei Jahre alt war. Am Halloween-Abend (also am Abend der Walpurgisnacht) kam eine Freundin als häßliche Hexe verkleidet mit Maske und großem schwarzem Umhang an die Tür. Sie kam herein, rief John beim Namen und ließ ein teuflisches Lachen vernehmen. Er schrie ununterbrochen mehrere Stunden lang und weinte sich in den Schlaf. Er ließ sich nicht wieder beruhigen. Nach diesem Ereignis wurde er ängstlich und hyperaktiv.

Ein anderes Kind erlitt einen Schreck, als es sah, wie sein Vater seine Mutter körperlich mißhandelte. Seitdem war der Junge ängstlich, und es war, als sei das Ungeheuer in ihm erwacht.

Unterdrückung von Hautausschlägen ist eine mögliche Ätiologie für *Stramonium*. Die Geschichte wird zeigen, daß Ekzem und andere Hautexanthemata behandelt wurden, und als der Ausschlag zurückging, entwickelte sich das vollständige *Stramonium*-Bild.

Chirurgische Eingriffe mit der damit verbundenen Anästhesie, der stationäre Aufenthalt im Krankenhaus, umgeben von Fremden, scheinen manche Kinder in den *Stramonium*-Zustand zu versetzen. Ein Junge zum Beispiel, der eine Blasenoperation hatte, entwickelte innerhalb von zwei Monaten nach der Operation nächtliche Panikanfälle, Ängste und Zuckungen. Ein anderer Junge wurde operiert, um seinen Strabismus zu korrigieren. Zwei Monate nach der Operation bekam er eine Meningitis und wurde hyperaktiv und gewalttätig. In diesem Zustand blieb er mehrere Jahre lang, bis er *Stramonium* erhielt.

Eine weitere Ätiologie ist körperlicher Schock durch Verletzung. Die Verletzung kann so hochgradig sein oder die Reaktion des Kindes auf den Schmerz so extrem, daß es in den *Stramonium*-Schreck versetzt wird, und mit der Zeit entwickelt sich das vollständige Bild, ausgelöst allein durch die unerträglichen Schmerzen. Das Kind verhält sich, als würde es gefoltert. Außerdem muß es sich vielleicht einer medizinischen Behandlung unterziehen (zur Korrektur der Verletzung), ohne zu verstehen, was geschieht, und vielleicht sind auch die Eltern gerade abwesend. Das Ergebnis ist auch hier wieder Isolation, vermischt mit Schmerzen und Angst.

Das Muster von Schock, Verletzung und im Stich gelassen werden, allzu häufig in der *Stramonium*-Geschichte, wird von einem Kind erlebt, das wiederholt von den Eltern geschlagen wurde. Anschließend haben sich die Eltern von ihm abgewandt oder nicht mit ihm gesprochen oder, noch schwerwiegender, es wurde verlassen oder fortgegeben. Dieselben Emotionen können von einem Kind empfunden werden, das von den leiblichen Eltern fortgenommen und in eine andere Umgebung verpflanzt wurde. **Somit sehen wir an der Wurzel vieler *Stramonium*-Fälle ein Gefühl von Alleinsein und einen Mangel an Schutz. Das Kind fühlt sich verständlicherweise im Stich gelassen, einem Ungeheuer ausgeliefert, das nur darauf lauert, es aufzufressen.**

ANHANG

Organon

Eine kurze Führung durch die Paragraphen des Organon, die ganz besonders den Prozeß der vitalistischen homöopathischen Praxis betonen.

Paragraphen 9 und 10 besagen, daß uns die Lebenskraft innewohnt und belebt.

§ **9**: Im gesunden Zustande des Menschen waltet die geistartige, als Dynamis den materiellen Körper (Organism) belebende Lebenskraft (Autocratie) unumschränkt und hält alle seine Theile in bewundernswürdig harmonischem Lebensgange in Gefühlen und Thätigkeiten, so daß unser inwohnende, vernünftige Geist sich dieses lebendigen, gesunden Werkzeugs frei zu dem höhern Zwecke unsers Daseins bedienen kann.

§ **10**: Der materielle Organism, ohne Lebenskraft gedacht, ist keiner Empfindung, keiner Thätigkeit, keiner Selbsterhaltung fähig; nur das immaterielle, den materiellen Organism im gesunden und kranken Zustande belebende Wesen (das Lebensprincip, die Lebenskraft) verleiht ihm alle Empfindung und bewirkt seine Lebensverrichtungen.

Paragraph 22 erklärt, wie und warum die Lebenskraft uns von innen her im Gleichgewicht hält und warum sie versagt, wenn wir von Streßfaktoren belastet werden.

§ **22** (Fußnote): ...der bloß instinktartigen, verstandlosen Lebenskraft, welche unserm Organism nur anerschaffen ward, um, solange dieser gesund ist, unser Leben in harmonischem Gange fortzuführen, nicht aber, um in Krankheiten sich selbst zu heilen. Denn besäße sie hiezu eine musterhafte Fähigkeit, so würde sie den Organism gar nicht haben krank werden lassen. Von Schädlichkeiten erkrankt, vermag unsere

Lebenskraft nichts anderes, als ihre Verstimmung durch Störung des guten Lebens-Ganges des Organism's und durch Leidens-Gefühle auszudrücken, womit sie den verständigen Arzt um Hülfe anruft.

Paragraph 16 besagt, daß sich die Lebenskraft überanstrengt und wir krank werden, wenn eine Belastung für die Lebenskraft zu stark wird.

§ **16**: Von schädlichen Einwirkungen auf den gesunden Organism, durch die feindlichen Potenzen, welche von der Außenwelt her das harmonische Lebensspiel stören, kann unsere Lebenskraft als geistartige Dynamis nicht anders denn auf geistartige (dynamische) Weise ergriffen werden.

Durch Beobachtung fand Hahnemann heraus, daß ähnliche Krankheiten einander heilen oder auslöschen, wie in Paragraphen 25, 26 und 27 beschrieben.

§ **25**: ...daß wirklich diejenige Arznei, welche in ihrer Einwirkung auf gesunde menschliche Körper die meisten Symptome in Aehnlichkeit erzeugen zu können bewiesen hat, welche an dem zu heilenden Krankheitsfalle zu finden sind, ... die ganze gegenwärtige Krankheit schnell, gründlich und dauerhaft aufhebe und in Gesundheit verwandle, und daß alle Arzneien die ihnen an ähnlichen Symptomen möglichst nahe kommenden Krankheiten, ohne Ausnahme heilen und keine derselben ungeheilt lassen.

§ **26**: Eine schwächere dynamische Affection wird im lebenden Organism von einer stärkern dauerhaft ausgelöscht, wenn diese (der Art nach von ihr abweichend) jener sehr ähnlich in ihrer Äußerung ist.

§ **27**: Das Heilvermögen der Arzneien beruht daher auf ihren der Krankheit ähnlichen und dieselben an Kraft überwiegenden Symptomen.

Wir wählen Arzneimittel, die in schädlichen Dosierungen ähnlich auf gesunde Menschen wirken wie die Krankheit im kranken Menschen wirkt, wie in den Pragraphen 18, 24, 27 und 29 beschrieben.

§ **18**: Von dieser nicht zu bezweifelnden Wahrheit ... geht unwidersprechlich hervor, daß der Inbegriff aller, in jedem einzelnen Krankheitsfalle wahrgenommenen Symptome und Umstände die einzige Indication, die einzige Hinweisung auf ein zu wählendes Heilmittel sei.

§ **24**: Es bleibt daher keine andere, Hülfe versprechende Anwendungsart der Arzneien gegen Krankheiten übrig, als die homöopathische, vermöge deren gegen die Gesammtheit der Symptome des Krankheitsfalles unter Hinsicht auf die Entstehungs-Ursache, wenn sie bekannt ist, und auf die Neben-Umstände, eine Arznei gesucht wird, welche unter allen Arzneien den, dem Krankheitsfalle ähnlichsten künstlichen Krankheits-Zustand zu erzeugen Kraft und Neigung hat.

§ **27**: ..., so daß jeder einzelne Krankheitsfall nur durch eine, die Gesammtheit seiner Symptome am ähnlichsten und vollständigsten im menschlichen Befinden selbst zu erzeugen fähigen Arznei, welche zugleich die Krankheit an Stärke übertrifft, am gewissesten, gründlichsten, schnellsten und dauerhaftesten vernichtet und aufgehoben wird.

§ **29**: Indem jede Krankheit nur in einer besondern, krankhaften, dynamischen Verstimmung unserer Lebenskraft in Gefühlen und Thätigkeiten besteht, so wird bei homöopathischer Heilung dieß, von natürlicher Krankheit dynamisch verstimmte Lebensprincip, durch Eingabe einer, genau nach Symptomen-Aehnlichkeit gewählten Arznei-Potenz, von einer etwas stärkern, ähnlichen, künstlichen Krankheits-Affection ergriffen; es erlischt und entschwindet ihm dadurch das Gefühl der natürlichen (schwächern) dynamischen Krankheits-Affection, die von da an nicht mehr für das Lebensprincip existirt, welches nun bloß von der stärkern, künstlichen Krankheits-Affection beschäftigt und beherrscht wird, die aber bald ausgewirkt hat und den Kranken frei und genesen zurückläßt.

Dies bedeutet, daß wir, wenn wir jemanden behandeln und heilen, sehen werden, daß die Symptome verschwinden, erläutert in den Paragraphen 8, 12 und 22.

§ **8**: Es läßt sich nicht denken, auch durch keine Erfahrung in der Welt nachweisen, daß, nach Hebung aller Krankheitssymptome und des ganzen Inbegriffs der wahrnehmbaren Zufälle, etwas anders als Gesundheit, übrig bliebe oder übrig bleiben könne.

§ **12**: ...Hinwiederum bedingt aber auch das Verschwinden aller Krankheits-Äußerungen, das ist, aller vom gesunden Lebens-Vorgange abweichenden, merkbaren Veränderungen mittels Heilung, eben so gewiß die Wiederherstellung der Integrität des Lebens-Princips und setzt folglich die Wiederkehr der Gesundheit des ganzen Organism nothwendig voraus.

§ **22**: Indem aber an Krankheiten nichts aufzuweisen ist, was an ihnen hinwegzunehmen wäre, um sie in Gesundheit zu verwandeln, als der Inbegriff ihrer Zeichen und Symptome.

Heilung ist die vollständige erfolgreiche Behandlung der gesamten Krankheit, beschrieben in den Paragraphen 7, 16 und 17.

§ 7: ...so muß, mit einem Worte, die Gesammtheit der Symptome für den Heilkünstler das Hauptsächlichste, ja Einzige sein, was er an jedem Krankheitsfalle zu erkennen und durch seine Kunst hinwegzunehmen hat, damit die Krankheit geheilt und in Gesundheit verwandelt werde.

§ **16**: ... Demnach können Heil-Arzneien, nur durch dynamische Wirkung auf das Lebensprincip Gesundheit und Lebens-Harmonie wieder herstellen und stellen sie wirklich her, nachdem die unsern Sinnen merkbaren Veränderungen in dem Befinden des Kranken (der Symptomen-Inbegriff) dem aufmerksam beobachtenden und forschenden Heilkünstler, die Krankheit so vollkommen dargestellt hatten, als es um sie heilen zu können, nöthig war.

§ **17**: Da nun jedesmal in der Heilung, durch Hinwegnahme des ganzen Inbegriffs der wahrnehmbaren Zeichen und Zufälle der Krankheiten, zugleich die ihr zum Grunde liegende, innere Veränderung der Lebenskraft — also das Total der Krankheit — gehoben wird, so folgt, daß der Heilkünstler bloß den Inbegriff der Symptome hinweg zu nehmen hat, um mit ihm zugleich die innere Veränderung, das ist, die krankhafte Verstimmung des Lebensprincips — also das Total der Krankheit, die Krankheit selbst, aufzuheben und zu vernichten. Die vernichtete Krankheit aber ist hergestellte Gesundheit, das höchste und einzige Ziel des Arztes, der die Bedeutung seines Berufes kennt, welcher nicht in gelehrt klingendem Schwatzen, sondern im Helfen besteht.

Die New England School of Homeopathy

Die New England School of Homeopathy (NESH) wurde 1987 ins Leben gerufen, um die Philosophie der Homöopathie in eine erfolgreiche und vorhersagbare medizinische Praxis umzusetzen. Es ist unser Ziel, praktizierende Homöopathen in die Lage zu versetzen, alle Möglichkeiten ihrer Rolle bei der medizinischen Versorgung der Bevölkerung zu erfüllen – um den Menschen dabei zu helfen, Freiheit von Kranksein auf der geistigen, seelischen und körperlichen Ebene zu erlangen, damit sie ihre höchsten Wünsche verwirklichen können.

Um dieses Mission zu erfüllen, strebt NESH in ihrem Programm und mit den ihr zur Verfügung stehenden Lehrmaterialen danach,

- den höchsten Zweck und die größten Errungenschaften im Bereich homöopathischer Medizin durch Beispiele unter Beweis zu stellen. Es ist NESH's erklärtes Ziel, die homöopathische Gemeinde im weiteren Sinne dafür zu begeistern, sich diesem Unterfangen anzuschließen und die nicht-homöopathische Gemeinde darin zu unterstützen und dazu zu ermutigen, die Homöopathie zu erforschen und sie sich zu erschließen.

- alle Kraft von NESH dem Ziel zu widmen, jedem Teilnehmer die Werkzeuge auf gründliche und vorteilhafte Weise an die Hand zu geben, die für eine erfolgreiche homöopathische Praxis erforderlich sind.

- eine philosophische Grundlage zur Verfügung zu stellen, die auf den Prinzipien der Homöopathie beruhen.

- ein praktikable technische Grundlage zu erschaffen, die für eine erfolgreich geführte homöopathische Praxis wesentlich ist.

- die homöopathische Theorie in vorhersagbare klinische Ergebnisse umzusetzen.

- für Lehrmaterial zu sorgen, das klinische Signifikanz besitzt und unmittelbar umsetzbar ist.

- aktuelle und persönliche Erfahrung mitteilbar zu machen. Alles Lehrmaterial, das den Namen von NESH trägt, wurde durch den Unterrichtenden klinisch verifiziert.

Die Werkzeuge, um diese Zielsetzungen zu erreichen, sind:

- professioneller Unterricht, der so gestaltet ist, daß
  - der Neuanfänger in der wirkungsvollen Anwendung der Homöopathie unterwiesen wird
  - das Wissen des praktizierenden Homöopathen vergrößert wird, damit er in seiner Arbeit durchweg vorzügliche Ergebnisse erzielt.
  - der Erwerb von Techniken gefördert wird, der den Prakiker in die Lage versetzt, beständig aus seiner eigenen Erfahrung zu lernen.

- ein Journal, mittels dessen Praktizierende lernen und ihre eigenen Entdeckungen der homöopathischen Gemeinde mitteilen können. Das Journal dient dazu, einer gemeinsamen Vision Ausdruck zu verleihen und Praktizierenden aller Stufen der Erfahrungs eine Quelle für optimales Lernen zu sein.

- ein klinischer Rahmen für Praktizierende, um den Übergang vom Studenten zum selbständig praktizierenden Kliniker zu unterstützen.

- ein fortlaufendes Forum, das den Teilnehmern die Möglichkeit bietet, den Übergang vom Kliniker zum Lehrer zu vollziehen.

- Seminare, die von Klinikern mit fachmännischem Geschick auf einem Spezialgebiet der Homöopathie geleitet werden.

- die Publizierung von Nachschlagewerken, die für eine Weiterbildung homöopathischer Ärzte und Patienten von Bedeutung sind.

- Unterricht und Vorträge auch für Laien, die homöopathische Theorie und ihre praktische Anwendung beleuchten und das Wachstum einer Patientengemeinde fördern, die über die praktische Anwendung der Homöopathie gut informiert ist.

Wenn Sie weitere Informationen benötigen, schreiben Sie an:

New England School for Homeopathy
356 Middle Street
Amherst, Massachusetts 01002
USA

Die Internet-e-mail-Adresse ist: herscu@nesh.com

INDEX

A

Angst

B

C

D

E

F

Furcht

G

H

I

J

K

L

M

N

O

P

R

S

T

U

V

W

Z

Über den Autor

Paul Herscu, N.D., geboren in Rumänien, ist Absolvent des *National College of Naturopathic Medicine* in Portland, Oregon in den USA. Mit seiner Ehefrau und Kollegin Amy Rothenberg, N.D., und seinen Kindern Sophia, Misha und Jonah wohnt er in Amherst, Massachusetts, wo er die Homöopathie praktiziert, unterrichtet und über sie schreibt.

Dr. Herscu hat bereits viele Seminare in zahlreichen Ländern Europas und in den USA gegeben. Er ist Begründer und Direktor der *New England School of Homeopathy* und Herausgeber des Standards setzenden Journals *The New England Journal of Homeopathy*. Sein erstes Buch, *Die Homöopathische Behandlung der Kinder: Konstitutionstypen in der Pädiatrie* wurde als außergewöhnliche Beschreibung von acht gut bekannten Arzneien in ihrer besonderen Beziehung zu Kindern freudig begrüßt.